中文版
CorelDRAW
服装设计课堂实录

CorelDRAW

6.4.2　无领大衣

9.3.2　两件式泳衣

9.2.2　睡裙设计

7.3.3　旗袍设计

9.2.1　睡衣套装

6.2.1　男款夹克

9.3.1　一件式泳衣

11.2.2　休闲服套装

6.4.3　斗篷型大衣

6.1.2　拉链卫衣

11.2.1　家居服套装

5.1.2　基础开衫款式设计

5.2.2　长款变化针织衫

CorelDRAW

4.2.3　连帽T恤

5.1.1　基础套头款式设计

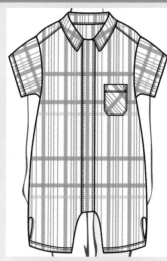

10.1　男童款式设计

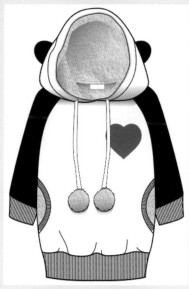

6.1.1　连帽卫衣

10.2　女童款式设计

7.2.1　有袖连衣裙

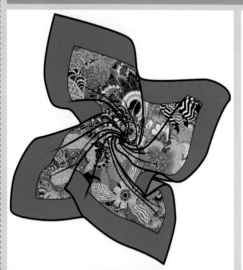

12.2.1　丝巾

11.2.2　休闲服套装

11.1.1　男款商务套装

11.2.1　家居服套装

4.1.1　女款圆领T恤

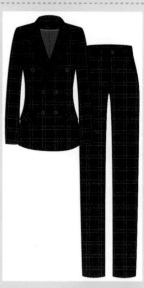

11.1.1　男款商务套装

课堂实录

李红萍 / 编著

中文版 **CorelDRAW**

服装设计**课堂实录**

清华大学出版社

北京

内容简介

本书以CorelDRAW X7为平台，介绍了软件的使用以及使用CorelDRAW绘制服装设计图的方法与技巧。全书包括59个经典案例，涵盖T恤、衬衫、裙子、裤子、外套、针织衫、内衣、套装、童装等服装款式，基础知识包括文件和对象的基本操作、图形的绘制与调整、对象的轮廓线编辑与颜色填充、绘图与填充的应用、颜色系统、高级效果应用、文本的处理、位图的使用、版面的组织和管理、打印输出等。

本书可作为服装设计从业人员与服装爱好者的参考书，也可作为相关专业学生的教材。

图书在版编目(CIP)数据

中文版CorelDRAW服装设计课堂实录 / 李红萍编著. —北京：清华大学出版社，2015（2023.7重印）
（课堂实录）

ISBN 978-7-302-39466-2

Ⅰ. ①中… Ⅱ. ①李… Ⅲ. ①服装设计—计算机辅助设计—图形软件 Ⅳ. ①TS941.26

中国版本图书馆CIP数据核字（2015）第036509号

责任编辑：陈绿春
封面设计：潘国文
责任校对：徐俊伟
责任印制：丛怀宇

出版发行：清华大学出版社
　　　　　网　　址：http://www.tup.com.cn，http://www.wqbook.com
　　　　　地　　址：北京清华大学学研大厦A座　　　　　邮　　编：100084
　　　　　社 总 机：010-83470000　　　　　邮　　购：010-62786544
　　　　　投稿与读者服务：010-62776969，c-service@tup.tsinghua.edu.cn
　　　　　质 量 反 馈：010-62772015，zhiliang@tup.tsinghua.edu.cn
印 装 者：三河市龙大印装有限公司
经　　销：全国新华书店
开　　本：188mm×260mm　　　印　张：19　　　插　页：2　　　字　数：523千字
　　　　　（附DVD1张）
版　　次：2015年7月第1版　　　印　次：2023年7月第9次印刷
印　　数：7001~7500
定　　价：49.00元

产品编号：061941-01

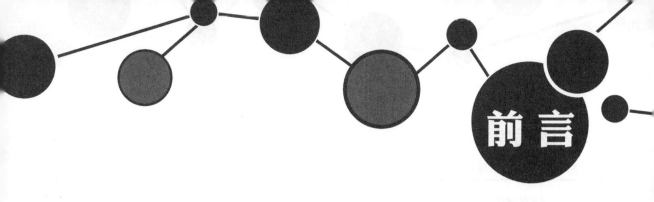

前 言

关于CorelDRAW

随着计算机技术的发展，使用CorelDRAW进行服装设计已经成为一种趋势。这款软件可以完全表达款式的结构、面料和质地图案等细节，更接近成衣效果，版型师和样衣工人也更容易了解和制作款式。

本书按照数字化服装设计师的知识结构要求，对CorelDRAW X7软件进行了简要的系统介绍，讲解了服装款式设计、细节设计以及服装设计理论和服装款式图绘制的方法与技巧。

本书内容安排

本书是一本专门讲解中文版CorelDRAW X7基础知识与服装款式设计案例的专业教材，深入讲解了CorelDRAW X7各种工具的操作方法和技巧，以及服装款式设计。使没有绘画和美术基础的读者，也能够快速步入CorelDRAW X7制作高手之列。

全书共12课，各课内容简要介绍如下。

第1课为CorelDRAW X7基础入门，讲解了软件的工作界面和软件的基本操作以及视图调整。

第2课讲解了服装款式设计中的人体比例、服装轮廓造型和服装款式设计中的形式美法则。

第3课讲解了衬衫款式设计的理论以及绘制方法和技巧。

第4课讲解了T恤款式设计的理论以及绘制方法和技巧。

第5课讲解了针织衫款式设计的理论以及绘制方法和技巧。

第6课讲解了外套款式设计的理论以及绘制方法和技巧。

第7课讲解了裙子款式设计的理论以及绘制方法和技巧。

第8课讲解了裤子款式设计的理论以及绘制方法和技巧。

第9课讲解了内衣款式设计的理论以及绘制方法和技巧。

第10课讲解了童装款式设计的理论以及绘制方法和技巧。

第11课讲解了套装款式设计的理论以及绘制方法和技巧。

第12课讲解了服装配饰款式设计的理论以及绘制方法和技巧。

本书通过59个案例，综合运用前面所学的知识，在巩固前面所学知识的同时，使读者在知识与技能方面得到全面的提升，进而帮助读者实践、检验所学的内容，积累实战经验。

本书编写特色

总的来说，本书具有以下特色：

实例代替理论 **技巧原理细心解说**	本书将理论知识融入到案例中，以案例的形式进行讲解，案例例例精彩，个个经典，每个实例都包含相应工具和功能的使用方法和技巧。在一些重点和要点处，还添加了大量的知识补充和技巧讲解，帮助读者理解和加深认识，以达到举一反三、灵活运用的目的
实例讲解细致 **绘图技能快速提升**	本书完全站在初学者的立场，通过理论+实例的形式，将CorelDRAW X7中的常用功能和工具进行深入阐述，突出要点。书中每课均通过实例来讲解基础知识与基本操作，能使读者在学习知识点的同时，将知识点应用到实际操作中
59个实战案例 **服装设计全面掌握**	本书涉及的服装款式案例类型包括衬衫款式设计、T恤款式设计、针织衫款式设计、外套款式设计、裙子款式设计、裤子款式设计、内衣款式设计、童装款式设计、套装款式设计和服装配饰款式设计，读者可以从中积累相关经验，快速了解行业要求
高清视频讲解 **学习效率轻松翻倍**	本书配套光盘收录书中相关实例的高清语音视频教学，可以在家享受专家课堂式的讲解，成倍提高学习兴趣和效率

本书光盘内容

本书附赠DVD多媒体学习光盘，配备了书中相关实例的高清语音视频教学，细心讲解每个实例的制作方法和过程，生动、详细的讲解可以成倍提高学习兴趣和效率，真正物超所值。

本书创作团队

本书由李红萍主笔，参加编写的还包括：陈运炳、申玉秀、李红艺、李红术、陈云香、陈文香、陈军云、彭斌全、陈志民、林小群、刘清平、钟睦、刘里锋、朱海涛、廖博、喻文明、易盛、陈晶、张绍华、黄柯、何凯、黄华、陈文轶、杨少波、杨芳、刘有良、刘珊、赵祖欣、齐慧明、胡莹君等。

由于作者水平有限，书中错误、疏漏之处在所难免。在感谢您选择本书的同时，也希望您能够把对本书的意见和建议告诉我们。

售后服务邮箱：lushanbook@gmail.com

作者

目录

第1课
CorelDRAW X7简介

　　CorelDRAW X7是一款通用而且功能强大的图形设计软件，可以帮助你按自己的风格创作。借助新增的"快速入门"选项可以快速入门，借助附带的数以千计的高质量图像、字体、模板、剪贴画和填充，可以迅速创作出精美的服装款式设计图。无论是一个有抱负的艺术家还是一个有经验的设计师，CorelDRAW X7丰富的内容环境和专业的平面设计功能，以及照片编辑和网页设计功能，都可以帮助你表达自己的设计风格，实现各种创意效果。

本课知识要点
- 了解CorelDRAW X7的工作界面
- 了解CorelDRAW X7的常用工具及操作方法
- 了解CorelDRAW X7的常用快捷键

1.1 CorelDRAW X7工作界面

打开CorelDRAW X7程序，界面中就会显示图1-1所示的欢迎窗口。

立即开始
新建文档
从模板新建
打开最近用过的文档
打开其他...

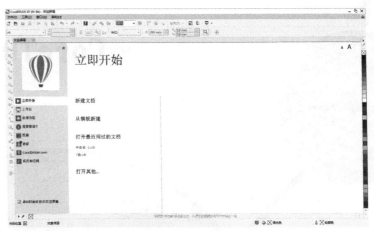

图1-1　欢迎窗口

选择“新建文档”选项即可进入CorelDRAW X7的工作界面，如图1-2所示。

标题栏
菜单栏
标尺
标准工具栏
工具箱
图纸
属性栏
工作区
调色板
状态栏
工作区
工作区

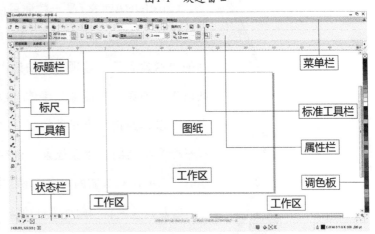

图1-2　CorelDRAW X7工作界面

1.1.1　标题栏

在CorelDRAW X7的默认界面中最顶端就是标题栏，其显示的主要内容是当前使用软件的名称、版本号，以及图形文件的名称，如图1-3所示。

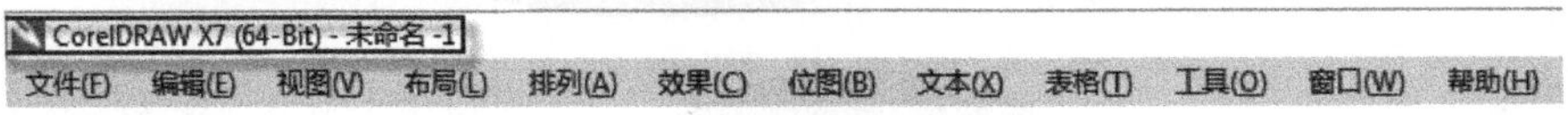

CorelDRAW X7 (64-Bit) - 未命名 -1
文件(F) 编辑(E) 视图(V) 布局(L) 排列(A) 效果(C) 位图(B) 文本(X) 表格(T) 工具(O) 窗口(W) 帮助(H)

图1-3　标题栏

1.1.2　菜单栏

菜单栏位于界面的第二行，在标题栏下面。菜单栏主要包括“文件”、“编辑”、“视图”、“布局”、“排列”、“效果”、“位图”、“文本”、“表格”、“窗口”和“帮助”这12个菜单，如图1-4所示。单击其中任一菜单名称都可以展开其下拉菜单，通过展开下拉菜单，可以找到CorelDRAW X7的大部分功能和命令。

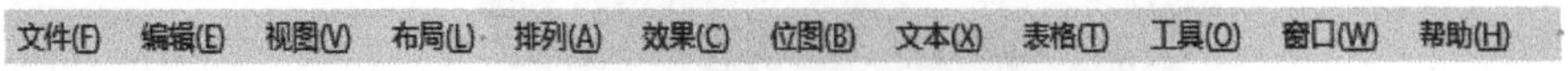

文件(F) 编辑(E) 视图(V) 布局(L) 排列(A) 效果(C) 位图(B) 文本(X) 表格(T) 工具(O) 窗口(W) 帮助(H)

图1-4　菜单栏

▋ 1.1.3　标准工具栏

标准工具栏位于界面的第三行，在菜单栏的下面。标准工具栏里都是一些经常要用到的快捷工具按钮，主要包括"新建"、"打开"、"保存"、"打印"、"剪切"、"复制"、"粘贴"、"撤销"、"重做"、"搜索内容"、"导入"、"导出"、"显示比例"、"全屏预览"等工具，如图1-5所示。

图1-5　标准工具栏

▋ 1.1.4　属性栏

属性栏位于界面的第四行，在标准工具栏的下面。属性栏是一个上下相关的命令栏，选择不同的工具或命令时，属性栏将会显示不同的图案按钮和属性设置选项。比如新建一个文档，什么也不选择的时候，该栏显示则是图纸的大小、方向、绘图单位等属性，如图1-6所示。

图1-6　属性栏

▋ 1.1.5　工具箱

工具箱位于界面的左侧竖向摆放的那一栏（为了排版方便这里将其设置为横向摆放），工具箱是CoreIDRAW常用工具的集合，包括了各种绘图工具、编辑工具、文字工具和效果工具等18种工具，如图1-7所示。在工具箱中，若工具图标的右下角有一个黑色小三角形，表示该工具按钮中还包含了其他的工具，单击该工具图标右下角的小三角，即可弹出所隐藏的工具选项，如图1-8所示。

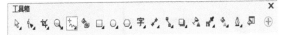

图1-7　工具箱

图1-8　显示隐藏的工具选项

▋ 1.1.6　标尺与绘画页面

绘画页面位于界面的中间，在默认状态下，绘画页面图纸是按A4大小显示的，在此区域内可以绘图或者编辑文本，只有在绘画页面上的内容才会被打印输出。在绘画页面的上边和左边各有一条水平和垂直的标尺，单击标尺并下拉会看到一条虚线在移动，以帮助在绘图的时候能够准确地定点、定位，如图1-9所示。

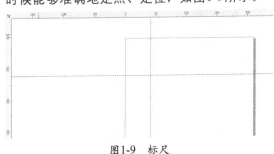

图1-9　标尺

▋ 1.1.7　调色板

调色板位于界面的最右侧，如图1-10所示。在默认的状态下，其显示的都是一些常用的颜色，单击调色板下方的按钮，调色板会向上滚动，显示更多的颜色。用左键单击调色板上的任意颜色，就可以将其添加到所选择的图形中，用右键单击任意颜色可以改变轮廓线的颜色。

▋ 1.1.8　泊坞窗

泊坞窗位于调色板的左边，包括了对象属性、字体乐园、对象样式，如图1-11所示。对于隐藏的泊坞窗，执行"窗口/泊坞窗"命令，即会显示出来，如图1-12所示。

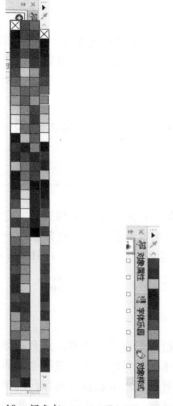

图1-10　调色板

图1-11　泊坞窗

图1-12　隐藏的泊坞窗

1.1.9　工作区

工作区就是界面中的白色区域，工作区内有一张图纸，在程序默认状态下，是按A4纸张大小显示的。绘图就是在工作区内的图纸上进行的。

1.1.10　文档调色板

文档调色板即是我们在绘图过程中所使用的颜色归类。

当在调色板中找不到想要的颜色时，用鼠标左键双击文档调色板中的任意颜色（或双击⊠图标），则会出现一个图1-13所示的窗口，在该窗口中单击"添加颜色"按钮，则弹出一个图1-14所示的窗口，在该窗口中单击"混合器"图标，单击"模型"按钮进行模式选择（一般我们选择CMYK或RGB），然后再在右边的文本框输入数值，单击"确定"按钮即可添加颜色。

图1-13　添加颜色对话框

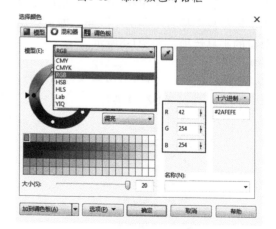

图1-14　"混合器"选择窗口

1.1.11　状态栏

状态栏位于界面的最底部，当绘制或选中一个图形的时候，该栏将显示图形对象的相关信息，包括图形对象的高度、宽度、中心信息、填充情况等当前数据，如图1-15所示。

(-181.153, 174.182) ▶ 对象信息

图1-15 状态栏

1.2 文档的基本操作

下面介绍的是CorelDRAW X7的文档基本操作，这是开始设计和制作作品的第一步。

1.2.1 新建文档

01 打开CorelDRAW X7应用程序，执行"文件/新建"命令（也可以按Ctrl+N快捷键），如图1-16所示。

图1-16 新建文档

02 弹出一个"创建新文档"的对话框，设置新文档的名称、大小、颜色模式和分辨率，如图1-17所示。

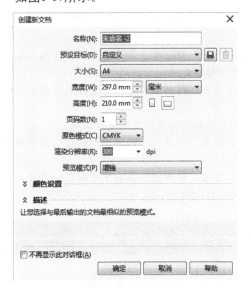

图1-17 文档设置

03 设置完毕单击"确定"按钮，即可生成一个新的空白文档。

1.2.2 导入文件

01 执行"文件/打开"命令（也可以按Ctrl+O快捷键），弹出"打开绘图"对话框，如图1-18所示。

图1-18 导入文件

02 选择绘图文件，单击"打开"按钮，再单击绘图窗口并拖动鼠标，即可打开选择的绘图文件，如图1-19所示。

图1-19 导入的文件显示

03 如果图像文件不是CDR格式，执行"文件/导入"命令，即可以使"打开"命令所不能打开的图像文件被打开，如PSD、TIF、JPG和BMP等格式的图像文件。

提示

可以按快捷键Ctrl+I，执行"文件/导入"命令。

1.2.3　保存文件

01 执行"文件/保存"命令，文件将会以程序默认的CDR格式进行保存。如果是修改原有的绘图文件，且保存时不想覆盖原有的文件，可执行"文件/另存为"命令，将修改后的文件另存，同时保留原文件。

02 如果想把绘好的图保存为其他软件所支持的格式，可执行"文件/导出"命令，打开"导出"对话框，将文件存为其他格式，如图1-20所示。

03 做完以上步骤之后，如果不想对此文件再加以修改，可执行"文件/关闭"命令或"窗口/关闭"命令，也可以单击标题栏右侧的"关闭"按钮。

图1-20　文件导出

提示

可以按快捷键Ctrl+S，执行"文件/保存"命令。按快捷组合键Ctrl+Shift+S，执行"文件/另保存"命令。按快捷键Ctrl+E，执行"文件/导出"命令。

1.3　界面布局

单击"布局"菜单，即可打开一个下拉菜单，下拉菜单中的每一个命令都可以完成一个工作任务，带有"……"的命令，则表示其可以打开一个对话框。

界面布局常用命令介绍

★ 插入页面：执行"插入页面"命令，可打开一个"插入页面"对话框。在其中可以设置插入页面的数量、方向、前后位置、页面规格等参数，单击"确定"按钮即可插入新的页面。

★ 删除页面：执行"删除页面"命令，可打开一个"删除页面"对话框。可以有选择的删除某个页面或某些页面。

★ 切换页面方向：执行"切换页面方向"命令，可在横向页面和竖向页面之间进行切换。

★ 页面设置：执行"页面设置"命令，可打开一个"页面设置"对话框。在其中可以对当前页面的规格大小、方向、版面等项目进行设置。

★ 页面背景：执行"页面背景"命令，可打开一个"页面背景"对话框。在其中可以对当前页面进行无背景、各种底色背景、各种位图背景等设置。

1.4　页面辅助

在CorelDRAW X7中，可以借助一些辅助工具精确定位图形，如标尺、导线、格点和辅助线等，让您可以快速准确地绘制图形，提升操作上的效率与便利性。这些辅助工具均为非打印元素，在打印时不会被打印出来，为绘图带来了很大的方便。

1.4.1 设置标尺

标尺可以帮助用户精确绘制图形，确定图形位置及测量大小。执行菜单中的"视图/标尺"命令，即可将其显示出来，或者在标准工具栏中单击"标尺"按钮，即可拉出标尺。

若要对标尺进行相关设置，可以将鼠标放置在标尺上并单击右键，执行"标尺设置"命令，则弹出标尺设置的对话框，如图1-21所示，在该选项卡中可以设置标尺的相关属性。

图1-21 "标尺"选项卡

1.4.2 设置网格

网格用于协助绘制和排列对象。在系统默认的情况下，网格不会显示在窗口中，可在菜单中执行"视图/网格"命令将其显示出来。或者在标准工具栏中单击"网格"图标。

若要对网格进行相关设置，将鼠标放置在标尺上并单击右键，执行"栅格设置"命令，则弹出网格设置的对话框，如图1-22所示，可在"网格"选项卡中设置标尺的相关属性。

图1-22 "网格"选项卡

1.4.3 设置辅助线

在CoreIDRAW X7中，辅助线是最实用的辅助工具之一，它可以任意调节，以帮助用户对齐绘制的对象。

辅助线可以从标尺上直接拖曳出来，放置到页面的任意位置，并可旋转任意角度。若要设置其相关属性，将鼠标放置在标尺上并单击右键，选择"标尺设置"命令，则弹出辅助线设置的对话框，如图1-23所示，在"辅助线"选项卡中可以适当设置辅助线的角度、颜色、位置等属性。

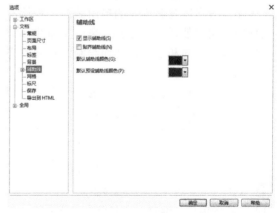

图1-23 "辅助线"选项卡

1.5 CoreIDRAW X7绘图工具

1.5.1 绘制直线和曲线

手绘工具：该工具是绘图工具里最基本、使用较多的工具。使用该工具可以绘制出直

线、连续的曲线以及封闭的图形等。（也可按F5键快速选择手绘工具）

手绘工具的具体操作步骤：

01 在工具栏中选择手绘工具，即可以开始绘制线条。

02 在绘制图窗口确定一点并单击鼠标左键，即可将其作为该线条的起点。

03 将光标移动至想要的位置并单击左键，即完成了该直线的绘制。

> **提示**
>
> 如果要绘制水平直线或垂线，单击左键确定起点后，按住Ctrl键或Shift键即可。

如果是要绘制连续的折线，单击鼠标左键认定起点，再在每个转折点上双击鼠标，到终点再单击左键即可。如果绘制连续的曲线，只要在绘图窗口确定一个起点，按住鼠标左键不放，按着自己想要的轨迹移动，到终点再松开鼠标即可得到一条曲线。

1.5.2 贝塞尔工具

贝塞尔工具：单击手绘工具，弹出子菜单，再选择贝塞尔工具，如图1-24所示。使用该工具可以绘制连续的自由曲线，在绘制过程中，可以使用形状工具来调整曲线和节点的位置、方向和切线，从而绘制区精确的光滑的曲线。

图1-24 贝塞尔工具的位置

贝塞尔工具的具体操作步骤：

01 在工具栏中选择贝塞尔工具。

02 在绘图窗口中确定一点并单击鼠标左键，然后拖动鼠标，该点的两边则会出现两个控制点，如图1-25所示。

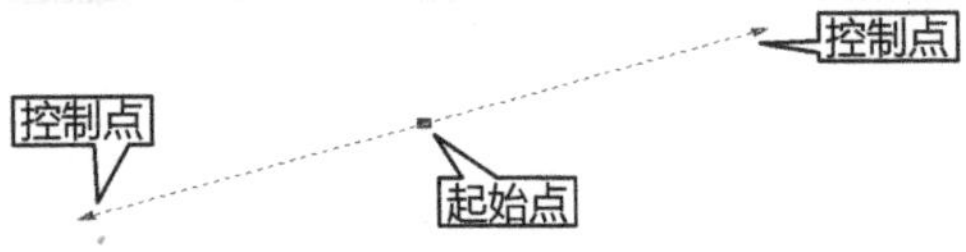

图1-25 起始节点

03 将光标移动至想要的位置单击左键并拖动鼠

标，这时则可以使用形状工具来控制调整曲线形态，如图1-26所示。

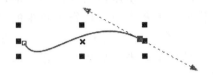

图1-26 两点间绘制的曲线

> **提示**
>
> 绘制完曲线，可以使用形状工具在曲线上添加节点或删除节点。添加节点时，在曲线上选择一处双击左键即可，如果要删除节点，则选中该节点双击左键即可。

使用贝塞尔工具绘制直线和折线的操作步骤：

01 选择贝塞尔工具，在绘图窗口中确定一点并单击鼠标左键作为起始点，再确定另一点并单击左键，此时两个节点间即可出现一条直线。

02 使用贝塞尔工具单击确定节点时不要拖动鼠标，连续确定节点，最后双击鼠标左键即可完成折线绘制，如图1-27所示。

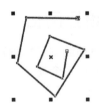

图1-27 绘制的折线

1.5.3 艺术笔工具

艺术笔工具：该工具对于绘制服装设计效果图的作用很大，使用笔刷、喷灌、书法和压力工具来进行绘图，笔刷图案可以根据曲线的变化而变化。(也可按I键快速选择手绘工具)

1.5.4 钢笔工具

钢笔工具：单击手绘工具，弹出子菜单，再选择钢笔工具，如图1-28所示。使用该工具可以进行连续直线、曲线和图形的绘制，通过定位节点或调整节点来绘制直线和曲线。

图1-28 钢笔工具的位置

钢笔工具 ◢ 具体操作步骤：

1. 绘制直线

使用钢笔工具 ◢ 绘制直线和手绘工具 ◤ 的操作非常相似，如下列步骤。

01 使用钢笔工具 ◢ 在绘图窗口中确定一点作为起始点。

02 再选择一点作为直线的终点，单击左键即可。

2. 绘制曲线

使用钢笔工具 ◢ 绘制曲线与贝塞尔工具 ◥ 的绘制方法相似，在工具栏中选择钢笔工具 ◢，用左键单击一点作为起始点，再移动鼠标至另一位置，单击左键并拖动，至终点双击左键或按Enter键即可完成曲线绘制。

钢笔工具 ◢ 亦可以添加节点和删除节点。

1.6 页面设置

在进行绘图之前，我们首先要设置图形的页面属性。页面设置主要包括页面大小、方向、页数以及页面的布局等。

■ 1.6.1 常规页面设置

1. 选择预设的纸张类型

选择工具箱中的选择工具 ◤，在没有选择任何图形或对象的情况下，属性栏如图 1-29所示。

在属性栏中单击"页面大小"按钮，在下拉列表中可选择任意一种预设的纸张类型。若选择其中一种类型，则属性栏中的"页面度量"也会发生相应的改变，如选择A3纸张时，属性栏相应的"页面度量"如图 1-30所示。

A4	297.0 mm	单位 毫米	1 mm	5.0 mm	A3	297.0 mm
	210.0 mm			5.0 mm		420.0 mm

图 1-29 没有选择任何图形或对象的属性栏 　　图 1-30 A3纸张的宽度和高度

2. 自定义纸张的尺寸

除了选择预设的纸张类型外，还可以根据需要自定义纸张的尺寸。直接在属性栏中的"页面度量"文本框中输入相应的数值。

3. 纸张的方向

选择工具箱中的选择工具 ◤，在没有选择任何图形或对象的情况下，单击属性栏上的设置页面方向的按钮："纵向"按钮 ▯ 和"横向"按钮 ▭，则可以改变纸张的方向，图 1-31和图 1-32分别为纵向和横向的页面效果。

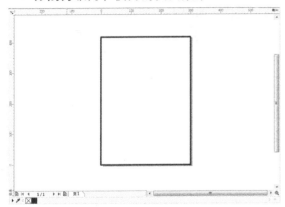

图 1-31 纵向页面

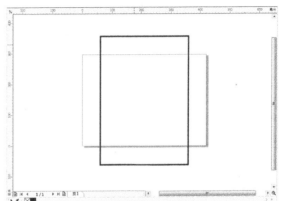

图 1-32 横向页面

1.6.2　插入页面

CorelDRAW X7中，在一个图形文件内可以设置多个页面。在菜单栏中执行"布局/插入页面"命令，打开"插入页面"对话框，如图 1-33所示。在该对话框中直接输入要插入的页数后，单击"确定"按钮即可插入页面。

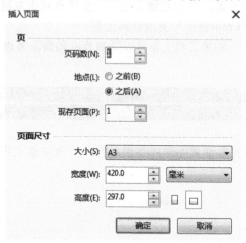

图 1-33　"插入页面"对话框

通过菜单命令插入页面的方法过于繁琐，在希望增加默认页面的时候，更快捷的方法是通过直接单击页面控制栏上的按钮囝，在当前页之前或之后添加页面。

此外，在页面控制栏上的页面标签上单击鼠标右键，在打开的快捷菜单中选择"在后面插入页"命令或"在前面插入页"命令，也可以插入页面，如图 1-34所示。

图 1-34　页面标签上的快捷菜单

1.6.3　删除页面

在菜单栏中执行"布局/删除页面"命令，打开"删除页面"对话框，如图 1-35所示。在该对话框中输入需要删除页面的页码，单击"确定"按钮即可。

图 1-35　"删除页面"对话框

此外，也可以将鼠标放置在页面控制栏上的一个页面标签上，单击鼠标右键，在弹出的快捷菜单中选择"删除页面"命令，也可直接删除掉所选择的页面。

1.6.4　定位页面

通过单击页面控制栏中的◄按钮或►按钮，可以按顺序翻动页面。如果单击页面控制栏上的◄按钮或►按钮，则可以直接将页面翻动到首页或结束页。

如果用户的文件中页数太多，则可以执行"布局/转到某页"命令，在打开的"定位页面"对话框中输入需要翻转的页码数，如图 1-36所示，单击"确定"按钮即可直接翻转页面。

图 1-36　"定位页面"对话框

此外，还可以通过直接单击页面控制栏上的数字按钮，打开"定位页面"对话框来进行选择定位，如图 1-37所示。

◄　1/2　► ►| 囝　　页1 页2

图 1-37　单击按钮翻转页面

第2课
服装款式设计基础

　　服装款式是由服装成品的外轮廓、内部衣缝结构以及服装的零部件等各种因素综合组成的。服装设计作为视觉艺术范畴，服装款式是服装设计的第一视觉要素，服装款式能最直观地表达一件衣服的最基本特征。服装款式也是服装结构制图的主要依据。

　　在服装整体设计中，款式设计居于首要的地位。服装的外轮廓剪影可归纳成A、H、X、Y、O、V、T等基本型，在基本型基础上稍作变化修饰又可产生出多种变化造型。

本课知识要点
- 了解与绘制款式图的人体比例
- 了解服装的廓形设计、局部造型设计的基础知识

2.1 人体的比例与形态

人体比例是服装设计的基础，服装的魅力只有通过人体的展示才能显露出来。纵然服装款式千变万化，然而最终还要受到人体的局限。不同地区、不同年龄、不同性别的人体态骨骼不尽相同，服装在人体运动状态和静止状态中的形态也有所区别，因此只有深切地观察、分析、了解人体的结构以及人体在运动中的特征，才能利用各种艺术和技术手段使服装艺术得到充分的发挥。

▮2.1.1 正常人体的整体比例

我国古代就曾有"立七、坐五、盘三半"的比例法，即站着7头长，坐着5头长，盘腿3个半头长。人体全身的长度以头长为单位，正常人体的整个人体为7个半头高，如图2-1所示。

人体的1/2在耻骨联合处，上段为头、颈、躯干和上肢，下段为下肢。下颌至乳头为1个头高，乳头至脐孔为1个头高，上肢为3个头高。脐孔至大腿根部为1个头高，大腿根部至膝盖为2个头高，膝盖至脚踝为1个半头高，下肢为4个半头高，整个人体为7个半头高。

▮2.1.2 款式设计中的艺用人体比例

人体比例是服装设计的基础，而服装的魅力只有通过人体的展示才能显露出来，因此，要画好服装画必须掌握好人体的比例。一般在进行服装款式设计的时候，我们使用的人体比例可以设八头身，如图2-2所示。下颌至胸围线为1个头高，胸围线至脐孔为1个头高，上肢为3个头高。脐孔至臀围线为1个头高，臀围线至膝盖为2个头高，膝盖至脚踝为2个头高，下肢为5个头高，整个人体为8个头高。肩宽约为1.5个头高，腰围约为1个头高，臀围约为1.5个头高，下颌到胸围线的1/2处为肩线，肩线的1/3处为领窝线。

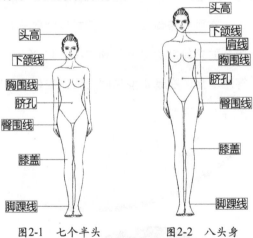

图2-1　七个半头　　　　图2-2　八头身

2.2 服装轮廓造型

服装轮廓是服装流行发展中的一个重要因素，它能够反映服装的流行趋势以及时代的特点，如19世纪20年代开始流行的X型服装、40年代流行较中性化的H型服装、50年代流行迪奥首创的A型服装，而80年代流行肩部被高高垫起的T型服装。不同的服装轮廓所表现出的视觉效果也是不同的，比如活泼的、古典的、优雅的、夸张的等，反映出穿着者的个性等内容。

2.2.1 款式造型效果

根据人体的特点，可以把服装外形概括为H型、X型、A型、T型和O型5种。以这5种为基础，几乎所有的服装都可以字母形态来描述。

1. H型

H型也被称为长方形廓形，H型不强调胸、腰、臀部的曲线，强调肩部的造型，不收腰、窄下摆，整个造型呈筒形，呈现出一种修长、简洁、休闲的感觉，常用于运动装、休闲装、家居服以及男装的设计中，如图2-3所示。

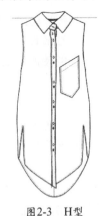

图2-3　H型

2. X型

X型服装的特点就是夸大了服装的肩部和衣裙的下摆，收紧腰部，整个外轮廓形成上下部分宽大，中间部分收紧的效果，外轮廓形似于字母X。X型的服装与女性的"S"型曲线相吻合，充分体现出女性的优雅气质，具有柔和、优美的女性化风格，常用于经典风格礼服以及性感风格的服装中，如图2-4所示。

图2-4　X型

3. A型

A型也被称为三角形或者梯形，最初是由迪奥在1957年推出的，指整个服装造型呈上小下大造型，以窄肩、不收腰、宽下摆、从上至下像梯形逐渐展开的外形为基本特征，给人非常青春、活泼、潇洒、富有活力的感觉。A型服装常用于大衣、裙等的设计中，如图2-5所示。

图2-5　A型

4. T型

T型也被称为倒梯形或者倒三角形，这一型的服装肩部造型夸张，下面逐渐变窄，收紧下摆，形成上宽下窄的效果，外轮廓就像字母T，宽宽的肩部设计显得坚定而信心十足，常用于男装和表现男性气概的女装中，如图2-6所示。

图2-6　T型

5. O型

O型也被称为椭圆形，O型服装的特点就是肩部和下摆都向内收紧，服装外形没有明显的棱角，腰部宽松，整个外形呈椭圆形，类似于字母O。O型服装可以掩饰身体的缺陷，具有休闲、舒适、宽松的特点，如图2-7所示。

图2-7　O型

2.2.2 服装款式设计的步骤

服装款式设计过程中，整体与局部不是孤立存在的，而是相互制约和转化的，也没有必要界定得很清楚。例如，X廓型的整体特色，没有省或断缝的作用是完不成的；同样将省设立H廓形的创意中不仅没有意义，还可能破坏整体结构。因此，在进行服装款式设计时，必须综合考虑服装的整体风格和局部造型的关系，可见局部设计并不是单一的、局部的、无所顾忌的。

★ 确定服装的整体造型。主要反映在整体的廓形和主体结构线的关系上，即整体创意。

★ 根据服装整体造型要求，进行局部造型设计，即局部造型符号的创意，包括领袖、袋等。

★ 根据服装整体和局部造型要求，设计出最小局部的造型，仍为局部造型符号的创意，包括省、褶、扣、裥等。

2.2.3 服装款式细节设计

服装的细节是指服装的局部造型设计，是服装中的零部件的外廓形状以及内部结构的形状。当服装的款式决定之后，服装中的细节就显得尤为重要了。服装细节设计主要包括了服装的领子、袖子、门襟、口袋以及腰头等零部件。这些细节的设计不仅能使服装更加的符合形式美法则，还可以增加服装的机能性。

1. 衣领的设计

领子是上衣设计中的重点，应为它是我们目光最容易看到的地方，因此领子在服装设计中占有非常重要的地位。根据领子的结构特征，领子可以分为有领类和无领类（也称领线形领）两大类。

◎ **无领类**

无领是最基础的领型，保持了服装的原始形态，与人体颈部自然吻合，能表现人体的自然美。无领多用于下装、内衣、晚装、T恤、连衣裙等服装上。常见的无领包括一字领、圆领、V字形领、方形领、U字形领和开叉领等，如图2-8所示。

一字领

U字领

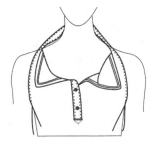
开叉领

图2-8 无领类

◎ **有领类**

有领类包括立领、摊领（也称平领）、翻领、翻驳领、蝴蝶结领等，如图2-9所示。

摊领

翻驳领

蝴蝶结领

图2-9 有领类

2. 领子设计要点

下面介绍领子的设计要点。

★ 深刻了解领子的类别以及特征。

★ 充分理解领型与脸型的关系，领子的设计要符合穿衣人的脸型和颈部特征，要"破型"，而不能"以型套型"。

★ 与服装的整体造型风格统一，起到充实、强化、平衡、协调的修饰作用。

3. 电脑绘制表现

下面从上述款式中选其中一款作为范例，使用CorelDRAW X7进行绘制，最终的效果如图2-10所示。

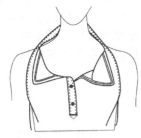

图2-10 最终效果

01 打开CorelDRAW X7，新建一个文档，就会展开一张空白纸张，程序默认为A4大小，如图2-11所示。

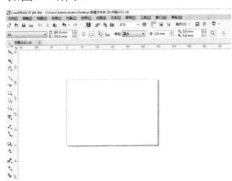

图2-11 新建文档

02 使用选择工具，从横纵标尺处拖出数条辅助线，按照相应尺寸放置于相应的位置，如图2-12所示。

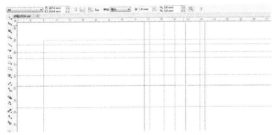

图2-12 拖出辅助线

03 使用贝塞尔工具和形状工具在做好的辅助线上绘制出一个女性人体上半身模型，如图2-13所示。

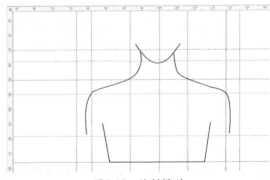

图2-13 绘制模型

04 使用贝塞尔工具绘制并使用形状工具加以调整，绘制出图2-14所示的衣服左前片。在属性栏中将画笔轮廓设置为0.75pt。

05 使用贝塞尔工具和形状工具在左前片肩带、领子以及门襟上绘制出缉明线，在属性栏中将轮廓宽度设置为0.5pt，效果如图2-15所示。

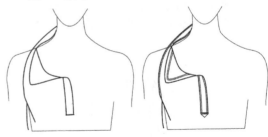

图2-14 绘制左前片　　图2-15 绘制缉明线效果

06 使用选择工具，单击属性栏中线条样式，弹出一个下拉菜单，单击选中的线条样式，将缉明线设置为"虚线"，得到的效果如图2-16所示。

07 使用与上述相同的方法绘制出右前片，得到的效果如图2-17所示。

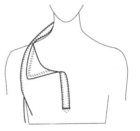 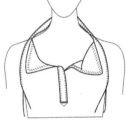

图2-16 虚线效果　　图2-17 绘制右前片效果

08 在工具栏中选择椭圆形工具，按住Ctrl键绘制出一个圆形。使用选择工具选中这个

圆形，在调色板中选取合适的颜色来填充
圆形，得到的效果如图2-18所示。

还可以在属性栏上输入数值来画出圆
形，如图2-19所示。

图2-18 绘制并填充圆形 图2-19 输入数值

09 使用选择工具 ，选中圆形，按Ctrl+C快捷键
复制图形，按Ctrl+V快捷键粘贴图形。

10 使用选择工具 ，将绘制好的圆形按照相应的
位置放在左前片的门襟上，即完成制图，
如图2-20所示，

◎ **袖子的分类**

★ 根据袖子的款式特点可以划分为灯笼袖、马蹄袖、泡泡袖、蝙蝠袖。在袖子的设计中，服装的整体
风格决定袖子的造型，只有袖子的风格和服装的风格相协调，服装才会产生和谐的美感。

★ 根据袖子的结构特点可以划分为喇叭袖、灯笼袖、羊腿袖等。

★ 根据袖子的制作方法可以划分为无袖、装袖、连裁袖、插肩袖。

图2-21所示为袖子的不同类别。

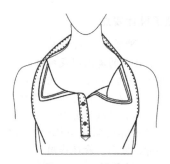

图2-20 完成制图

4. 衣袖的设计

袖子的造型和形态对服装造型影响很大，
是服装整体造型的重要组成部分。衣袖对人体
上肢就有保护作用，又能使上肢的活动变得灵
活，同时对服装的外观也有很好的装饰作用，
所以衣袖的设计既要考虑它的审美性，也要考
虑它的功能性。

灯笼袖

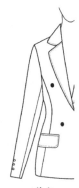

装袖

无袖

羊腿袖

插肩袖

图2-21 袖子的不同类别

◎ **电脑绘制表现**

从上面款式中选其中一款作为范例来进行讲解。

01 打开CorelDRAW X7，新建一个文档，就会展开一张空白纸张，程序默认A4大小。

02 使用选择工具 ，从横纵标尺处拉出辅助线并放在图纸上相应的位置，如图2-22所示。

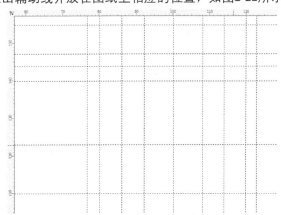

图2-22 拉出辅助线

03 使用贝塞尔工具 和形状工具 在辅助线的基础上绘制出衣身，在属性栏上设置轮廓宽度为0.7pt，如图2-23所示。

04 使用形状工具 选中肩线，在6cm处双击，就会出现一个小正方形。单击鼠标右键，在弹出菜单中选择"拆分"命令。单击6cm往右那条肩线，按Delete键删除该线段，得到的效果如图2-24所示。

图2-25 绘制闭合区域

07 使用手绘工具 ，同时按住Ctrl键绘制出一条直线，在属性栏上设置轮廓宽度为0.3cm，在线条样式中将线条设置为图2-26所示的线条样式。

图2-26 设置线条样式

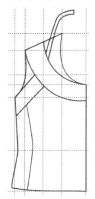

图2-23 绘制衣身　　图2-24 删除线段

05 使用贝塞尔工具 和形状工具 绘制出袖窿的缉明线。

06 使用贝塞尔工具 和形状工具 绘制出图2-25所示的两个闭合区域。

提示

　　图中红色曲线为心领弧（与肩线相交点为肩点过去6cm）。

08 使用选择工具，选中绘制好的线条，按小键盘上的"+"键复制，重复该步骤，得到的效果如图2-27所示。

图2-27　复制线条效果

09 使用选择工具，框选住所有线条，执行"对象/组合"命令来组合对象。

10 使用选择工具，双击线条，将变成可旋转模式，将线条旋转成图2-28所示的效果。

11 使用选择工具，选中线条，执行"对象/图框精确裁剪/置于图文框内部"命令，单击闭合区域，得到的效果如图2-29所示。

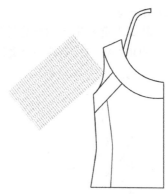

图2-28　旋转线条

12 用同样的方法，填充另一闭合区域即完成制图，如图2-30所示。

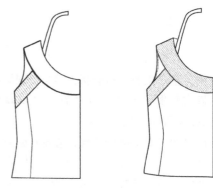

图2-29　置于图文框内部效果　图2-30　完成制作

5. 门襟的设计

门襟即服装在人体正前方的开口，它们不仅使服装穿脱方便，也常常是服装的重要装饰部位，服装的门襟形式多种多样，如图2-31所示。

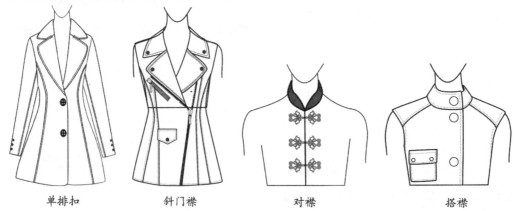

单排扣　　　　　斜门襟　　　　　对襟　　　　　搭襟

图2-31　多种多样的门襟形式

◎　门襟的分类

★　根据门襟的排列特征可以分为：单排扣、双排扣。

★　根据门襟的结构特征可以分为：对襟、搭襟。

★　根据门襟的开口长度可以分为：半襟、通开襟。

★　根据门襟的位置特征可以分为：正开襟、侧开襟、便开襟、插肩开襟。

◎ **门襟的设计要点**

★ 门襟的结构要与领或腰头的结构相适应，门襟总是与领子或腰头连在一起的，如果门襟的结构不能与领子或腰头相适应，会给服装的制作带来极大的麻烦，最终必然也会影响设计的效果。

★ 被门襟分割的衣片要有美的比例。美的比例是人们对服装的造型设计的基本要求之一。门襟对衣片有纵向的视觉效果，在服装上设计门襟的长短及位置时要注意使被分割的衣片与衣片之间保持美的比例。

★ 对门襟的装饰要注意与服装的整体风格协调。应用于门襟的装饰手法很多，由于门襟总是处于人体的正前方，应用于门襟的装饰手法会对服装的整体风格造成一定的影响，如用辑明线的装饰手法会使得服装显得粗犷，包边会使服装显得精致。如果能让应用于门襟的装饰与服装整体风格协调。服装的设计效果会显得更加和谐。

◎ **电脑绘制表现**

从上面款式中选其中一款作为示范来进行讲解。

01 打开CorelDRAW X7，新建一个文档。

02 执行"文件/输出"命令，导入一张绘制好的线描人体上半身图片，如图2-32所示。

图2-32 导入人体图片

03 使用贝塞尔工具 以及形状工具 在人体模型上绘制出服装的基本款式，在属性栏里将轮廓宽度设置为0.75pt，效果如图2-33所示。

04 使用贝塞尔工具 以及形状工具 在领子、门襟、口袋盖、袖窿以及省道和刀背处绘制出与之形状相同的线条，同时在属性栏的轮廓属性选项中，将线型设置为"虚线"，将轮廓宽度设置为0.5pt，得到的效果如图2-34所示。

图2-33 基本款式效果 图2-34 绘制虚线效果

05 使用贝塞尔工具 或者手绘工具 在拉链的末端开始，绘制出图2-35所示的形状图案，作为左胸前闭合拉链的齿轮。

06 使用选择工具 选中画好的图形，按小键盘上的"+"键复制。连续单击复制出的图形两次，使图形处于旋转状态，将复制的图形旋转至与原图形相反的方向，如图2-36所示。

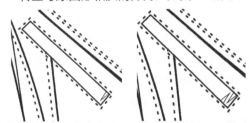

图2-35 绘制形状图案 图2-36 复制并旋转图形

提示

还可以使用选择工具选中图形，再将要复制的图形拖至想要的位置，然后单击鼠标右键即可。

07 使用选择工具 将原图形和复制出的图形框选中，在菜单栏中执行"对象/组合/组合对象"命令。

08 使用选择工具 选中组合好的图形，按小键盘上的"+"键复制出另一个，放置在拉链的另一端，如图2-37所示。

09 在工具栏中选择调和工具 ，单击拉链一端的图像并向另一端拉，松开鼠标即可看到图2-38所示的效果。

提示

还可按小键盘上的"+"键，将组合好的图形依次复制满整个拉链。

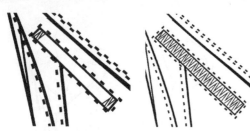

图2-37 复制并放置在另一侧　图2-38 调和效果

10 按照上述步骤，使用相同的方法，绘制出门襟处闭合部分的拉链，如图2-39所示。

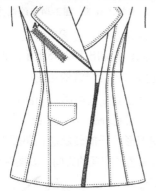

图2-39 绘制门襟处的拉链

11 使用矩形工具□绘制出大小适中的矩形图案，将矩形图案从A点处开始沿着门襟的曲线放置，如图2-40所示。

12 使用调和工具 ，单击A点并把鼠标拉至B点。松开鼠标，在属性栏的调和步长中，将调和对象改为30，再使用相同的方法绘制出C点到D点的拉链，C点到D的调和步长设置为20，得到的效果如图2-41所示.

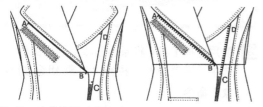

图2-40 沿着门襟的曲线放置　图2-41 调和效果

13 使用贝塞尔工具 和形状工具 绘制出拉链头的形状，在属性栏中将轮廓宽度设置为0.3pt，如图2-42所示。

14 使用矩形工具□绘制出一个与服装大小适中的矩形。利用形状工具 单击矩形四角的任意一个节点，滑动鼠标就可看到矩形的四个角变得圆滑，当得到想要的角度时，松开鼠标即可。在属性栏中将轮廓线设置为0.3pt。

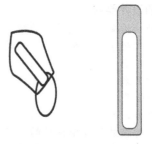

图2-42 绘制拉链头

15 使用选择工具 选中画好的矩形，在调色板中，单击颜色"20%黑"填充该图形。按住Shift键，单击鼠标右键结束，等比例缩放出一个小的矩形。选中小矩形，在调色板中单击白色填充小矩形。使用选择工具 选中小矩形，单击鼠标右键，在弹出的菜单中执行"顺序/到页面前面"命令。

16 使用选择工具 ，将绘制好的这些图形按照相应的位置摆放起来，得到的效果如图2-43所示。

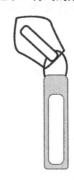

图2-43 绘制的效果

17 使用选择工具 框选住拉链头，在菜单栏中执行"对象/组合/组合对象"命令。将拉链头拖至拉链相应的位置，如图2-44所示。

图2-44 将拉链头拖至相应的位置

18 使用椭圆形工具○，按住Ctrl键绘制出一个圆形，在属性栏的对象大小中将椭圆形的宽度和长度均设置为4cm。在调色板中，选择颜色"80%黑"填充圆形。按快捷键Ctrl+C和Ctrl+V，复制粘贴出4个圆形，即是扣子。

19 使用选择工具▷，将绘制好的扣子放至相应的位置，即完成制图，如图2-45所示。

图2-45　完成制图

6.口袋的设计

口袋是缝在衣服上用以装东西的袋形部分，由于它的功能作用，决定了它实用性强的特点。由于审美的需要，因为人们不断追求美、创造美的求新求变心理。一个设计到位的口袋，常可以使一件时装的美感大大提高，因此，口袋是服装的实用功能和审美功能相结合的载体。

◎ **口袋的分类**

★ 贴袋又称明袋，口袋贴附在衣身上，袋型显露在外，如图2-46所示。

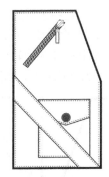

图2-46　贴袋

★ 挖袋又称暗袋，在衣身上剪出口袋，镶口袋

边，缝入内袋。其特点是袋体在衣服里面（夹在面料和里料之间），只有袋口露在外面，如图2-47所示。

图2-47　挖袋

★ 插袋，我国传统服饰中的中式服装的口袋一般都是采用插袋的形式。在现代服装造型中，衣身的侧缝、公主线都可以用来缝制插袋，如图2-48所示。

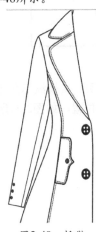

图2-48　插袋

★ 里袋，缝在衣服里面的口袋，也称内袋，如图2-49所示。

图2-49　里袋

★ 假袋，在服装造型中，为了使其外观效果更为合理，常常缝制假袋。

◎ **口袋的设计要点**

★ 口袋的大小既要适合人手插放，同时又要与服装的面积比例相协调。

★ 在设计口袋时，要考虑口袋的位置要方便手臂的插放，不妨碍人体动作需要。

★ 口袋的造型要与服装的款式、功能相配置，比如制服、旅游服可以设计口袋来增强它们的功能性和审美性，而透明的织物服装、紧身衣就不宜设计口袋。

★ 口袋的装饰手法要与服装的整体风格相统一。

◎ **电脑绘制表现**

01 打开CorelDRAW X7，新建一个文档，就会展开一张空白纸张，程序默认为A4大小，如图2-50所示。

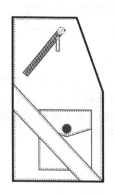

图2-50　新建文档

02 使用选择工具，从横纵标尺中拖出辅助线，放在相应的位置，如图2-51所示。

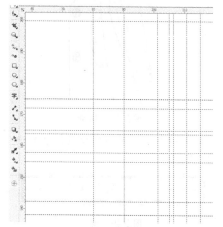

图2-51　拖出辅助线

03 使用手绘工具或者贝塞尔工具绘制出口袋型，使用选择工具选中口袋外轮廓线，在属性栏的轮廓宽度中，将口袋外轮廓宽度设置为2.0pt。选中口袋内造型线，在属性栏的轮廓宽度中，将口袋外轮廓宽度设置为0.75pt，如图2-52所示。

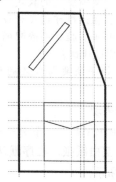

图2-52　绘制口袋型

04 使用手绘工具或者贝塞尔工具连接ABCD4个点，绘制出一个闭合图形，在属性栏的轮廓宽度中，将口袋外轮廓宽度设置为0.7cm，如图2-53所示。

05 使用选择工具选中绘制好的闭合图形，在调色板中选择白色，填充该图形，如图2-54所示。

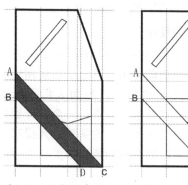
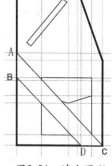

图2-53　绘制闭合图形　　图2-54　填充图形

06 使用手绘工具或者贝塞尔工具，在拉链A端绘制出图2-55所示的成角度折线。

07 使用选择工具选中该折线，按小键盘上的"+"键复制出一个折线。用鼠标双击复制出的折线，图形将转变为旋转模式，将图形旋转，使两个折线边相平行，如图2-56所示。

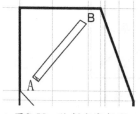
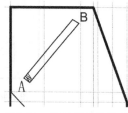

图2-55　绘制成角折线　　图2-56　复制并旋转图形

08 使用选择工具▯框选中两个折线，在菜单栏中执行"对象/组合/组合对象"命令。

> **提示**
>
> 选中需要组合的对象，按Ctrl+G快捷键直接执行"组合对象"命令，或单击鼠标右键，在弹出的菜单中执行"组合对象"命令。

09 使用选择工具▯选中组合后的图形，按小键盘上的"+"键再复制出一个，将复制出的图形拖至拉链B端，如图2-57所示。

10 使用选择工具▯单击工具栏中阴影工具右下角的小三角形，在弹出的菜单中选择调和工具▯，用鼠标单击A点，然后按住鼠标拖至B点。在属性栏的调和步长中，将调和对象设置为18，得到的效果如图2-58所示。

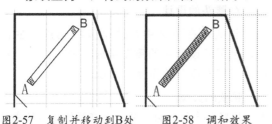

图2-57 复制并移动到B处   图2-58 调和效果

11 执行"文件/导入"命令，导入从之前的绘制好的服装，从中复制出一个拉链头，如图2-59所示。

12 使用形状工具▯选中拉链头，单击属性栏中的水平镜像图标▯，再将拉链头放置在B点处，得到的效果如图2-60所示。

13 使用贝塞尔工具▯和形状工具▯绘制口袋的缉明线，在属性栏的轮廓宽度中将宽度设

置为0.5pt，如图2-61所示。

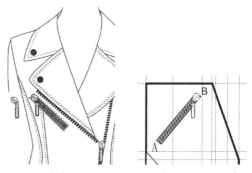

图2-59 复制拉链头   图2-60 将拉链头放置在B处

14 使用选择工具▯选中缉明线，在属性栏的线条样式中，将缉明线设置为"虚线"，如图2-62所示。

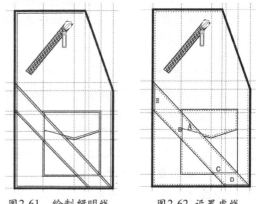

图2-61 绘制缉明线   图2-62 设置虚线

15 使用形状工具▯将A、B、C、D这4条线段在图形上隐藏起来，选中A线段，单击鼠标右键弹出菜单，执行"顺序/置于此对象后"命令，如图2-63所示。画面内出现一个黑色粗箭头，将箭头放置灰色图形外轮廓线上，单击鼠标即可。

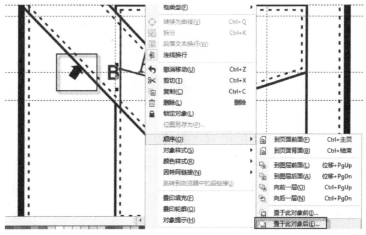

图2-63 执行"顺序/置于此对象后"命令

16 其他3条线段均使用上述方法执行，得到的效果如图2-64所示。

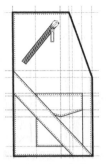

图2-64　效果

17 使用椭圆形工具 ◯ 绘制出一个等比例的圆形图案，圆形的大小要与口袋大小相适宜。

18 使用选择工具 ▹ 在属性栏的轮廓宽度中将外轮廓宽度设置为0.1pt，在调色板中选择颜色为"60%黑"。

　　也可以根据自己的需要在属性栏中的对象大小里设置图形的宽度与高度。

19 使用选择工具 ▹ 选中圆形图案，按小键盘上的"+"键再复制出一个。

20 使用选择工具 ▹ 选中复制好的图形，按住Shift键，将图形等比例缩小。在调色板中

选择颜色为"70%黑"，得到的效果如图2-65所示。

21 使用选择工具 ▹ 框选中两个圆形图案，在菜单栏中执行"对象/组合/组合对象"命令。

22 使用选择工具 ▹ 将组合好的图形放置在口袋相应的位置，即完成了这款贴袋款式图的绘制，如图2-66所示。

图2-65　圆形效果　　　图2-66　完成绘制

7.腰头的设计

腰头是在下装中与腰部直接相连接的部件，是下装设计中的重要组成部分。腰头的粗细、宽窄直接影响下装的外观效果。

◎ **腰头的分类**

★ 按照腰头的结构：分为几何形腰头和任意形腰头，如图2-67所示。

★ 按照腰头的高低：分为高腰、中腰、低腰三大类型，如图2-68所示。

几何形

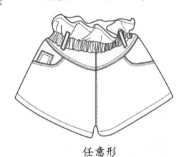
任意形

图2-67　按照腰头的结构分类

高腰

中腰

低腰

图2-68　按照腰头的高低分类

◎ **腰头的设计要点**

★ 尽可能的运用流行元素，让腰头的设计符合流行趋势。

★ 腰头的设计风格要与下装的整体风格相统一、相协调。

◎ **电脑绘制表现**

01 打开CorelDRAW X7，新建一个文档，系统就会展开一张空白纸张，程序默认为A4大小，如图2-69所示。

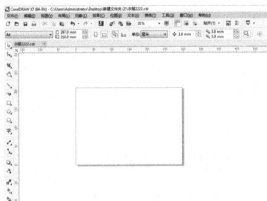

图2-69 新建文档

02 使用选择工具 ，从纵标尺上拉出辅助线，作为中心线，如图2-70所示。

图2-70 拉出辅助线

03 使用手绘工具 ，按住Ctrl键，画出一条直线。单击选中该直线，按小键盘上的"+"键复制出一条直线，再按住Shift

键，将该直线拖到相应的位置，如图2-71所示。

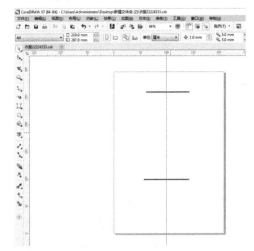

图2-71 绘制直线

提示

还可以使用选择工具，单击选中直线，按住鼠标不放，将直线拖至相应的位置，然后单击鼠标右键即可。

04 单击工具栏中阴影工具右下角的小三角形，在弹出的菜单中选择调和工具 ，单击上方直线，按住鼠标左键，往下拖至底边直线，如图2-72所示。

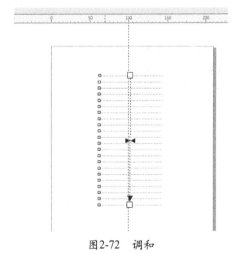

图2-72 调和

05 使用选择工具 ，在属性栏中将调和步长设置为7，这样就共分为了8等份。

06 在第2等份的1/2处使用手绘工具 ，按住Ctrl键画一条直线，为人体肩线，如图2-73所示。

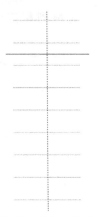

图2-73　绘制人体肩线

07 使用选择工具 ![]，从横纵坐标中拉出辅助线，按八头身比例放在相应的位置，如图2-74所示。

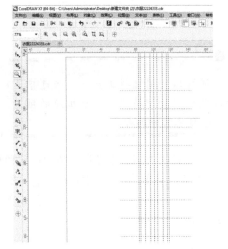

图2-74　拉出纵向辅助线

08 使用贝塞尔工具 ![]，和形状工具 ![]，依着辅助线绘制出人体模型，如图2-75所示。

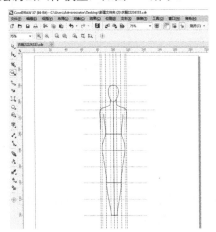

图2-75　绘制出人体模型

09 执行"文件/保存"命令，将绘制好的人体模型保存起来。

10 使用贝塞尔工具 ![]，和形状工具 ![]，在人体的基础上绘制出裤子的基本结构线，在属性栏的轮廓宽度中将宽度数值设置为0.75pt，如图2-76所示。

11 使用贝塞尔工具 ![]，和形状工具 ![]，绘制出腰头、口袋、门襟、底边的缉明线，在属性栏的轮廓宽度中将宽度数值设置为0.5pt。

12 使用选择工具 ![]，单击属性栏的线条样式图标，将缉明线设置为"虚线"，如图2-77所示。

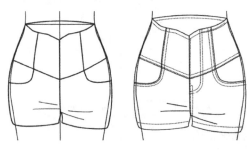

图2-76　绘制裤子基本结构线　　图2-77　设置虚线

13 使用贝塞尔工具 ![]，和形状工具 ![]，绘制出扣眼。按住Shift键等比例缩放成与裤子大小相宜的尺寸。

14 使用选择工具 ![]，选中扣眼，按小键盘上的"+"键再复制出3个扣眼，将扣眼拖放至门襟相应的位置，如图2-78所示。

图2-78　绘制并复制扣眼

15 使用椭圆形工具 ![]，按住Ctrl键，绘制出一个圆形，在属性栏的轮廓宽度中将宽度设置为0.2pt。

16 使用选择工具 ![]，选中画好的圆形，按住鼠标左键不放，同时按住Shift键等比例缩小，缩到相应的大小，单击右键结束即可。将宽度设置为0.15pt。

17 使用选择工具 ![]，选中缩小的圆形，在调色板里，选择颜色为"30%黑"来填充该图形。

18 使用选择工具 ![]，选中缩小的圆形。依照上述方法，再等比例缩小出一个圆形，在调色板里选择"白色"来填充该图形。使用选择工具框选中所有圆形，在菜单栏中执行"对象/组合/组合对象"命令，即完成一颗扣子绘制，得到的效果如图2-79所示。

进行等比例缩小，然后按小键盘上的"＋"键再复制出3个扣子。

21 使用选择工具选中缩小后的扣子，再将其放置在口袋相应的位置，如图2-81所示。

图2-79 绘制扣子

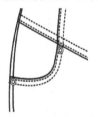

图2-81 将扣子放置在相应的位置

19 使用选择工具选中扣子，将扣子拖放至扣眼上相应的位置，如图2-80所示。

22 使用选择工具选中人体模型，按Delete键将其删除，或者将其移至图纸以外的区域，即完成了裤子的绘制，如图2-82所示。

图2-80 将扣子拖至相应的位置

20 使用选择工具选中一颗扣子，按住Shift键

图2-82 完成绘制

2.3 服装款式设计中的形式美法则

形式美法则是人类在创造美的形式、美的过程中对美的形式规律的经验总结和抽象概括。研究、探索形式美的法则，能够培养人们对形式美的敏感，指导人们更好地去创造美的事物。掌握形式美的法则，能够使人们更自觉地运用形式美的法则表现美的内容，达到美的形式与美的内容高度统一。

形式美法则自始至终贯彻于服装设计中，其主要有比例、平衡、呼应、节奏、主次、统一等几个方面内容。

2.3.1 比例

比例分为人体的比例和服装的比例两种。人体由上、下肢和躯干构成，这些关系构成了人体上、下肢的长度比例以及肩、腰、臀的围度比例，这些人体比例是服装设计的基础。理想的人体比例是很少的，服装的一个首要任务就是改变和美化那些非理想的人体比例，突出和加强人体的理想比例。在古希腊就已被发现的至今为止全世界公认的黄金分割比1：1.618，正是人眼的高宽视域之比。恰当的比例则有一种谐调的美感，成为形式美法则的重要内容。美的比例是平面构图中一切视觉单位的大小，以及各单位间编排组合的重要因素。

在服装中比例往往是指服装的各部分尺寸比、不同色彩的面积比和不同部件的体积比等，服装设计的比例会随着潮流的变化而变化，不一定绝对符合黄金分割比，但一定遵循形式美法则，如图2-83所示。

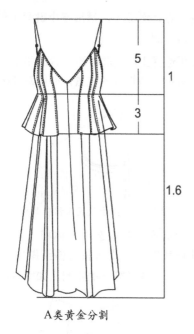

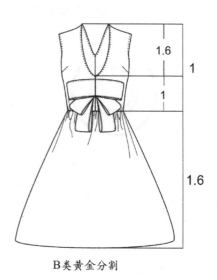

A类黄金分割 B类黄金分割

图2-83 黄金分割比例

2.3.2 平衡

在服装设计中的平衡强调的是人们视觉和心理上的感受，因此服装中的平衡有对称和均衡两种形式，如图2-84所示。

★ 对称：人体是左右对称的，属于对称平衡的范畴，因此服装大多数也是左右对称的，即沿中轴线对折，左右两侧完全相同。对称平衡显得端正、庄重，是服装设计中采用的主要平衡方式。

★ 均衡：左右形式上不同量、不同形，但是有平衡的感觉，我们把这种不对称平衡称为均衡。较对称平衡来讲，均衡的形式感更为活泼，更富于变化，因此运用和掌握的难度就相对大一些，它要求设计师具有相当高的感知能力和判断能力。

对称 均衡

图2-84 对称和均衡

2.3.3 呼应

呼应属于均衡的形式美，是各种艺术常用的手法，呼应也有"相应对称"、"相对对称"之说。一般运用形象对应、虚实气势等手法求得呼应的艺术效果，如图2-85所示。

2.3.4 节奏

节奏本是指音乐中音响节拍轻重缓急的变化和重复。节奏这个具有时间感的用语在服装设计上是指以同一视觉要素连续重复时所产生的运动感。

韵律原指音乐（诗歌）的声韵和节奏。诗歌中音的高低、轻重、长短的组合，匀称的间歇或停顿，一定地位上相同音色的反复及句末、行末利用同韵同调的音相加以加强诗歌的音乐性和节奏感，就是韵律的运用。平面构成中单纯的单元组合重复易于单调，由有规则变化的形象或色群间以数比、等比处理排列，有韵律的构成具有积极的生气，有加强魅力的能量。

不规则的节奏具有强弱间隔和抑扬顿挫的变化，如服装上的碎褶、波浪褶等都具有这样妙趣横生和活泼的效果，如图2-86所示。

图2-85 相对对称

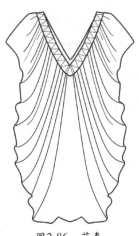

图2-86 节奏

2.3.5 主次

主次是事物中局部与局部之间、局部与整体之间组合关系的要求，是任何艺术创作都必须遵循的形式法则。在服装设计中，辅助因素往往起到画龙点睛的作用，设计是要整体把握，不要顾此失彼。要突出款式的设计，可以是突出外轮廓的造型设计，也可以是小细节的结构和工艺设计。色彩、面料和图案在其中起到烘托和呼应的作用。

在艺术作品中。各部分之间的关系不能是平等的，必须有主要部分和次要部分的区别。主要部分应有一种内在的统领性，它制约并决定着次要部分的变化，而次要部分是根据主要部分设置的，受主要部分的制约并对主要部分起到烘托和陪衬作用，如图2-87所示。

2.3.6 统一

统一是对平衡、协调、节奏、比例的集中概括，具有完整、完成和整体的意思，它是设计的基础，也是设计的根本所在。统一包括相同物质的同类统一，也包括不同物质之间的互补统一，但无论哪种统一都需要一定的手段和方法，并需要一定的尺度。我们可以在需要设计的要素中选择一个或几个，让其成为设计的焦点。其余各个要素围绕这些焦点展开，形成统一的格局。但是如果焦点过多，也会形成杂乱的重点，从而分散人们的视线。我们也可以在需要设计的不同要素之间加入共同的特点，使这个共同的特点成为支配不同要素的力量，让它们之间显示出整体的秩序感，创造出整体统一的、特殊的秩序美感的效果。

在服装设计中我们既要追求款式、色彩上的变化多端，又要防止各因素杂乱堆积缺乏统一性。在追求统一风格时，我们又要防止服装缺乏变化而变得呆板、单调，因此，在统一中求变化，在变化中求统一，保持统一与变化的适度，如图2-88所示。

图2-87 主次　　　图2-88 统一

第3课
衬衫款式设计

衬衫款式种类繁多，无论是正规的场合还是平常生活中的休闲搭配，处处都有着衬衫的存在。

按照穿着对象的不同分为男式衬衫和女式衬衫。按照用途的不同可分为西装的传统衬衫和外穿的休闲衬衫，前者是穿在内衣与外衣之间的款式，其袖窿较小便于穿着外套；后者又包含了便装衬衫、家居衬衫和度假衬衫等，因为单独穿用，袖窿较大，便于活动，花色繁多。

本课知识要点

- 绘制男性人体模型
- 人体模型与辅助线的使用
- 贝塞尔工具和形状工具的使用（绘制服装的基本廓形）
- 透明度工具与图样填充工具的使用
- 款式的细节绘制

3.1 基础衬衫

衬衫是介于正装和休闲服之间，迎合了大部分人的生活和工作诉求，找到合适的衬衫，才能有助于个人整体的专业度和素养的展现。

3.1.1 男翻领衬衫

春夏季，男性的服饰魅力焦点集中于衬衫，它往往可以左右别人对你身份、地位、个性的第一感觉。男士衬衫主要分三类，一是翻领衬衫；二是钮领衬衫，就是在领角上加上钮子，使系领带的衬衫领头更加挺刮、固定；三是立领衬衫，就是在设计上去掉翻领，留下立领部分。这里我们就来介绍一下男翻领衬衫，图3-1所示为男翻领衬衫的CorelDRAW表现图。

图3-1 男翻领衬衫的CorelDRAW表现图

在绘制男翻领款式图之前，先绘制出一个八头身男性人体模型。

01 使用手绘工具 ，按住Ctrl键，在图纸上方画出一条直线。

02 使用选择工具 选中画好的直线，按小键盘上的"+"键，复制出一条直线。使用选择工具选中复制出的直线，下拉至相应的位置，如图3-2所示。

03 使用选择工具 单击工具栏中阴影工具图标右下角的小三角形，在弹出的菜单中选择调和工具 ，单击上方一条直线，按住鼠标不放，下拉至下方的直线，然后松开鼠标。得到的效果如图3-3所示。在属性栏的调和步长中，将调和对象设置7。

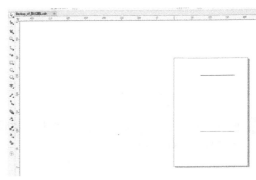

图3-2 绘制直线

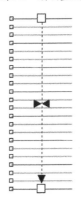

图3-3 调和

04 使用选择工具 从纵标尺处拉出一条辅助线，放在直线的中间作为中心线，如图3-4所示。

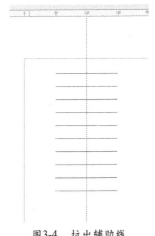

图3-4 拉出辅助线

05 使用选择工具➤从横纵标尺处拉出数条辅助线，放置在相应的位置，如图3-5所示。

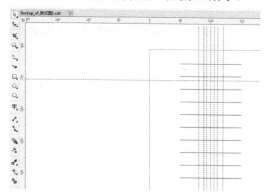

图3-5　拉出纵向辅助线

06 使用贝塞尔工具➤和形状工具➤绘制出男性人体模型，如图3-6所示。

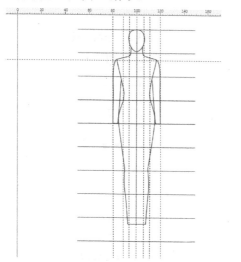

图3-6　绘制男性人体模型

07 执行"文件/保存"命令，将绘制好的男性人体模型保存起来，即完成绘制。

下面介绍男翻领衬衫的CorelDRAW绘制步骤。

01 打开CorelDRAW X7，执行"文件/导入"命令，导入已经绘制好的男性人体模型。

02 使用贝塞尔工具➤和形状工具➤在人体模型上绘制出男翻领衬衫的右前片和衣袖，使用选择工具➤在属性栏中将轮廓宽度设置为0.75pt。

03 使用矩形工具□绘制出衬衫的门襟。

04 使用选择工具➤将右前片和衣袖，在调色板中选择颜色"荒原蓝"进行填充，分别选

中门襟和袖口，选择颜色"白"填充。框选中整个左前片，按小键盘上的"+"键进行复制，单击属性栏中的"水平镜像"图标，将其平移至右边相应的位置，如图3-7所示。

图3-7　绘制右前片、领子和衣袖

05 使用贝赛尔工具➤和形状工具➤，绘制出衬衫的领子。

06 使用选择工具➤选中领子，按小键盘上的"+"键复制，单击属性栏中的"水平镜像"图标，将翻转后的领子平移至右边相应的位置。框选中整个领子，单击属性栏中的"合并"图标。使用形状工具➤，分别框选中领子中间的两个节点，单击属性栏中的"连接两个节点"图标。

07 使用选择工具➤选中领子，在调色板中选择"白色"填充，得到的效果如图3-8所示。

图3-8　填充颜色

提示

填充颜色的图形必须是一个闭合图形。

08 使用选择工具❦框选中右前片、衣袖，按小键盘上的"+"键进行复制。

09 使用选择工具❦框选中复制好的图形，在属性栏中单击"水平镜像"图标❦，摆放至相应的位置，如图3-9所示。

图3-9　复制并翻转左前片

10 使用选择工具❦选中复制图形中的门襟，在调色板中选择颜色"荒原蓝"。使用形状工具❦将其调节至适当位置，如图3-10所示。

图3-10　调整门襟

11 使用选择工具❦从横纵坐标中拉出数条辅助线，如图3-11所示。

图3-11　拉出辅助线

12 使用手绘工具❦或贝塞尔工具❦绘制出口袋，得到的效果如图3-12所示。

图3-12　绘制口袋

13 使用选择工具❦框选中口袋，按小键盘上的"+"键复制出另一口袋，按住Shift键将口袋平移至另一片衣片的相应位置，如图3-13所示。

图3-13　复制并移动口袋

14 使用贝塞尔工具❦和形状工具❦绘制出衬衫后片。使用选择工具选中后片，在调色板里选择"海军蓝"进行填充，如图3-14所示。同样领座也选择"海军蓝"填充。

图3-14　绘制并填充后片

15 使用贝塞尔工具和形状工具根据画好的基本廓形，绘制出领子、过肩、口袋、袖口、门襟以及底边的辑明线。在属性栏中将轮廓宽度设置为0.5pt，将线条样式设置为"虚线"，如图3-15所示。

图3-15 绘制辑明线

16 使用贝塞尔工具和形状工具在口袋的褶皱处绘制一个闭合图形，作为暗部阴影。使用选择工具选中画好的阴影，在调色板中选中颜色"海军蓝"，用鼠标右键单击调色板上方的图标×，取消外轮廓线，如图3-16所示。

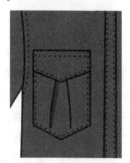

图3-16 绘制暗部阴影

17 使用选择工具选中图形阴影，在工具栏中，使用透明度工具，单击图形阴影稍作调整，确定后单击鼠标即可，如图3-17所示。

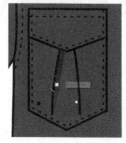

图3-17 对阴影进行透明度调节

18 使用选择工具选中图形阴影，按小键盘上的"+"键复制该图形。选中复制出的图形，在属性栏中单击"水平镜像"图标，将其放置于另一褶皱处。另一口袋的褶皱处阴影也是如此处理，如图3-18所示。

图3-18 处理口袋褶部阴影

19 使用贝塞尔工具绘制图3-19所示的扣眼，在属性栏中将轮廓宽度设置为0.35pt。

图3-19 绘制扣眼

20 使用选择工具选中扣眼，按小键盘上的"+"键复制扣眼，将复制好的扣眼拖至相应的位置。使用选择工具，双击选中的扣眼图形进入旋转模式，然后进行相应的调整即可，如图3-20所示。

图3-20 摆放扣眼

提示

也可以选中扣眼，按住鼠标不放，将扣眼拖至相应位置，单击鼠标右键即可完成复制。

21 使用椭圆形工具，按住Ctrl键绘制出一个正圆型来作为扣子。在属性栏中将轮廓宽度设置为0.5pt。

22 使用选择工具 ▸ 选中扣子，按小键盘上的
"+" 键来复制扣子，将复制好的扣子摆放
至相应的位置，即完成男翻领衬衫绘制，
如图3-21所示。

图3-21　完成绘制

■3.1.2　女翻领衬衫 ──────○

　　带有小翻领的衬衫，带有学院风的气质，
既具有青春活力，又充满了优雅的知性感，这
种乖巧的学生劲儿深受长辈喜爱。图3-22所示
为女翻领衬衫的CorelDRAW表现图。

图3-22　女翻领衬衫的CorelDRAW表现图

　　下面介绍女翻领衬衫的CorelDRAW X7绘
制步骤。

01 打开CorelDRAW X7，执行"文件/导入"
命令，导入画好的女性人体模型，如图
3-23所示。

02 使用贝塞尔工具 ▸ 和形状工具 ▸ 绘制出衬衫
右前片以及整个领子，如图3-24所示。

03 使用选择工具 ▸ 框选中前衣片以及袖子，按
小键盘上的"+"键复制。

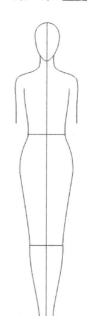

图3-23　导入女性人体模型

图3-24　绘制右前片及领子

04 使用选择工具 ▸ 选中复制好的图形，在属性
栏中单击"水平镜像"图标 ▯，将其放置在
相应的位置，然后使用形状工具 ▸ 加以调
整，如图3-25所示。

图3-25　复制并调整

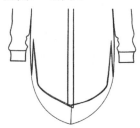

领子、领座、衣片、袖口、门襟这些需要填充颜色的部分都必须是闭合图形。

05 使用贝塞尔工具 和形状工具 绘制出后边底边，如图3-26所示。

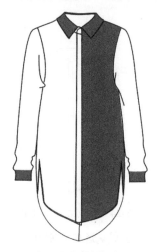

图3-26 绘制后边底边

06 使用选择工具 选中领子，在调色板中选择颜色"幼蓝"填充领子。左前片以及袖口也依此步骤填充为幼蓝色，如图3-27所示。

图3-27 填充颜色

07 使用选择工具 选中领座，在调色板中选择"白色"填充，门襟也是依此步骤填充为白色。

08 使用选择工具 选中门襟，单击鼠标右键，在弹出的菜单中执行"顺序/到图层前面"命令。选中领座，依此步骤将其置于图层前面，如图3-28所示。

09 使用矩形工具 绘制出一个任意大小的矩形。使用选择工具 选中矩形，在调色板中选择颜色"幼蓝"填充，用鼠标右键单击调色板上方的图标☒，得到的效果如图3-29所示。

图3-28 置于图层前面

图3-29 绘制矩形

10 使用矩形工具 在已经绘制好的矩形中绘制出多个不同大小的矩形，然后将其充满到整个矩形中。使用选择工具 选中这些矩形，在调色板中选择"白色"填充，用鼠标右键单击调色板上方的图标☒，得到的效果如图3-30所示。

图3-30 绘制多个矩形

11 使用选择工具 框选中所有的矩形，在菜单中执行"对象/组合/组合对象"命令。

12 使用选择工具 选中组合后矩形图形，按小键盘上的"+"键复制。

13 使用选择工具 ，选中矩形图形，在菜单中执行"对象/图框精确裁剪/置于图文框内部"命令，图纸上即会出现一个黑色箭头，将箭头放在服装右前片中，单击鼠标即可。

> **提示**
>
> 　　矩形图形的长宽大小只能比要填充的图形大，不能比其小。

14 使用上述步骤，将矩形图形也填充至衣袖和左后片中，得到的效果如图3-31所示。

图3-31　填充矩形图形的效果

15 使用选择工具 ，选中右衣片，单击鼠标右键，在弹出的菜单中执行"顺序/到图层后面"命令，得到的效果如图3-32所示。

图3-32　调整顺序后的效果

> **提示**
>
> 　　选中图形后，可以直接按Shift+Page Dowe快捷键即可将该图形置于页面后方。

16 使用选择工具 ，选择领座里子和左后片，在调色板中选择颜色"海军蓝"填充，如图3-33所示。

图3-33　填充颜色

17 使用选择工具 ，从横纵标尺中拉出数条辅助线，放置在左前片图3-34所示相应的位置，用于口袋的绘制。

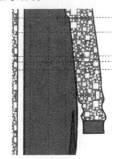

图3-34　拉出数条辅助线

18 使用手绘工具 ，利用辅助线绘制出口袋的基本型，如图3-35所示。

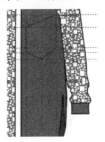

图3-35　绘制口袋的基本型

19 使用选择工具 ，选中之前复制出的矩形图形，按住Shift键，将其等比例放大。执行"对象/图框精确裁剪/置于图文框内部"命令，图纸上即会出现一个黑色箭头，将箭头放置在口袋内，单击鼠标即可完成填充，得到的效果如图3-36所示。

图3-36 填充口袋

20 使用贝塞尔工具 和形状工具 在衬衫上
需要辑明线的部位绘制出辑明线。使用选
择工具 ，在属性栏中将轮廓宽度设置为
0.5pt，将线条样式设置为"虚线"，得到
的效果如图3-37所示。

图3-37 绘制辑明线

21 使用贝塞尔工具 和形状工具 绘制出图
3-38所示的扣眼形状，在属性栏中将轮廓宽
度设置为0.3pt。

图3-38 绘制扣眼

22 使用选择工具 从标尺处拉出数条辅助线，帮
助精确地确定扣眼的位置，如图3-39所示。

23 使用选择工具 选中扣眼，将扣眼按照辅助
线放在相应的位置，如图3-40所示。

24 使用椭圆形工具 ，按住Ctrl键绘制出一个
正圆形作为扣子，在属性中将轮廓宽度设
置为0.3pt。

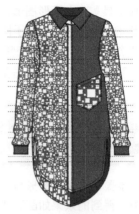

图3-39 拉出辅助线

图3-40 放置扣眼

25 使用选择工具 选中扣子，在调色板中选择
颜色"幼蓝"填充，再按住Shift键将扣子缩
放为与服装相应的大小。

26 使用选择工具 选中扣子，按小键盘上的
"+"键复制，选中复制出的扣子，在调色
板中选择"白色"将其填充。

27 使用选择工具 将幼蓝色扣子和白色扣子放
置于扣眼上，如图3-41所示，即完成女翻领
衬衫的绘制。

图3-41 完成绘制

3.2 休闲衬衫

休闲衬衫主要出现在我们的日常生活中，这类的衬衫无论是选料，还是款式设计都要趋于舒适。

◼ 3.2.1 圆角翻领衬衫

圆角翻领是在翻领基础上变化而成的，领尖抹圆了的领形，是一种古典领状，这种领型衬衫比较休闲，图3-42所示为圆角翻领衬衫的CorelDRAW表现图。

图3-42 圆角翻领衬衫的CorelDRAW表现图

下面介绍圆角翻领衬衫的CorelDRAW X7绘制步骤。

01 打开CorelDRAW X7，执行"文件/导入"命令，导入我们画好的女性人体模型。

02 使用贝塞尔工具 和形状工具 绘制出衬衫的领子，在属性栏中将轮廓宽度设置为0.75pt，如图3-43所示。

图3-43 绘制衬衫领子

03 使用贝塞尔工具 和形状工具 绘制出衬衫的外轮廓型，在属性栏中将轮廓宽度设置为0.75pt，如图3-44所示。

04 使用贝塞尔工具 和形状工具 依照袖子的型画出一个闭合区域。使用选择工具选中该闭合区域，按小键盘上的"+"键复制，在属性栏中单击"水平镜像"图标 ，将复制出的袖子拖至另一侧，如图3-45所示。

图3-44 绘制衬衫的外轮廓型

图3-45 绘制袖子闭合区域

05 使用矩形工具 绘制出3个宽度不一的长方形。使用选择工具 选中最窄的矩形，在调色板中选择颜色"鳄梨绿"填充，用鼠标右键单击调色板上方的图标 ，取消外轮廓线。

06 另外两个矩形大小一致，按照上述步骤，分别选择填充颜色为"森林绿"和"浅绿"，将3个矩形按图3-46所示的位置摆放。使用选择工具框选中3个矩形，在菜单栏中执行"对象/组合/组合对象"命令。

图3-46 绘制并填充矩形

07 使用选择工具▯选中组合后的图形，按小键盘上的"+"键复制出数个图形，如图3-47所示摆放。使用选择工具▯框选中的所有图形，在菜单栏中执行"对象/组合/组合对象"命令。

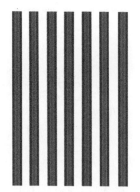

图3-47　复制数个图形

08 使用选择工具▯选中组合后的图形，按小键盘上的"+"键复制。

提示

　　因为还有其他部位需要填充该图形，所以我们需要多复制出几个这样的图形，然后将其摆放在图纸的一边（以下将此图形简称为条纹图形）。

09 使用选择工具▯选中条纹图形，在菜单栏中执行"对象/图框精确裁剪/置于图文框内部"命令。此时画面中将会出现一个黑色箭头，将黑色箭头指向我们第三步画好的图形（即前衣片），单击鼠标即可完成填充，如图3-48所示。

图3-48　填充效果至前片

10 使用选择工具▯选中条纹图形，双击鼠标，图形将进入可旋转模式，将图像旋转成图3-49所示的位置。使用选择工具▯选中该图形，在菜单栏中执行"对象/图像精确裁剪/置于图文框内部"命令。此时画面中将会出现一个黑色箭头，将箭头指向后片中的红色区域，得到的效果如图3-50所示。

图3-49　旋转图形

图3-50　填充图形至后片

11 按照上述步骤，分别将领子和袖子填充条纹图形，如图3-51所示。

图3-51　分别填充条纹图形

提示

　　条纹图形要根据领子、袖子等的具体变化来进行调整，如图3-52所示。

图3-52 根据变化进行调整

12 使用手绘工具 🖊 绘制出门襟。使用贝塞尔工具 🖊 和形状工具 🖊 绘制出领部装饰的外廓型，在属性栏中将轮廓宽度设置为0.75pt，如图3-53所示。

图3-53 绘制图形

13 使用选择工具 🖊 选中条纹图形，单击鼠标右键，在弹出的菜单中执行"撤销组合"命令，再使用选择工具 🖊 进行调整，如图3-54所示。

图3-54 调整图形

14 使用选择工具 🖊 选中调整后的条纹图形，在菜单栏中执行"对象/图像精确裁剪/置于图文框内部"命令，得到的效果如图3-55所示。

图3-55 填充条纹图形

15 使用手绘工具 🖊 或贝塞尔工具 🖊 和形状工具 🖊 绘制出领部装饰的褶皱，在属性栏中将轮廓宽度设置为0.35pt，如图3-56所示。

图3-56 绘制褶皱

16 使用选择工具 🖊 框选中整个领部装置图形，按小键盘上的"+"键将其复制，在属性栏中单击"水平镜像"图标 🖴，再将复制的图形放置在图3-57所示的位置。

图3-57 复制并水平镜像

17 使用贝塞尔工具 🖊 和形状工具 🖊 绘制出领口的蝴蝶结装饰，如图3-58所示。

图3-58 绘制蝴蝶结

18 使用选择工具选中条纹图像，单击鼠标右键，在弹出的菜单中执行"撤销组合"命令。选中其中一根条纹并双击鼠标，进行旋转至图3-59所示的状态。在菜单栏中执行"对象/图像精确裁剪/置于图文框内部"命令。在画面中将会出现一个黑色箭头，将箭头指向蝴蝶结的任意闭合区域即可。

图3-59　旋转图形

19 蝴蝶结的其他区域均按照上述步骤进行条纹填充。使用手绘工具或贝塞尔工具和形状工具绘制出蝴蝶结的褶皱，得到的效果如图3-60所示。

图3-60　填充并绘制褶皱

20 使用选择工具从横纵标尺处拉出数条辅助线，放置在图3-61所示的位置，帮助绘制口袋。

图3-61　拉出辅助线

21 使用手绘工具绘制出图3-62所示的口袋轮

廓，在属性栏中将轮廓宽度设置为0.75pt。

图3-62　绘制口袋轮廓

22 使用选择工具选中一根条纹图形，双击该图形，进入可旋转模式，将该图形旋转至图3-63所示的状态，在菜单栏中执行"对象/图像精确裁剪/置于图文框内部"命令。

图3-63　旋转图形

23 使用选择工具框选中口袋，单击鼠标右键，在弹出的菜单中执行"顺序/置于此对象后"命令，单击口袋上的荷叶边，得到的效果如图3-64所示。

图3-64　填充图形至口袋边

24 使用选择工具从横标尺处拉出5条辅助线，放置在图3-65所示的位置，以此帮助精确地放置扣眼的位置。

25 使用贝塞尔工具和形状工具绘制出扣眼，在属性栏中将轮廓宽度设置为0.35pt，在调色板中选择白色，用鼠标右键单击来改变图形外轮廓颜色。

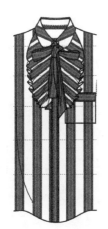

图3-65 拉出辅助线

26 使用椭圆形工具 ◯ 按住Ctrl键绘制出一个
正圆形，在属性栏中将轮廓宽度设置为
0.35pt，在调色板中选择"白色"来填充图
形，再选择"黑色"，用鼠标右键单击来
改变图形外轮廓颜色。

27 将扣眼和扣子依着辅助线搭配放置在门襟
上，如图3-66所示，即完成女圆领衬衫的
绘制。

图3-66 放置扣眼与扣子

3.2.2 蝴蝶结领衬衫

蝴蝶结领是女装中常见的领型，常给人活
泼可爱、俏丽优雅的美感，是最受欢迎的服装
装饰之一。它的千姿百态深得女性的喜爱，是
很多女性心中难以割舍的情结。图3-67所示为
蝴蝶结领衬衫的CorelDRAW表现图。

下面介绍蝴蝶结领衬衫的CorelDRAW X7
绘制步骤。

01 打开CorelDRAW X7，执行"文件/导入"命
令，导入画好的女性人体模型。

图3-67 蝴蝶结领衬衫的CorelDRAW表现图

02 使用贝塞尔工具 ✏ 和形状工具 ↘ 绘制出领子
和服装右前片，在属性栏中将轮廓宽度设
置为0.75pt，如图3-68所示。

图3-68 绘制领子和服装右前片

03 使用选择工具 ↘ 选中衣片，按小键盘上的
"+"键复制，选中复制出的衣片，在属性
栏中单击"水平镜像"图标 ◧，将其拖至另
一边，如图3-69所示。

图3-69 复制并水平镜像

> 领子和衣片必须是闭合图形，才能够填充颜色或图片。

04 使用贝塞尔工具 和形状工具 在衣服的前片上绘制出图3-70所示的一个闭合区域。

图3-70　绘制前片闭合区域

05 使用贝塞尔工具 和形状工具 绘制出领前蝴蝶结，在属性栏中将轮廓宽度设置为0.5pt，如图3-71所示。

图3-71　绘制领前蝴蝶结

06 使用选择工具 框选中整件衣服，在调色板中选择任意想要的颜色，在此选择颜色"渐粉"填充。用鼠标右键单击颜色"深玫瑰红"，改变衣服的轮廓颜色，得到的效果如图3-72所示。

07 使用手绘工具 在图纸空白处单击鼠标，按住Ctrl键画一条比衣长要长的线条。

08 使用选择工具 选中线条，在调色板中用鼠标右键单击颜色"深玫瑰红"，改变线

条颜色。按小键盘上的"+"键复制数条直线并将其排列起来，直至比衣服的围度要宽，如图3-73所示。

图3-72　填充颜色

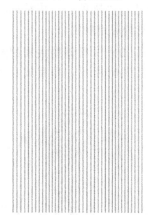

图3-73　绘制并复制直线

09 使用选择工具 框选中所有的线条，在菜单栏中执行"对象/组合/组合对象"命令。

10 使用选择工具 选中第四步绘制好的闭合图形，在菜单栏中执行"对象/图像精确裁剪/置于图文框内部"命令，画面中将会出现一个黑色箭头，将箭头放置在第四步所绘制好的闭合区域的轮廓线上，单击鼠标。用鼠标右键单击调色板上方的图标，取消闭合图形的外轮廓。

11 对另一衣片也是根据上述步骤操作，得到的效果如图3-74所示。

12 使用贝塞尔工具 和形状工具 绘制出服装的门襟，如图3-75所示，在属性栏中将轮廓宽度设置为0.75pt，在调色板中选择颜色"渐粉"进行填充。

图3-74　填充直线图形至前片

图3-75　绘制服装的门襟

提示

　　如果做完这一步，衣领的蝴蝶结被压在下面，使用选择工具 框选中蝴蝶结，单击鼠标右键，在弹出的菜单中执行"顺序/到图层前面"命令即可。

13 使用选择工具 选中领座的里子面，在调色板中选择颜色"粉玫瑰红"进行填充。

14 使用贝塞尔工具 和形状工具 在衣服的领口、袖子、蝴蝶结、衣身上绘制暗部，在调色板中单击颜色"粉玫瑰红"进行暗部填充，用鼠标右键单击调色板上方的图标 ，取消暗部图形的外轮廓，如图3-76所示。

15 使用调和工具 选择任意暗部，单击鼠标拉扯进行调节，如图3-77所示。

16 其他暗部均使用上述步骤进行调节，得到的效果如图3-78所示。

17 使用贝塞尔工具 和形状工具 绘制出领子和领结处的褶，如图3-79所示。

图3-76　绘制暗部

图3-77　对暗部进行透明度调节

图3-78　调节其他暗部

图3-79　绘制领子和领结处褶皱

18 使用贝塞尔工具 和形状工具 在衣服需要辑明线的部位，依着此部位的型绘制出辑明线。在属性栏中将轮廓宽度设置为0.5pt，将线条样式设置为"虚线"，如图3-80所示。

19 使用贝塞尔工具 和形状工具 绘制出扣眼形状的图形，按小键盘上的"+"键复制出5个扣眼。

图3-80 绘制辑明线

20 使用选择工具▷，从纵标尺处拉出5条辅助线，使用选择工具▷选中绘制好的扣眼，再依着辅助线放在相应的位置，如图3-81所示。

图3-81 调整扣眼位置

21 使用椭圆形工具○，按住Ctrl键绘制出一个正圆形作为扣子。使用选择工具选中圆形，按小键盘上的"+"键复制出5个扣子，再将它们拖至相应的位置，如图3-82所示，即完成蝴蝶结领的绘制。

图3-82 完成蝴蝶结领衬衫的绘制

3.2.3 立领衬衫

立领源自中华古文化，是中国服饰文化的精髓之一。立领只有领座部而没有翻领，是领子向上竖起紧贴颈部的领型，这种领型多用于轻松、休闲衬衫。图3-83所示为立领衬衫的CorelDRAW表现图。

图3-83 立领衬衫的CorelDRAW表现图

下面介绍立领衬衫的CorelDRAW X7绘制步骤。

01 打开CorelDRAW X7，执行"文件/导入"命令，导入之前绘制好的女性人体模型。

02 使用贝塞尔工具▷和形状工具▷绘制出衬衫的领子，在属性栏中将轮廓宽度设置为0.75pt，如图3-84所示。

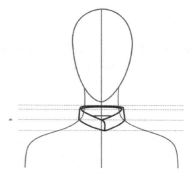

图3-84 绘制衬衫领子

03 使用贝塞尔工具▷和形状工具▷绘制出衬衫的外廓型，在属性栏中将轮廓宽度设置为0.75pt，如图3-85所示。

04 使用椭圆形工具○，按住Ctrl键来绘制出一个正圆形。使用选择工具选中圆形，按住Shift键，把圆形等比例缩放成与服装相适应的大小。在调色板中选择黑色，连续单击左右键进行填充。

05 使用选择工具▷从横纵标尺处拉出数条辅助线，如图3-86所示。

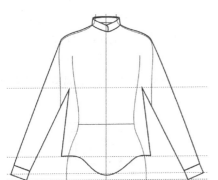

图3-85 绘制衬衫的外廓型

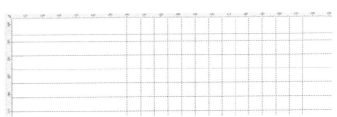

图3-86 拉出辅助线

06 使用选择工具选中圆形图案，按小键盘上的"+"键复制，将圆形按图3-87所示的状态放置。

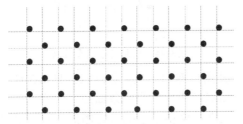

图3-87 复制多个图形

07 使用选择工具框选中所有圆形图案，单击鼠标右键，在弹出的菜单中执行"组合对象"命令。

08 使用选择工具选中圆形图案，在菜单栏中执行"对象/图像精确裁剪/置于图文框内部"命令。画面中将会出现一个黑色箭头，将黑色箭头指向衣片，单击鼠标即可，得到的效果如图3-88所示。

图3-88 填充图形

> **提示**
>
> 　　圆形图案的面积只能比衣片的面积大，不能比衣片的面积小。

09 使用手绘工具或贝塞尔工具和形状工具在衣片上绘制出图3-89所示的封闭区域和门襟。使用选择工具选中该封闭区域，在调色板中选择"白色"进行填充。

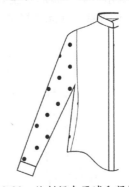

图3-89 绘制闭合区域和门襟

10 使用选择工具选中门襟，在属性栏中将轮廓宽度设置为0.75pt，在调色板中选择"白色"进行填充。

11 使用透明度工具在属性栏中单击均匀透明度图标，在透明度挑选器选择第一排第三个图标，得到的效果如图3-90所示。

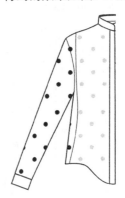

图3-90 调整透明度

12 使用贝塞尔工具和形状工具依照之前的闭合区域绘制出图3-91所示的曲线。在属性栏中将轮廓宽度设置为0.4pt。使用选择工具 ，按小键盘上的 "+" 键复制出2条，向右依次摆放。

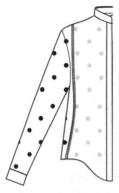

图3-91 绘制曲线

13 使用贝塞尔工具 和形状工具 绘制出图3-92所示的曲线，在属性栏中将轮廓宽度设置为0.4pt。

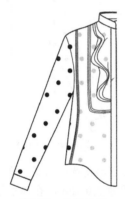

图3-92 绘制曲线

14 使用选择工具 框选中右衣片中的图形，按小键盘上的 "+" 键复制，单击属性栏中的 "水平镜像" 图标 ，将翻转的图形放置在另一衣片上，如图3-93所示。

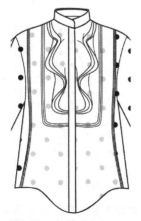

图3-93 复制并翻转图形

15 使用贝塞尔工具 和形状工具 绘制出图3-94所示的两个闭合区域。使用选择工具选中闭合区域，在调色板中选择 "白色" 进行填充，在属性栏中将轮廓宽度设置为0.4pt。

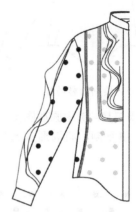

图3-94 绘制两个闭合区域

16 使用贝塞尔工具 和形状工具 在红色闭合区域中绘制出一条曲线。使用选择工具 框选中袖子上的装饰图形，按小键盘上的 "+" 键复制，单击属性栏中的 "水平镜像" 图标 ，将翻转后的图形放置在另一袖子上，如图3-95所示。

图3-95 复制并翻转图形

17 使用贝塞尔工具 和形状工具 在领子、袖窿、袖口以及底边处绘制辑明线，在属性栏中将轮廓宽度设置为0.35pt，将线条样式设置为 "虚线"，如图3-96所示。

18 使用椭圆形工具 按住Ctrl键绘制出一个正圆，在属性栏中将轮廓宽度设置为0.35pt。使用选择工具选中该圆形图案，在调色板中选择 "白色" 进行填充，用右键单击颜色 "30%黑" 来改变外轮廓线。

图3-96　绘制辑明线

图3-99　完成立领衬衫的绘制

19 使用选择工具 ▸ 选中圆形图案，按住Shift键，等比例缩小出一个圆形。在调色板中选择颜色"30%黑"来进行填充。选中小圆形，按小键盘上的"+"键复制出一个，按图3-97所示进行摆放，即完成一颗扣子的绘制。

图3-97　绘制扣子

20 使用选择工具 ▸ 框选中扣子，单击鼠标右键，在弹出的菜单中执行"组合对象"命令。

21 使用选择工具 ▸ 从纵标尺处拉出7条辅助线，如图3-98所示放置。

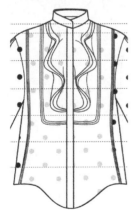

图3-98　拉出辅助线

22 使用选择工具 ▸ 选中扣子，将扣子以辅助线为基准摆放，如图3-99所示，即完成了立领衬衫的绘制。

▌3.2.4　无袖衬衫

无袖款式的衬衣显得清爽宜人，给盛夏减负，无袖的款式也让穿着者看起来更有精神和朝气。另外，无袖的衬衣款式很清爽，搭配裙子和短裤都可以。图3-100所示为无袖衬衫的CorelDRAW表现图。

图3-100　无袖衬衫的CorelDRAW表现图

下面介绍无袖衬衫的CorelDRAW X7绘制步骤。

01 打开CorelDRAW X7，执行"文件/导入"命令，导入之前绘制好的女性人体模型。

02 使用选择工具 ▸ 从横纵标尺处拉出数条辅助线，如图3-101所示，帮助准确地绘制领子。

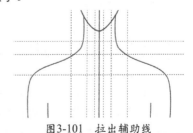

图3-101　拉出辅助线

03 使用贝塞尔工具 ▸ 和形状工具 ▸ 绘制出衬

衫的领子，在属性栏中将轮廓宽度设置为
0.75pt，如图3-102所示。

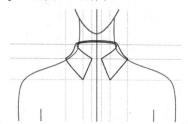

图3-102　绘制衬衫的领子

04 使用选择工具 选中绘制好的领子，在调色
板中选择"浅蓝绿"进行填充（CMYK：
20、0、0、20），如图3-103所示。

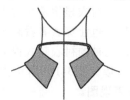

图3-103　填充领子颜色

05 使用贝塞尔工具 和形状工具 绘制出衬衫
的左前片的外轮廓型，在属性栏中将轮廓
宽度设置为0.75pt，如图3-104所示。

图3-104　绘制左前片

06 使用选择工具 选中右衣片，在调色板中选
择"浅蓝绿"进行填充（CMYK：20、0、
0、20），如图3-105所示。

07 使用选择工具 选中领子，单击鼠标右
键，在弹出的菜单中执行"顺序/到图层前
面"命令。

08 使用选择工具 选中左前片，按小键盘上
的"+"键复制，在属性栏中单击"水平镜
像"图标 。选中复制出衣片，将其摆放至
图3-106所示的位置。

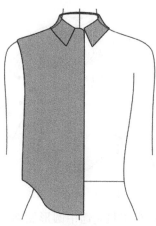

图3-105　左前片填充颜色

图3-106　复制并翻转左前片

09 使用选择工具 选中左衣片，单击鼠标右
键，在弹出的菜单中执行"顺序/到图层后
面"命令，得到的效果如图3-107所示。

图3-107　排列顺序后效果

10 使用选择工具 选中左衣片，在调色板中选
择颜色（RGB：38、46、67）进行填充，如
图3-108所示。

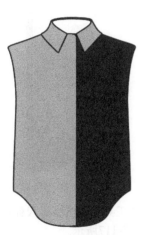

图3-108　右前片填充颜色

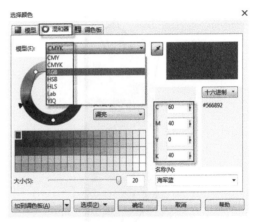

图3-110　单击"混合器"按钮

提示

　　如果想要使用的颜色是调色板中没有的，那么双击窗口下方文档调色板中的任意颜色，将会弹出"调色板编辑器"对话框，如图3-109所示。在该对话框中单击"添加颜色"按钮，在弹出的对话框中单击"混合器"按钮，如图3-110所示。单击"模型"图标，在弹出的选项中选择颜色模型，即可在对话框右侧输入颜色数值，单击"确定"按钮添加颜色。

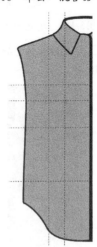

图3-111　拉出辅助线

图3-109　"调色板编辑器"对话框

11 使用选择工具 ，从横纵标尺处拉出数条辅助线，如图3-111所示。

12 使用手绘工具 ，依着辅助线绘制出图3-112所示的闭合图形。

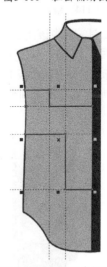

图3-112　绘制闭合图形

13 使用选择工具 选中绘制好的闭合图形，在调色板中选择"幼蓝"（CMYK：60、40、0、0）填充，用鼠标右键单击调色板上方的图标 ，取消图形的外轮廓线，得到的效果如图3-113所示。

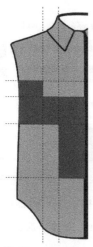

图3-113 填充颜色

14 使用贝塞尔工具和形状工具在右衣片上绘制出图3-114红色线所示的一个闭合图形。

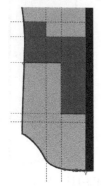

图3-114 绘制闭合图形

15 使用选择工具选中该闭合图形，在调色板中选择颜色（RGB：38、46、67）进行填充。用鼠标右键单击调色板上方的图标×，取消图形的外轮廓线，得到的效果如图3-115所示。

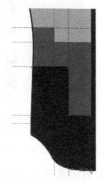

图3-115 填充颜色

16 使用手绘工具绘制出图3-116所示的红色图形，在属性栏中将轮廓宽度设置为0.5pt。

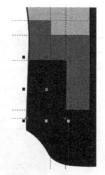

图3-116 绘制图形

17 使用选择工具从横纵标尺处拉出数条辅助线，如图3-117所示。

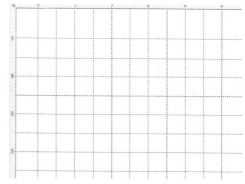

图3-117 拉出辅助线

18 参考立领衬衣的第6、7步绘制，得到的效果如图3-118所示。

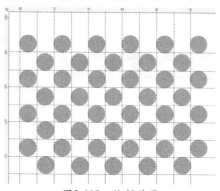

图3-118 绘制效果

19 使用选择工具框选中所有的圆形，单击鼠标右键，在弹出的菜单中执行"组合对象"命令。

20 使用选择工具选中组合后的圆形，在菜单栏中执行"对象/图像精确裁剪/置于图文框内部"命令。画面中将会出现一盒黑色箭头，将箭头放置在右衣片的幼蓝色图形中，单击鼠标即可完成填充，得到的效果如图3-119所示。

图3-119 填充图形

提示

在进行图形填充之前，要将圆形复制出来，放置在画面的一边。

21 使用贝塞尔工具 和形状工具 绘制出图3-120中红色线所示的一个闭合图形。

图3-120 绘制闭合图形

22 使用选择工具 ，选中该闭合区域，在调色板中选择"浅蓝绿"（CMYK：20、0、0、20）进行填充。用鼠标右键单击调色板上方的图标×，取消图形的外轮廓线，得到的效果如图3-121所示。

图3-121 填充颜色

23 使用选择工具 ，从横纵标尺处拉出3条辅助线，放置在图3-122所示的位置。

图3-122 拉出辅助线

24 使用贝塞尔工具 和形状工具 依着辅助线线绘制出一个闭合图形，如图3-123所示。

图3-123 绘制闭合图形

25 使用选择工具 选中该图形，在调色板中选择"幼蓝"（CMYK：60、40、0、0）进行填充。用鼠标右键单击调色板上方的图标×，取消图形的外轮廓线，得到的效果如图3-124所示。

图3-124 填充颜色

26 使用选择工具 选中在第19步绘制好的圆形，在菜单栏中执行"对象/图像精确裁剪/置于图文框内部"命令。画面中将会出现一个黑色箭头，将箭头放置在第25步绘制出的图形中，单击鼠标即可完成填充，得到的效果如图3-125所示。

图3-125　填充波点图形至口袋

27 使用贝塞尔工具🖊和形状工具🖊绘制出服装的领座和门襟，在属性栏中将轮廓宽度设置为0.5pt，如图3-126所示。

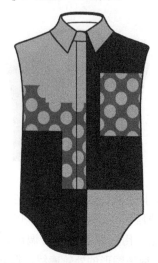

图3-126　绘制服装的领座和门襟

28 使用贝塞尔工具🖊和形状工具🖊绘制出领子、门襟、袖窿以及底边的辑明线，在属性栏中将轮廓宽度设置为0.35pt，将线条样式设置为虚线，得到的效果如图3-127所示。

29 使用贝塞尔工具🖊和形状工具🖊绘制出扣眼形状的图形，在属性栏中将轮廓宽度设置为0.35pt。使用选择工具选中扣眼，在调色板中选择"幼蓝色"（CMYK：60、40、0、0），单击鼠标右键，改变扣眼的外轮廓颜色。

30 使用椭圆形工具◯，按住Ctrl键绘制出一个正圆形，在属性栏中将对象大小设置为0.5mm。使用选择工具🖊选中该圆形，在属性栏中将轮廓宽度设置为0.35pt，在调色板中选择颜色（RGB：38、4、67）进行填充，即完成一颗扣子的绘制。

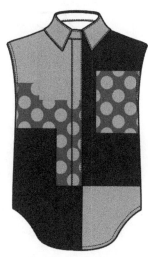

图3-127　绘制辑明线

31 使用选择工具🖊选中扣子，单击鼠标右键，在弹出的菜单中执行"顺序/到图层前面"命令，再将扣子放置在扣眼的上方。使用选择工具🖊框选中扣子和扣眼，单击鼠标右键，在弹出的菜单中执行"组合对象"命令，得到的效果如图3-128所示。

图3-128　绘制扣眼与扣子

32 使用选择工具🖊从横标尺处拉出5条辅助线，从纵标尺处拉出一条辅助线，放置在图3-129所示的位置。

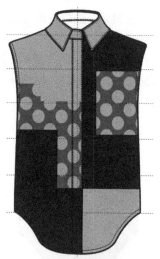

图3-129　拉出辅助线

33 使用选择工具🖊选中扣子，将扣子放置在图3-130所示的位置。

图3-130 放置扣子

34 使用选择工具 ▲选中扣子，同时按住Shift键，将鼠标往下拉至第二根辅助线处，单击鼠标右键即可完成复制。使用此步骤完成剩下4颗扣子的移动、复制，即完成无袖女衬衫的绘制，得到最后效果，如图3-131所示。

图3-131 最后效果

3.2.5 高领衬衫

十八世纪末，英国人创立高领衬衫，到了维多利亚女王时期，高领衬衫被淘汰，形成了现在的翻领。到了今天，高领衬衫又重新回到了时尚的舞台。图3-132所示为高领衬衫的CorelDRAW表现图。

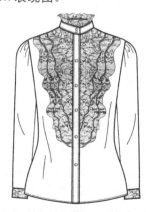

图3-132 高领衬衫的CorelDRAW表现图

下面介绍高领衬衫的CorelDRAW X7绘制步骤。

01 打开CorelDRAW X7，执行"文件/导入"命令，导入之前绘制好的女性人体模型。

02 使用贝塞尔工具 ▲和形状工具 ▲绘制出领子。使用选择工具 ▲选中绘制好的领子，在属性栏中将轮廓宽度设置为0.75pt，在调色板中选择"白色"进行填充，如图3-133所示。

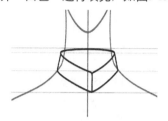

图3-133 绘制领子并填充白色

03 使用贝塞尔工具 ▲和形状工具 ▲绘制出服装右前片，使用选择工具 ▲选中绘制好的衣片，在属性栏中将轮廓宽度设置为0.75pt，在调色板中选择"白色"进行填充，如图3-134所示。

04 使用选择工具 ▲选中衣片，单击鼠标右键，执行"顺序/到图层后面"命令。

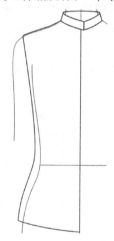

图3-134 绘制服装右前片

05 使用贝塞尔工具 ▲和形状工具 ▲绘制出袖子的外廓型，使用矩形工具绘制出袖口。使用选择工具框选中整个袖子，单击单击鼠标右键，执行"顺序/到图层后面"命令，再在属性栏中将轮廓宽度设置为0.75pt，得到的效果如图3-135所示。

06 使用手绘工具 ▲绘制出门襟，使用选择工具选中门襟，在属性栏中将轮廓宽度设置为0.75pt，在调色板中选择"白色"进行填充，如图3-136所示。

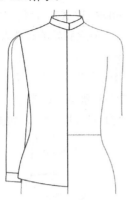

图3-135　调整袖子

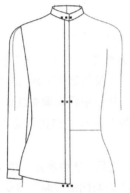

图3-136　绘制门襟并填充

07 使用贝塞尔工具 ▲和形状工具 ▲绘制出图3-137所示的A、B、C 3个闭合图形，在属性栏中将轮廓宽度设置为0.2pt。

图3-137　绘制闭合图形

08 执行"文件/导入"命令，导入一张蕾丝面料的图片，如图3-138所示。

图3-138　导入图片

09 使用选择工具 ▲选中面料图片，在菜单栏中执行"对象/图像精确裁剪/置于图文本框内部"命令，将箭头指向任意闭合区域，单击鼠标即可完成图像填充，如图3-139所示。

图3-139　填充图片

10 依照上述步骤，依次把A、B、C 3个闭合图形都填充为蕾丝面料，得到的效果如图3-140所示。

图3-140　填充图片

提示

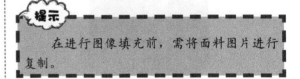

　　在进行图像填充前，需将面料图片进行复制。

11 使用贝塞尔工具 ▲和形状工具 ▲绘制出图3-141所示的一个闭合图形，在属性栏中将轮廓宽度设置为0.2pt。

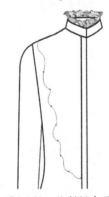

图3-141　绘制闭合图形

12 使用选择工具 ▲选中面料图片，执行"对象/图像精确裁剪/置于图文框内部"命令，将面料图片填充到该闭合区域，如图3-142所示。

13 使用选择工具 ▲选中上一步填充好的闭合区域图形，按小键盘上的"+"键复制，使用形状工具 ▲进行调整，得到的效果如图3-143所示。

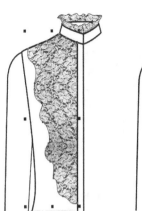

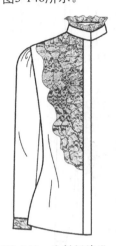

图3-142 填充图片　　图3-143 复制并调整

14 使用选择工具 ▹ 选中面料图片，在菜单栏中执行"对象/图像精确裁剪/置于图文框内部"命令，将箭头放置在袖口上，单击鼠标右键，得到的效果如图3-144所示。

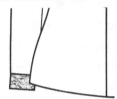

图3-144 填充图片至袖口

15 使用贝塞尔工具 ▹ 和形状工具 ▹ 绘制出服装的褶皱线，在属性栏中将轮廓宽度设置

为0.35pt，将蕾丝面料上的褶皱线设置为0.15pt，得到的效果如图3-145所示。

16 使用贝塞尔工具 ▹ 和形状工具 ▹ 绘制出胸前荷叶边层叠处的暗部。首先绘制出一个闭合图形，在调色板中选择颜色"70%黑"（CMYK：0、0、0、70），得到的效果如图3-146所示。

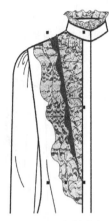

图3-145 绘制褶皱线　　图3-146 绘制暗部

17 使用选择工具 ▹ 选中上一步绘制好的图形，在工具栏中单击透明度工具 ▹，在属性栏中设置各项参数，如图3-147所示，最后得到的效果如图3-148所示。

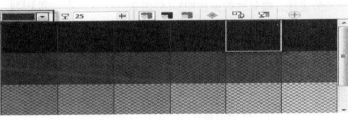

图3-147 设置参数

18 使用选择工具 ▹ 选中暗部图形，单击鼠标右键，执行"顺序/置于此对象后"命令，将箭头放置在A图形中，单击鼠标，得到的效果如图3-149所示。

19 使用选择工具 ▹ 选中暗部图形，按小键盘上的"+"键复制，使用形状工具 ▹ 加以调整，得到的效果如图3-150所示。

20 使用选择工具框选中右衣片和袖子，按小键盘上的"+"键复制，在属性栏中单击"水平镜像"图标 ▹▹，将翻转后的图像放置在图3-151所示的位置。

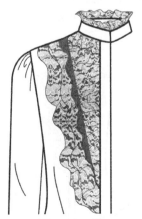

图3-148 效果

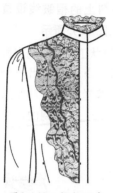 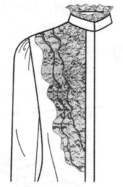

图3-149 调整顺序 　　图3-150 复制并调整暗部

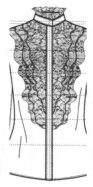

图3-153 拉出辅助线

24 使用选择工具，选中圆形，按住Shift键等比例缩小出一个圆形，单击鼠标右键结束。使用选择工具，选中缩小的圆形，在调色板中选择"白色"，单击鼠标左右键进行填充。使用选择工具，将该圆形图案放置在图3-154所示的位置。

25 使用调和工具，单击小圆然后向大圆处拉，在轮廓线处单击鼠标结束，在属性栏中将调和对象设为20～30，得到的效果如图3-155所示。

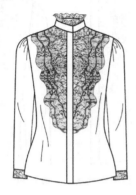

图3-151 复制并翻转

图3-154 调整圆形位置 图3-155 调和圆形图案

21 使用贝塞尔工具和形状工具绘制出领子、门襟以及底边的辑明线，在属性栏中将轮廓宽度设置为0.35pt，将线条样式设置为虚线，得到的效果如图3-152所示。

26 使用选择工具框选中所有圆形图案，单击鼠标右键，执行"组合对象"命令，即完成了一颗扣子的绘制。

27 使用选择工具选中扣子，按小键盘上的"＋"键复制出6颗扣子。

28 使用选择工具选中扣子，将扣子依着辅助线放置，如图3-156所示，即完成女高领衬衫的绘制。

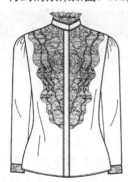

图3-152 绘制辑明线

22 使用选择工具，从横纵标尺处拉出7条横辅助线和1条纵辅助线，将纵辅助线作为中心线，如图3-153所示。

23 使用椭圆形工具，按住Ctrl键绘制出一个正圆形。使用选择工具选中圆形，在属性栏中将对象大小设置为0.5mm，在调色板中选择颜色"栗"（CMYK：0、20、40、60），单击鼠标左右键进行填充。

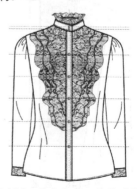

图3-156 完成女高领衬衫的绘制

3.3 课后练习

3.3.1 练习一：绘制男士休闲衬衫

该练习为绘制男士休闲衬衫，如图3-157所示。

图3-157 男士休闲衬衫

步骤提示：

01 使用贝塞尔工具和形状工具绘制衬衫的基本廓形。

02 使用选择工具填充颜色。

03 使用贝塞尔工具和形状工具绘制衬衫上的图案。使用选择工具将其填充至前片。

04 使用贝塞尔工具和形状工具绘制衬衫的分割线和辑明线。

05 使用椭圆形工具绘制扣子。

06 使用贝塞尔工具和形状工具绘制褶皱线。

3.3.2 练习二：绘制女士休闲衬衫

该练习为绘制女士休闲衬衫，如图3-158所示。

图3-158 女士休闲衬衫

步骤提示：

01 使用贝塞尔工具和形状工具绘制衬衫的基本廓形（袖子、衣领、前片为分开的闭合图形）。

02 使用选择工具填充颜色。

03 使用贝塞尔工具绘制格纹图形。使用透明度工具进行透明度调节。

04 执行"Power Clip内部"命令，将格纹填充至衣片内。

05 使用椭圆形工具绘制扣子。

06 使用贝塞尔工具和形状工具绘制辑明线和褶皱线。

第4课
T恤款式设计

T恤衫又称T形衫。T恤衫的结构设计简单，款式变化通常在领口、下摆、袖口、色彩、图案、面料和造型上。T恤可以分为有袖式、背心式、露腹式3种形式。其款式变化较少，大致分为宽松型和紧身型。

T恤衫所用面料很广泛，一般有棉、麻、毛、丝、化纤及其混纺织物，尤以纯棉、麻或麻棉混纺为佳，因此其具有透气、柔软、舒适、凉爽、吸汗、散热等优点。T恤衫常为针织品，但由于设计制作工艺的日益翻新，因此，以机织面料制作的T恤衫也纷纷面市，成为T恤衫家族中的新成员。这种T恤衫常采用罗纹领或罗纹袖、罗纹衣边，并点缀以机绣、商标，既体现了服装设计者的独具匠心，也使T恤衫别具一格，增添了服饰美。

本课知识要点

● 贝塞尔工具和形状工具的使用(绘制服装的基本轮廓)
● 艺术笔工具的使用（领口的罗纹效果）
● 透明度工具（不同层次的透明度表现）
● 文字工具的使用（不同形式的文字表现）
● 交互式填充工具的使用（两种颜色渐变表现）
● 各个款式的细节处理

4.1 传统圆领T恤

圆领T恤衫就是领口为圆形，下摆、袖口、色彩、图案、面料和造型没有过多的要求，所以它是夏季服装最活跃的品类，从家常服到流行装，T恤衫都可自由自在地搭配，只要选择好同一风格的下装，就能穿出流行的款式和不同的情调。

女款圆领T恤的CorelDRAW表现图如图4-1所示。

图4-1 女款圆领T恤的CorelDRAW表现图

下面介绍女款圆领T恤的CorelDRAW绘制步骤。

01 打开CorelDRAW X7，执行"文件/导入"命令，导入女性人体模型。使用选择工具 ▷ 从横纵标尺处拉出数条辅助线，如图4-2所示放置。

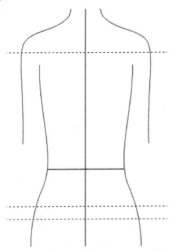

图4-2 拉出辅助线

02 使用贝塞尔工具 ✎ 和形状工具 ◣ 绘制T恤的左前片。使用选择工具选中绘制好的衣片，在属性栏中将轮廓宽度设置为0.5pt，如图4-3所示。

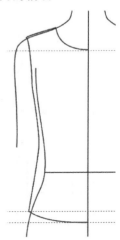

图4-3 绘制左前片

03 使用选择工具 ▷ 选中绘制好的衣片，按小键盘上的"＋"键进行复制，单击属性栏中的"水平镜像"图标 ◖ ，将翻转后的衣片放置在另一边相应的位置，如图4-4所示。

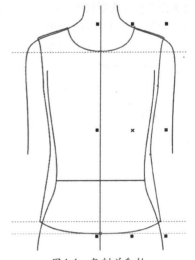

图4-4 复制并翻转

04 使用形状工具 ◣ 框选中领口处的两个节点，单击属性栏中的"连接两个点"图标 ⊶ ，得到的效果如图4-5所示。

05 依照上述步骤，将下摆处的两个节点连接起来。

06 使用贝塞尔工具 ✎ 和形状工具 ◣ 绘制出T恤的袖子，在属性栏中将轮廓宽度设置为

0.5pt，如图4-6所示。

图4-5　连接节点

图4-6　绘制袖子

07 使用选择工具 选中袖子，按小键盘上 "+" 键进行复制，单击属性栏中的 "水平镜像" 图标 ，将翻转后的袖子放置在另一边相应的位置，如图4-7所示。

图4-7　复制并翻转

08 使用选择工具 选中人体模型，按Delete键删除。

09 使用选择工具 框选中整件T恤，在调色板中选择 "白色" 进行填充，得到的效果如图4-8所示。

10 使用贝塞尔工具 和形状工具 在领口处绘

制T恤的后片图形，如图4-9所示。

图4-8　T恤填充颜色

图4-9　绘制后片图形

11 使用选择工具 选中后片，将其轮廓宽度设置为0.5pt。选择颜色 "10%黑" 进行填充。单击鼠标右键，执行 "顺序/到图层后面" 命令，得到的效果如图4-10所示。

图4-10　后片填充颜色

12 使用贝塞尔工具 和形状工具 在领口处绘制出图4-11所示的一根曲线，使用选择工具将其轮廓宽度设置为4.0pt。

图4-11　绘制领口图形

13 使用选择工具 选中上一步绘制的曲线，在菜单栏中执行"对象/将轮廓转换为对象"命令，将其轮廓宽度设置为0.5pt，选择"白色"进行填充。使用形状工具进行相应调整，得到的效果如图4-12所示。

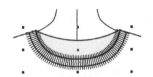

图4-15 艺术笔完成效果

18 使用选择工具 选中上一步绘制出的直线图形，单击鼠标右键，执行"组合对象"命令，单击右键，执行"对象/图框精确裁剪/置于图文框内部"命令，单击领口的闭合图形，得到的效果如图4-16所示。

图4-16 填充图形至领口

19 使用上述步骤在后领绘制出相同的罗纹，得到的效果如图4-17所示。

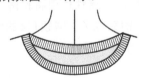

图4-17 绘制相同的罗纹

20 执行"文件/导入"命令，导入一张花鸟图案，如图4-18所示。

图4-18 导入花鸟图案

21 使用选择工具 选中花鸟图案，单击鼠标右键，执行"到图层后面"命令，将图案放置在T恤上。按住Shift键进行大小调整，当大小合适之后，在菜单栏中执行"对象/图像精确裁剪/置于图文框内部"命令，将箭

图4-12 调整形状

14 使用贝塞尔工具 和形状工具 在领口的闭合图形内绘制一根如图4-13所示的曲线。

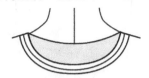

图4-13 绘制曲线

15 使用手绘工具 ，按住Ctrl键绘制一根垂线，该线要长于领口的闭合图形宽度。使用选择工具 将其轮廓宽度设置为"细线"。

16 使用艺术笔工具 选中该垂线，在属性栏中单击"喷涂"图标 ，单击"喷射图样"图标，选择"新喷涂列表"，再单击"添加到喷涂列表"图标 ，再单击"喷射图样"来选择添加进的直线图形。在领口处任意绘制一步，单击"旋转"图标 ，选择"相对于路径"单选项，再在属性栏中进行各项参数设置，如图4-14所示。

图4-14 设置参数

17 执行完上述步骤，得到的效果如图4-15所示。

头放置在衣片内，单击鼠标即可，得到的
效果如图4-19所示。

图4-20　绘制辑明线

图4-19　填充花鸟图片至衣片

22 使用贝塞尔工具 和形状工具 绘制出领
子、袖口、底边的辑明线。使用选择工具
选中辑明线，在属性栏中将轮廓宽度设置
为0.35pt，将线条样式设置为虚线，得到的
效果如图4-20所示。

23 使用手绘工具 或贝塞尔工具 和形状工具
绘制出T恤的褶皱线。使用选择工具 选
中褶皱线，在属性栏中将轮廓宽度设置为
0.35pt，即完成了女圆领T恤的绘制，得到
的效果如图4-21所示。

图4-21　女圆领T恤完成效果

4.2 多样化T恤

　　小小的T恤包含着时代的精华，在当今这个广泛追求多样化、个性化
的年代，T恤发生了许多创新变化设计。在时装设计中以其独特的视觉效果及穿着的舒适性吸引
着消费者，并越来越多地与其他面料相结合，这使得T恤拥有更多层次的造型和风貌。

4.2.1　V领T恤

　　V领T恤即它的领子呈V字型，该领型的T
恤衫多为修身款式，图4-22所示为V领T恤的
CorelDRAW表现图。

　　下面介绍V领T恤的CorelDRAW绘制
步骤。

01 打开CorelDRAW X7，执行"文件/导入"命
令，导入女性人体模型。

02 使用贝塞尔工具 和形状工具 绘制出T恤
的左前片，在属性栏中将轮廓宽度设置为
0.5pt，如图4-23所示。

图4-22　V领T恤效果图

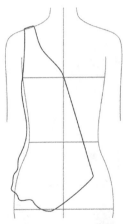

图4-23　绘制左前片

03 使用选择工具 ，选中左前片，按小键盘上的"+"键进行复制，单击属性栏中的"水平镜像"图标 ，将其放置另一边相应的位置，如图4-24所示。

图4-24　复制并翻转前片

04 使用选择工具 ，框选中前片，在调色板中选择"白色"进行填充。选中左衣片，单击鼠标右键，执行"顺序/到图层前面"命令，得到的效果如图4-25所示。

图4-25　填充颜色并调整顺序

05 使用形状工具 ，对右前片进行调整，得到的效果如图4-26所示。

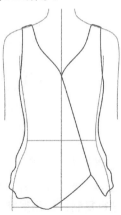

图4-26　调整前片效果

06 使用贝塞尔工具 和形状工具 ，绘制出T恤的后片，在属性栏中将轮廓宽度设置为0.5pt，如图4-27所示。

图4-27　绘制后片

提示

绘制的后片必须是一个闭合区域。

07 使用选择工具 ，选中后片，箭头放置在后片上，单击鼠标右键，执行"顺序/到图层后面"命令，得到的效果如图4-28所示。

图4-28　调整顺序

08 使用贝塞尔工具 和形状工具 ，绘制出T恤底边的带子。使用选择工具框选中带子，在属性将轮廓宽度设置为0.5pt，得到的效果如图4-29所示。

图4-29　绘制带子

09 使用选择工具，选中左前片，按小键盘上的"＋"键进行复制。使用形状工具框选中左前片腰部以下的节点，按Delete键删除，再进行调整，得到的效果如图4-30所示。

图4-30　复制前片并调整效果

10 使用选择工具，选中上一步绘制出的图形，在调色板中选择"秋橘红"（CMYK：0、60、80、0）进行填充，得到的效果如图4-31所示。

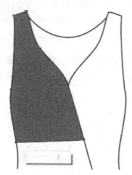

图4-31　填充颜色

11 使用透明度工具，单击"秋橘红"色图形并向下拉，然后再进行调整，如图4-32所示。

12 调整到想要的效果后，单击鼠标结束，得到的效果如图4-33所示。

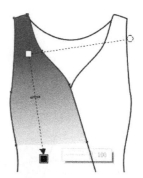

图4-32　调整透明度

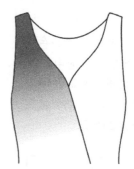

图4-33　调整后效果

13 使用选择工具，选中渐变图形，按小键盘上的"＋"键进行复制，单击属性栏上的"水平镜像"图标，将翻转后的图形放置在图4-34所示的位置。

图4-34　复制并翻转

14 使用选择工具选中翻转后的图形，在图形上单击鼠标右键，执行"顺序/置于此对象后面"命令，将箭头指向到左前片上，单击鼠标即可，得到的效果如图4-35所示。

提示

箭头要放置在左前片腰部以下的空白处。

15 依照第10至12步的方法，对后片进行填充、透明度调整，得到的效果如图4-36所示。

图4-35　调整顺序

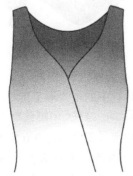

图4-36　后片填充并调整透明度

16 使用选择工具 ，选中T恤左前片，按小键盘
上的"+"键复制。使用形状工具 框选中
左前片腰部以上的节点，按Delete键删除，
再进行调整，得到的效果如图4-37所示。

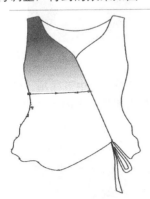

图4-37　复制前片并调整

17 使用选择工具选中调整后的图形，在调
色板中选择"紫红"（CMYK：0、40、
0、60）进行填充，得到的效果如图4-38
所示。

18 使用透明度工具 进行调节，得到的效果如
图4-39所示。

19 使用上述步骤，对右前片进行颜色填充和透
明度调整，得到的效果如图4-40所示。

图4-38　填充颜色

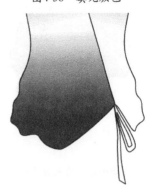

图4-39　调节透明度

图4-40　填充右前片

20 使用选择工具 框选中T恤下摆的带子，在
调色板中选择"紫红"进行填充，得到的
效果如图4-41所示。

21 使用选择工具 选中带子中的红色区域，在
调色板中选择"白色"进行填充，得到的
效果如图4-42所示。

图4-41 填充带子

图4-42 填充白色

22 使用贝塞尔工具 和形状工具 绘制出T恤的辑明线。在属性栏中将轮廓宽度设置为0.35pt，将线条样式设置为"虚线"，得到的效果如图4-43所示。

图4-43 绘制辑明线

23 使用手绘工具 和形状工具 绘制出T恤的褶皱线。使用选择工具 框选中所有的褶皱线，在属性栏中将轮廓宽度设置为0.35pt，得到的效果如图4-44所示。

图4-44 绘制褶皱线

24 单击工具栏中的多边形工具 ，在其中选择星形工具 ，按住Ctrl键绘制出一个正五角星。使用选择工具 选中五角星，在调色板中选择"白色"进行填充。用鼠标右键单击调色板上方的图标，取消图形的外轮廓线，得到的效果如图4-45所示。

图4-45 绘制五角星并填色

25 使用选择工具 选中五角星，使用透明度工具 ，单击属性栏上的"均匀透明度"图标 ，再单击"透明度挑选器"，选择第3排第3个类型，得到的效果如图4-46所示。

图4-46 调整透明

26 使用选择工具 选中五角星，按小键盘上的"+"键进行复制，选中复制的五角星，使用透明度工具，单击属性栏中的"透明度挑选器"，选择第3排第2个类型，得到的效果如图4-47所示。

图4-47 调整透明度

27 使用选择工具 ，选中五角星，重复按小键盘上的"+"键复制出数个五角星，再选中这些五角星，按住Shift键进行等比例缩放，得到大小不一的五角星，将这些五角星按图4-48所示的状态放置。

图4-48 复制并缩放图形

28 使用选择工具 ，框选中所有五角星，单击鼠标右键，执行"组合对象"命令。

> **提示**
>
> 这里五角星下的橘色图片只是为了测试透明度效果，到时该图片会被删除。

29 使用贝塞尔工具 和形状工具 绘制出如图4-49所示的T恤的外廓型。

图4-49 绘制T恤的外廓型

30 使用选择工具 选中五角星图形，在菜单栏中执行"对象/图像精确裁剪/置于图文框内部"命令，将箭头指向到绘制好的外廓型线上，单击鼠标即可完成填充，得到的效果如图4-50所示，即完成了V领T恤绘制。

图4-50 V领T恤绘制完成效果

4.2.2 翻领T恤

翻领T恤是带翻领的T恤，又称POLO衫，是非常受大家喜爱的一种休闲服饰。翻领T恤的领子基本以圆领为主， 图4-51所示为翻领T恤的CorelDRAW表现图。

图4-51 翻领T恤效果图

下面介绍翻领T恤的CorelDRAW绘制步骤。

01 打开CorelDRAW X7，执行"文件/导入"命令，导入女性人体模型。

02 执行"文件/导入"命令，导入我们之前绘制好的女圆领T恤。

03 使用选择工具 选中圆领T恤，将其放置在人体模型上，如图4-52所示。

图4-52　放置在人体模特上

04 使用矩形工具 ▭ 绘制出一个比T恤轮廓宽大的矩形。使用选择工具 ▸ 选中该矩形，在调色板中选择"白色"，分别单击鼠标左右键进行填充。使用选择工具 ▸ 选中矩形，在菜单栏中执行"对象/图像精确裁剪/置于图文框内部"命令，将箭头放置在T恤的前片内，单击鼠标完成填充，得到的效果如图4-53所示。

图4-53　填充效果

提示

　　在进行填充前，需要使用选择工具 ▸ 选中前片内的褶皱线，然后单击鼠标右键，执行"顺序/到图层前面"命令。

05 使用选择工具 ▸ 框选中领子，按Delete键进行删除，得到的效果如图4-54所示。

06 使用贝塞尔工具 ✐ 和形状工具 ◂ 绘制出翻领。使用选择工具 ▸ 选中绘制好的翻领，在属性栏中将轮廓宽度设置为0.5pt，得到的效果如图4-55所示。

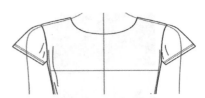

图4-54　删除领子

图4-55　绘制翻领

07 使用形状工具 ◂ 对圆T恤的领子进行调整，得到的效果如图4-56所示。

图4-56　调整领子

08 使用选择工具 ▸ 选中袖口的辑明线，按Delete进行删除。

09 使用选择工具框选中整个领子，在调色板中选择颜色"白色"进行填充，得到的效果如图4-57所示。

图4-57　领子填充颜色

10 使用手绘工具 ✐ 绘制出门襟。使用选择工具 ▸ 选中门襟，在属性栏中将轮廓宽度设置为0.5pt，得到的效果如图4-58所示。

图4-58　绘制门襟

11 使用手绘工具，在袖口处绘制出图4-59所示的一个闭合图形。

图4-59 绘制闭合图形

12 使用选择工具选中领口，单击鼠标右键，执行"顺序/到图层前面"命令。选择翻领，在调色板中选择"100%黑色"进行填充。使用相同步骤，对袖口处的闭合图形进行填充，得到的效果如图4-60所示。

图4-60 填充颜色

13 使用贝塞尔工具和形状工具分别在翻领上和袖口上绘制出图4-61所示的闭合图形。使用选择工具分别选中闭合图形，在属性栏中将轮廓宽度设置为"细线"。

图4-61 绘制闭合图形

14 使用选择工具分别选中上一步绘制好的闭合图形，在调色板中选择"60%黑"（CMYK：0、0、0、60）进行填充，得到的效果如图4-62所示。

15 使用选择工具，分别选中上一步填充后的图形，按小键盘上的"+"键进行复制。单击属性栏中的"水平镜像"图标，将翻转后的图形，放置在另一半相应的位置，如图4-63所示。

图4-62 填充颜色

图4-63 复制并翻转图形

16 使用贝塞尔工具和形状工具绘制出T恤的后领弧线以及辑明线。使用选择工具分别选中辑明线。在属性栏中将轮廓宽度设置为0.35pt，将线条样式设置为"虚线"。

17 执行"文件/导入"命令，导入图4-64所示的图片。使用选择工具选中该图案，将图案放置在图4-65所示的位置。在菜单栏中执行"对象/图像精确裁剪/置于图文框内部"命令，将箭头放置在前衣片上，单击鼠标完成填充。

图4-64 导入标示图片

图4-65 放置标示图案

18 使用贝塞尔工具 和形状工具 在后领绘制出一条图4-66所示的曲线。

图4-66　绘制曲线

19 使用手绘工具 绘制出一条直线段。使用选择工具 选中该线段，按小键盘上的"+"键进行复制，将这两条线段放置在图4-67所示的位置。

图4-67　绘制线段

20 使用调和工具 选择其中一条线段，然后拉向另一条线段，单击鼠标，得到的效果如图4-68所示。

图4-68　调和直线图形

21 使用选择工具 单击在属性栏中的"路径属性"图标 ，单击新路径，将调和对象设置为45～50之间的数值都可以，单击鼠标确定，得到的效果如图4-69所示。

22 使用选择工具 选择线段，单击鼠标右键，执行"拆分路径群组上的混合"命令。使用选择工具 选中在17步绘制的曲线，按Delete键删除，得到的效果如图4-70所示。

图4-69　效果

图4-70　删除曲线

23 使用上述相同步骤绘制出翻领和袖口，得到的效果如图4-71所示。

图4-71　绘制翻领和袖口

24 使用选择工具 分别框选中袖口和翻领，按小键盘上的"+"键进行复制，单击属性栏上的"水平镜像"图标，将翻转后的图形放置在另一边相应的位置，如图4-72所示。

图4-72　复制并翻转

25 使用贝塞尔工具 和形状工具 绘制出T恤的后领线和辑明线。使用选择工具 分别选中辑明线，在属性栏中将轮廓宽度设置为0.35pt，将线条样式设置为"虚线"，得到的效果如图4-73所示。

图4-73 绘制后领线和辑明线

26 使用选择工具，从横纵标尺处共拉出5条辅助线，按图4-74所示的位置放置。

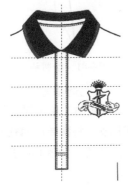

图4-74 拉出辅助线

27 使用椭圆形工具○按住Ctrl键绘制出一个正圆形。使用选择工具选中该圆形，在调色板中选择"60%黑"（CMYK：0、0、0、60）进行填充，在属性栏中将轮廓宽度设置为"细线"，将对象大小设置为0.8mm。

28 使用选择工具选中圆形图案，按住Shift键将其等比例缩小，选中缩小后的圆形，在属性栏中将轮廓宽度设置为0.1pt。按小键盘上的"+"键进行复制，按住Shift键向右平移到一定位置，得到的效果如图4-75所示，即完成一颗扣子的绘制。

图4-75 绘制扣子

29 使用选择工具框选中扣子，单击鼠标右键，执行"组合对象"命令。

30 使用选择工具选中扣子，重复按3次小键盘上的"+"键进行复制，再将其依照辅助线放置，得到的效果如图4-76所示，即完成了翻领T恤的绘制。

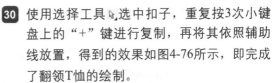

图4-76 翻领T恤完成图

4.2.3 连帽T恤

连帽T恤休闲百搭，款式休闲、宽松，充满青春、活力的感觉。连帽T恤的设计重点在于帽子的长度、宽度，首先要求能够容纳人体脖子和头部的总长度，还需要考虑头部前后的总厚度，使人可以轻松随意地戴上帽子。其次可以考虑设计造型的因素。图4-77所示为连帽T恤的CorelDRAW表现图。

图4-77 连帽T恤CorelDRAW表现图

下面介绍连帽T恤的CorelDRAW绘制步骤。

01 打开CorelDRAW X7，执行"文件/导入"命令，导入女性人体模型。

02 使用贝塞尔工具 和形状工具 绘制出T恤的左前片。使用选择工具 选中绘制好的衣片，在属性栏中将轮廓宽度设置为0.75pt，得到的效果如图4-78所示。

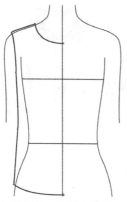

图4-78　绘制左前片

03 使用选择工具 选中左前片，按小键盘上的"+"键进行复制，单击属性栏上的"水平镜像"图标 ，将翻转后的衣片放置在右边相应的位置，如图4-79所示。

图4-79　复制并翻转前片

04 使用选择工具 框选中整个衣片，单击属性栏上的"合并"图标 。使用形状工具 框选中领口的两个节点，单击属性栏上的"连接两个节点"图标 ，得到的效果如图4-80所示。

图4-80　连接节点

提示

　　框选中需要合并的两个图形，可以按Ctrl+L快捷键实现快速合并。

05 使用贝塞尔工具 和形状工具 ，绘制T恤的袖子。使用选择工具 选中袖子，在属性栏中将轮廓宽度设置为0.75pt，得到的效果如图4-81所示。

图4-81　绘制袖子

06 使用选择工具 选中袖子，按小键盘上的"+"键进行复制，单击属性栏中的"水平镜像"图标 ，将翻转后的袖子放置在右边衣片相应的位置，如图4-82所示。

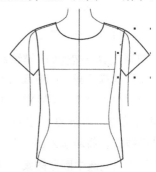

图4-82　复制并翻转袖子

07 使用选择工具 ，框选中整个T恤，在调色板中选择"红色"（CMYK：0、100、100、0）进行填充，得到的效果如图4-83所示。

图4-83　T恤填充颜色

08 使用贝塞尔工具 和形状工具 绘制出帽子的外廓型。在属性栏中将轮廓宽度设置为0.75pt，得到的效果如图4-84所示。

图4-84 绘制帽子的外廓型

09 使用选择工具 选中帽子，在调色板中选择"红色"（CMYK：0、100、100、0）进行填充，得到的效果如图4-85所示。

图4-85 填充帽子

10 使用选择工具 选中帽子，单击鼠标右键，执行"顺序/到图层后面"命令，得到的效果如图4-86所示。

图4-86 调整顺序后效果

11 使用贝塞尔工具 和形状工具 绘制出图4-87所示的一个闭合图形。使用选择工具 ，在属性栏中将轮廓宽度设置为0.75pt。

12 使用选择工具 选中该闭合图形，在文档调色板中选择颜色（RGB：140、7、10）进行填充，得到的效果如图4-88所示。

图4-87 绘制帽口图形

图4-88 帽口填充颜色

提示

　　双击文档调色板中的任意颜色，在弹出的对话框中选择添加颜色，输入RGB数值，单击"确定"按钮，即可将颜色添加到文档调色板中。

13 使用贝塞尔工具 和形状工具 绘制出T恤的分割线。使用选择工具 分别选中分割线，在属性栏中将轮廓宽度设置为0.5pt，得到的效果如图4-89所示。

图4-89 绘制分割线

14 使用手绘工具 ，按住Ctrl键绘制出一条直线段。使用选择工具 选中该线段，在属性栏中将轮廓宽度设置为"细线"，按小键盘上的"+"键进行复制，将复制好的线段按图4-90所示的状态放置。

图4-90　绘制直线

15 使用选择工具 框选中两条线段，单击鼠标右键，执行"组合对象"命令。

16 使用选择工具 选中组合后的线段，按小键盘上的"+"键进行复制。分别双击线段进行相应的旋转调整，再将其分别放置在图4-91所示A、B两处。

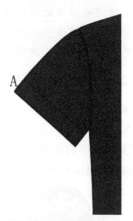

图4-91　旋转调整直线

17 使用调和工具 单击A点处线段拉向B处线段，得到的效果如图4-92所示。

图4-92　调和直线

18 单击属性栏上的"路径属性"图标 ，选中新路径，将箭头放在袖口线上，单击鼠标，在属性栏中将调和对象设置为32，得到的效果如图4-93所示。

图4-93　调和效果

19 使用上述相同步骤，绘制出右边袖口，得到的效果如图4-94所示。

图4-94　绘制右边袖口

20 使用选择工具 ，选中在15步绘制出的组合线段，放置在图4-95所示的位置。

图4-95　放置位置

21 使用调和工具 ，单击左边线段，拉向右边线段，得到的效果如图4-96所示。

图4-96　调和直线

22 单击属性栏上的"路径属性"图标，选中新路径，将箭头放在袖口线上后单击鼠标，在属性栏中将调和对象设置为90，得到的效果如图4-97所示。

图4-97 调和效果

23 使用选择工具，选择组合线段处，单击鼠标右键，在弹出的快捷菜单中执行"拆分路径群组上的混合"命令，如图4-98所示。

图4-98 执行"拆分路径群组上的混合"命令

24 使用选择工具，选择调和线段处中心的粗线，按Delete键删除，得到的效果如图4-99所示。

图4-99 删除粗线

25 使用选择工具，从横标尺处拉出一条辅助线，放置在胸围线下方。使用贝塞尔工具和形状工具，在辅助线的基础上绘制出一条曲线，如图4-100所示。

26 使用文字工具在画面中任意处单击鼠标，即可开始编辑文字，在这里输入图4-101所示的文字。

27 使用选择工具，选中文字，在属性栏中设置文字的各个属性，如图4-102所示。

图4-100 绘制曲线

图4-101 输入文字

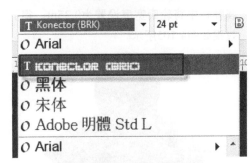

图4-102 设置文字属性

28 使用选择工具，选中文字，在菜单栏中执行"文本/使文本适合路径"命令，将箭头指向在T恤前片绘制好的曲线，单击鼠标进行调整，得到的效果如图4-103所示。

图4-103 使文本适合路径

提示

使用快捷组合键Alt+X+T可以快速执行"文本/使文本适合路径"命令。

29 使用选择工具，选中文字，用鼠标右键单击调色板上方的图标，得到的效果如图4-104所示。

图4-104 设置轮廓线为无

30 使用手绘工具🖊和形状工具🖊绘制出T恤的褶皱线。使用选择工具🖊框选中褶皱线，在属性栏中将轮廓宽度设置为0.35pt，得到的效果如图4-105所示。

图4-105 绘制褶皱线

31 使用椭圆形工具◯按住Ctrl键在领口的帽子边上绘制一个正圆形。在属性栏中将轮廓宽度设置为0.35pt，对象大小设置为0.6mm。使用选择工具🖊选中圆形，按小键盘上的"+"键进行复制，按住Shift键向右平移，得到的效果如图4-106所示。

图4-106 绘制并复制圆形

32 使用贝塞尔工具🖊和形状工具🖊绘制出图4-107所示的3个闭合图形。使用选择工具🖊框选中这3个图形，在属性栏中将其轮廓宽度设置为0.2pt。

图4-107 绘制闭合图形

33 使用选择工具🖊框选中这3个图形，在调色板中选择"白色"进行填充，得到的效果如图4-108所示。

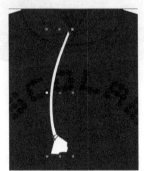

图4-108 填充颜色

34 使用手绘工具🖊绘制出图4-109所示的数条线段。使用选择工具🖊框选中线段，在属性栏中将轮廓宽度设置为0.2pt。

图4-109 绘制数条线段

35 使用选择工具🖊框选中上步绘制出的带子，单击鼠标右键，执行"组合对象"命令。按小键盘上的"+"键进行复制，单击属性栏上的"水平镜像"图标⬌，将翻转后的带子放置在右边相应的位置，即完成了连帽T恤的绘制，如图4-110所示。

图4-110　连帽T恤完成效果

4.2.4　斜领T恤

斜领T恤是指领角左右不对称的T恤。这种领型和圆领、方领、直领、鸡心领一样，是比较传统的衣领开口，这似乎是现代前卫女性的一种着装元素，图4-111所示为斜领T恤的CorelDRAW表现图。

图4-111　斜领T恤的CorelDRAW表现图

下面介绍斜领T恤的CorelDRAW绘制步骤。

01 打开CorelDRAW X7，执行"文件/导入"命令，导入女性人体模型。

02 使用贝塞尔工具和形状工具绘制图4-112所示的T恤左前片。使用选择工具选中左前片，在属性栏中将轮廓宽度设置为0.75pt。

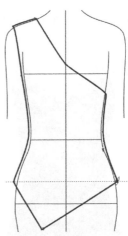

图4-112　绘制左前片

03 使用选择工具选中左前片，按小键盘上的"+"键进行复制，单击属性栏上的"水平镜像"图标，得到的效果如图4-113所示。

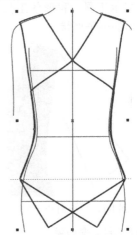

图4-113　复制并翻转左前片

04 使用选择工具框选中整个前片，在调色板中选择"洋红"（CMYK：0、100、0、0）进行填充，得到的效果如图4-114所示。

图4-114　前片填充颜色

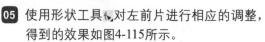

05 使用形状工具 ，对左前片进行相应的调整，得到的效果如图4-115所示。

图4-115　调整左前片效果

06 使用贝塞尔工具 和形状工具 绘制出图4-116所示的袖子形状。

图4-116　绘制袖子形状

07 使用选择工具 选中袖子，在属性栏中将轮廓宽度设置为0.75pt。在调色板中选择"洋红"（CMYK：0、100、0、0）进行填充，得到的效果如图4-117所示。

图4-117　袖子填充颜色

08 使用选择工具 选中袖子，按小键盘上的"+"键进行复制，单击属性栏上的"水平镜像"图标，将翻转后的袖子放置在右前片相应的位置，如图4-118所示。

图4-118　复制并翻转袖子

09 使用贝塞尔工具 和形状工具 绘制出图4-119所示的一个闭合图形。使用选择工具 ，选中该图形，在属性栏中将轮廓宽度设置为0.35pt。

图4-119　绘制闭合图形

10 使用选择工具 选中上步绘制出的图形，重复按两次小键盘上的"+"键进行复制，再将复制出的图形缩小成不同大小，按图4-120所示的状态放置。

图4-120　复制并缩小图形

11 使用选择工具 分别选中这3个图层，在调色板中将最后一个图层选择"白色"进行填充；将第二个图层选择"洋红"（CMYK：0、100、0、0），用鼠标分别单击左右键进行填充；将第一个图层选择"霓虹粉"（CMYK：0、100、60、0），连续单击鼠标左右键进行填充，最后得到的效果如图4-121所示。

图4-121　填充颜色

12 使用选择工具 ▹，框选中这3个图层，单击鼠标右键，执行"组合对象"命令，即完成一片花瓣的绘制。

13 使用选择工具 ▹ 选中花瓣，重复按小键盘上的"+"键进行复制，将复制出的花瓣按图4-122所示的状态放置。

图4-122 放置花瓣到合适的位置

14 使用选择工具 ▹ 选中数个花瓣，按住Shift键进行放大，再将其按图4-123所示的状态进行放置。

图4-123 放大并调整位置

15 使用选择工具 ▹ 选中袖子，单击鼠标右键，执行"顺序/到图层前面"命令。框选中在右衣片上面的花瓣，单击鼠标右键，执行"顺序/置于此对象后"命令，将箭头放置在右衣片上，再单击鼠标，得到的效果如图4-124所示。

图4-124 调整顺序

16 使用贝塞尔工具 ▹ 和形状工具 ▹ 绘制出图4-125所示的一个闭合图形。

图4-125 绘制后片图形

17 使用选择工具 ▹ 选中该闭合图形，在属性栏中将轮廓宽度设置为0.75pt。在文档调色板中选择颜色（RGB：163、85、107）进行填充，得到的效果如图4-126所示。

图4-126 后片填充颜色

18 使用选择工具 ▹ 选中该图形，单击鼠标右键，执行"顺序/到图层后面"命令，得到的效果如图4-127所示。

图4-127 调整顺序

19 使用选择工具 ▹ 选中之前绘制出的花瓣，重复按3次小键盘上的"+"键进行复制，再将花瓣按图4-128所示的状态放置，形成一朵花。

图4-128 复制并调整花瓣位置

20 使用选择工具 ▹ 框选中花朵，用鼠标右键单击在调色板上方的图标⊠，取消填充色。在调色板中选择"粉色"（CMYK：0、40、20、0）进行填充，单击鼠标右键，改变轮廓线颜色。在属性栏中将轮廓宽度设置为0.1pt，得到的效果如图4-129所示。

图4-129　修改颜色

21 使用形状工具，选中花瓣上重叠的线段，按Delete键删除，得到的效果如图4-130所示。

图4-130　删除重叠线段

22 使用选择工具框选中粉色花朵，单击鼠标右键，执行"组合对象"命令。

23 使用贝塞尔工具和形状工具在袖口处绘制出图4-131所示的一条曲线。使用选择工具，选中该曲线，在属性栏中将轮廓宽度设置为0.35pt，在文档调色板添加颜色（RGB：221、162、192），单击鼠标右键，改变曲线颜色。

图4-131　绘制曲线

24 使用选择工具选中粉色花朵，重复按数次小键盘上的"+"键进行复制，将复制出的花朵按图4-132所示的状态放置。

25 使用选择工具框选中所有花朵，单击鼠标右键，执行"组合对象"命令，单击属性栏的"水平镜像"图标，将翻转后的图形放置在右袖口上。

图4-132　所以摆放小花

26 使用贝塞尔工具和形状工具绘制出图4-133所示的图形，使用选择工具选中该图形，在属性栏中将轮廓宽度设置为0.2pt。

27 使用椭圆形工具绘制出一个圆形。在属性栏中将轮廓宽度设置为0.2pt，将对象大小设置为1.2mm。使用选择工具，将圆形图案放置在图4-134所示的位置。

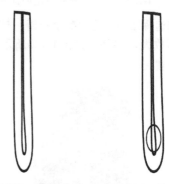

图4-133　绘制图形　　图4-134　绘制圆形

28 使用选择工具框选中上步绘制出图形，在调色板中选择"洋红"（CMYK：0、100、0、0）进行填充，得到的效果如图4-135所示。

29 使用手绘工具和形状工具在圆形图案上绘制出图4-136所示的曲线。使用选择工具，框选中圆形图案，在属性栏中将轮廓宽度设置为0.2pt。

图4-135　填充颜色　　图4-136　绘制曲线

30 使用选择工具▷框选中整个图形，单击鼠标右键，执行"组合对象"命令，即完成一颗盘扣的绘制。

31 使用选择工具▷选中扣子，双击鼠标进行相应的旋转。按小键盘上的"+"键进行复制，将两颗扣子放置在图4-137所示的位置。

图4-137 复制并调整扣子位置

32 使用贝塞尔工具✐和形状工具◣在T恤的领口、袖口以及底边处绘制辑明线。使用选择工具，分别选中辑明线，在属性栏中将轮廓宽度设置为0.35pt，将线条样式设置为"虚线"，得到的效果如图4-138所示。

图4-138 绘制辑明线

33 使用手绘工具✐和形状工具◣绘制出服装的褶皱线。使用选择工具，分别选中褶皱线，在属性栏中将轮廓宽度设置为0.35pt，即完成了斜领T恤的绘制，最后的效果如图4-139所示。

图4-139 斜领T恤的完成效果

▋4.2.5 蝙蝠衫T恤

蝙蝠衫得名于它与众不同的袖子，袖幅宽大得出奇，跟衣服侧面连在一起，双臂展开，形似蝙蝠。蝙蝠衫T恤的样式，款式很宽松，降低了对身材的要求，灼热的夏日里穿着也非常舒适。图4-140所示为蝙蝠衫T恤的CorelDRAW表现图。

图4-140 蝙蝠衫T恤的CorelDRAW表现图

下面介绍蝙蝠衫T恤的CorelDRAW绘制步骤。

01 打开CorelDRAW X7，导入女性人体模型。

02 执行"文件/导入"命令，导入绘制好的女圆领T恤。使用选择工具▷选中圆领T恤，将其放置在人体模型上，如图4-141所示。

图4-141 导入T恤

03 使用矩形工具□绘制出一个比T恤轮廓宽大的矩形。使用选择工具▷选中矩形，在调色板中选择"白色"，单击鼠标左右键进行填充。使用选择工具▷选中矩形，在菜单栏中执行"对象/图像精确裁剪/置于图文框内部"命令，将箭头放置在T恤的前片内，单击鼠标完成填充，得到的效果如图4-142所示。

图4-142　填充

04 使用选择工具 ▶ 框选中领子和褶皱线，按
Delete键删除，得到的效果如图4-143所示。

图4-143　删除领子和褶皱线

05 使用形状工具 ▶ 单击前袖窿线，按Delete键
删除，得到的效果如图4-144所示。

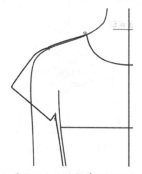

图4-144　删除前袖窿线

06 使用选择工具 ▶ 框选中整件T恤，单击属
性栏上的"合并"图标 ▣ 。使用形状工具
▶ 框选中袖子与肩相接处的两个节点，单
击属性栏上的"连接两个节点"图标 ▦ ，
再进行相应的调整，得到的效果如图4-145
所示。

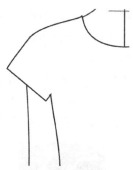

图4-145　调整效果

07 使用上述步骤，对腋下处两个节点以及右前
片相应位置进行合并、连接，得到的效果
如图4-146所示。

图4-146　合并与连接效果

08 使用形状工具 ▶ 对T恤进行调整，得到的效
果如图4-147所示。

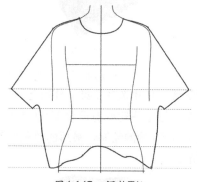

图4-147　调整T恤

09 使用选择工具 ▶ 选中前衣片，重复按2下小
键盘上的"+"键进行复制，将复制好的衣
片放置在一旁。

10 使用贝塞尔工具 ▶ 和形状工具 ▶ 绘制出T恤
的后片。使用选择工具 ▶ 选中绘制好的后
片，在属性栏中将轮廓宽度设置为0.75pt，
得到的效果如图4-148所示。

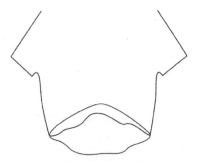

图4-148 绘制后片图形

11 使用选择工具◻，框选中T恤，在调色板中选择"白色"进行填充，得到的效果如图4-149所示。

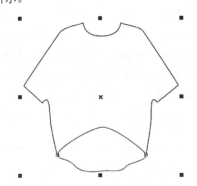

图4-149 T恤填充颜色

12 使用选择工具◻，选中后片，单击鼠标右键，执行"顺序/到图层后面"命令，得到的效果如图4-150所示。

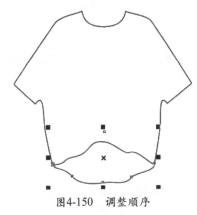

图4-150 调整顺序

13 使用选择工具◻，选中T恤前片，选择交互式填充工具◻，在属性栏中单击"双色图样填充"图标◻，在属性栏中选择前景颜色（RGB：47、43、76）和背景颜色（RGB：206、54、115），单击"渐变填充"图标◻，然后进行调整，得到的效果如图4-151所示。

图4-151 填充并调整颜色

14 使用透明度工具◻单击衣片并向下拉，进行调整，得到的效果如图4-152所示。

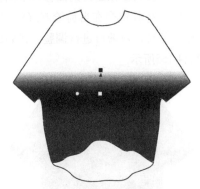

图4-152 调整透明度

15 使用选择工具◻，选择在第10步复制好的衣片，使用选择交互式填充工具◻，在属性栏中单击"双色图样填充"图标◻，在属性栏中选择前景颜色（RGB：221、162、192）和背景颜色（RGB：22、114、139），单击"渐变填充"图标◻，进行调整，得到的效果如图4-153所示。

图4-153 填充并调整渐变色

16 使用选择工具◻，选中刚刚绘制好的衣片，单击鼠标右键，执行"顺序/到图层后面"命令，将该衣片与之前绘制的T恤重叠，得到的效果如图4-154所示。

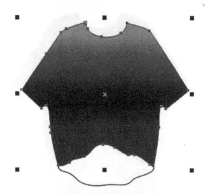

图4-154　调整顺序

17 使用选择工具▸选中在第10步复制出的T恤
廓形，单击调色板上方的图标，取消其填充
的颜色。将其重叠在当前绘制好的T恤，使
用形状工具，对领口进行调整，得到的效果
如图4-155所示。

图4-155　调整效果

18 使用贝塞尔工具▸和形状工具▸绘制出领子
处后片。使用选择工具▸，选中绘制好的后
片，在属性栏中将轮廓宽度设置为0.75pt，
得到的效果如图4-156所示。

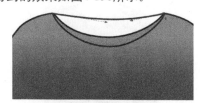

图4-156　绘制后片图形

19 使用选择工具▸选中领口处后片，选择颜
色（RGB：198、119、150）进行填充。单
击鼠标右键，执行"顺序/到图层后面"命
令，得到的效果如图4-157所示。

20 使用贝塞尔工具▸和形状工具▸在领子处绘
制图4-158所示的一个闭合图形。

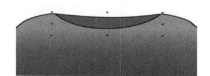

图4-157　后片填充颜色

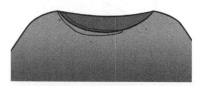

图4-158　绘制阴影图形

提示

如果我们想要的颜色在调色板中没有，
可以双击窗口下方的文档调色板中的任意颜
色，在弹出的对话框中单击添加颜色图标，
在弹出的对话框中单击混合器图标，在右侧
输入RGB数值，单击"确定"按钮立刻完
成添加颜色，该颜色就会出现在文档调色
板中。

21 使用选择工具▸选中该闭合图形，选择颜
色（RGB：163、85、107）进行填充。用
右键单击调色板上方的图标，取消外轮廓
线，得到的效果如图4-159所示。

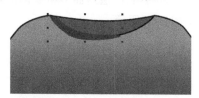

图4-159　阴影图形填充颜色

22 使用选择工具▸选中该图形，单击鼠标右
键，执行"顺序/到图层后面"命令。选中
后片，单击鼠标右键，执行"顺序/到图层
后面"命令，得到的效果如图4-160所示。

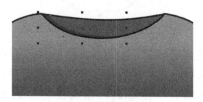

图4-160　调整顺序

23 使用选择工具▸选中底边处后片，选择颜色
（RGB：93、129、143）进行填充，得到
的效果如图4-161所示。

图4-161　后片填充颜色

24 使用贝塞尔工具 和形状工具 绘制出图4-162所示的一个闭合图形。

图4-162　绘制阴影图形

提示

在绘制暗部的时候，要考虑到光源的方向。

25 使用选择工具 选中绘制好的闭合图形，选择颜色（RGB：70、102、115）进行填充。用右键单击调色板上方的图标，取消外轮廓线，得到的效果如图4-163所示。

图4-163　阴影填充颜色

26 使用选择工具 选中暗部图形，单击鼠标右键，执行"顺序/置于此对象后"命令，将箭头放置在前片内单击鼠标，得到的效果如图4-164所示。

图4-164　调整顺序

27 使用选择工具 从横纵标尺处各拉出两条辅助线，放置在图4-165所示的位置。

28 使用手绘工具 ，依着辅助线绘制出一个闭合图形。使用选择工具 选中该图形，在属性栏中将轮廓宽度设置为0.5pt，得到的效果如图4-166所示。

图4-165　拉出辅助线

图4-166　绘制闭合图形

29 使用交互式填充工具 ，在属性栏中单击"双色图样填充"图标 ，选择前景颜色和背景颜色，再单击属性栏中的"渐变填充"图标 进行调整，得到的效果如图4-167所示。

图4-167　填充渐变色

30 使用形状工具 对口袋进行相应的调整，得到的效果如图4-168所示。

31 使用贝塞尔工具 和形状工具 绘制出领口、口袋和底边的辑明线以及袖子处的分割线。使用选择工具 选中分割线，在属性栏中将轮廓宽度设置为0.5pt。分别选中辑明线，在文档调色板中选择颜色（RGB：

163、85、107），单击鼠标右键改变线条颜色。在属性栏中将轮廓宽度设置为0.5pt，将线条样式设置为"虚线"，得到的效果如图4-169所示。

图4-168　调整口袋

图4-169　绘制辑明线

32 使用贝塞尔工具 和形状工具 在衣领处绘制出3根曲线。使用选择工具 框选中曲线，在属性栏中将轮廓宽度设置为0.35pt，在文档调色板中选择颜色（RGB：163、85、107），单击鼠标右键改变线条颜色，得到的效果如图4-170所示。

图4-170　绘制曲线

33 使用手绘工具 ，按住Ctrl键绘制一条垂线。使用选择工具 选中该线段，在属性栏中将轮廓宽度设置为0.2pt，旋转角度设置为30°。按小键盘上的"+"键复制，单击属性栏上的"水平镜像"图标，得到的效果如图4-171的A处所示。

34 使用选择工具 框选中绘制出两条线段，单击鼠标右键，执行"组合对象"命令。

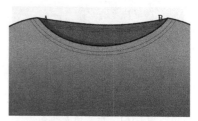

图4-171　摆放辑明线图形

35 使用选择工具 ，选中组合后的线段，按小键盘上的"+"键进行复制，将复制出的图形按图4-171所示的状态放置。

36 使用调和工具 ，选中A处图形并拉向B处，然后图形上单击鼠标，得到的效果如图4-172所示。

图4-172　调和辑明线图形

37 在属性栏中单击路径属性图标 ，再选择新路径，将箭头指在中间曲线上，单击鼠标，在属性栏中将调和对象设置为60，得到的效果如图4-173所示。

图4-173　调和效果

38 使用与上述步骤相同的操作，绘制出底边内缝线迹，即完成了蝙蝠衫T恤的绘制，最终的效果如图4-174所示。

图4-174　最后效果

4.3 背心款式设计

背心是一种无袖上衣，无领无袖，且较短的上衣。主要功能是使前后胸区域保温并便于双手活动。它可以穿在外衣之内，也可以穿在内衣外面。

背心款式按穿法有套头式、开襟式（包括前开襟、后开襟、侧开襟或半襟等）；按衣身外形有收腰式、直腰式等；按领式有无领、立领、翻领、驳领等。背心长度通常在腰以下臀以上，但女式背心中有少数长度不到腰部的紧身小背心，或超过臀部的长背心（又称马甲裙）。下面介绍基础背心、挂脖式背心和吊带式背心三款背心的设计和绘制。

4.3.1 基础款背心

基础款背心无袖无领，款式简便、舒适，在造型上大多采用宽松或完全适体的形式。图4-175所示为基础背心的CorelDRAW表现图。

图4-175 基础背心的CorelDRAW效果图

下面介绍基础背心的CorelDRAW绘制步骤。

01 打开CorelDRAW X7，导入女性人体模型。

02 使用贝塞尔工具和形状工具绘制出背心的左前片。使用选择工具选中左前片，在属性栏中将轮廓宽度设置为0.75pt，得到的效果如图4-176所示。

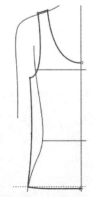

图4-176 绘制左前片

03 使用选择工具选中左前片，按小键盘上的

"+"键进行复制，单击属性栏上的水平镜像图标，将翻转后的衣片放置在另一边相应的位置，如图4-177所示。

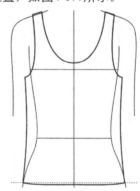

图4-177 合并左前片

04 使用选择工具框选中整个前片，在属性栏中单击"合并"图标。使用形状工具框选中领口两个节点，单击属性栏上的"连接两个点"图标连接两个节点。使用相同的方法链接下摆的两个节点，得到效果如图4-178所示。

图4-178 连接节点

05 使用选择工具选中人体模型，按Delete键删除。

06 使用贝塞尔工具 ✎ 和形状工具 ✎ 绘制出图4-179所示的图形。使用选择工具 ✎ ，选中该图形，在属性栏中将轮廓宽度设置为0.75pt。

图4-179 绘制后片图形

07 使用选择工具 ✎ ，框选中整件背心，在调色板中选择"白色"进行填充，得到的效果如图4-180所示。

图4-180 T恤填充颜色

08 使用选择工具 ✎ 选中后片，单击鼠标右键，执行"顺序/到图层后面"命令，得到的效果如图4-181所示。

图4-181 调整顺序

09 使用矩形工具 ☐ 绘制出一条矩形。使用选择工具 ✎ 选中绘制好的矩形，在调色板中

选择颜色（CMYK：80、66、0、0）进行填充。用鼠标右键单击调色板上方的图标 ⊠ ，取消轮廓线。

10 使用选择工具 ✎ ，选中矩形，重复数次按小键盘上的"+"键进行复制，再将矩形按图4-182所示的排列进行放置。

图4-182 绘制条纹图形

11 使用选择工具 ✎ 框选中所有矩形，单击鼠标右键，执行"组合对象"命令。

12 使用选择工具 ✎ 选中组合后的矩形，在菜单栏中执行"对象/图像精确裁剪/置于图文框内部"命令，将箭头放置在前片内，单击鼠标，得到的效果如图4-183所示。

图4-183 填充条纹至前片

13 单击多边形工具图标 ⊙ ，在弹出的菜单中选择星形工具 ✶ 绘制出一个五角星，如图4-184所示。

图4-184 绘制星形图案

14 使用选择工具选中五角星，在属性栏中将对象大小设置为2.5mm，在调色板中选择“白色”进行填充，单击调色板上方的图标，取消外轮廓线。按小键盘上的“+”键复制，按住Shift键将其平移，两颗星形的距离是T恤宽度的一半。

15 使用调和工具，选中一颗星形图案并将其拉向另一颗，然后松开鼠标，在属性栏中将调和对象设置为3。使用选择工具框选中五角星，按小键盘上的“+”键进行复制，将五角星贴着辅助线放置，得到的效果如图4-185所示。

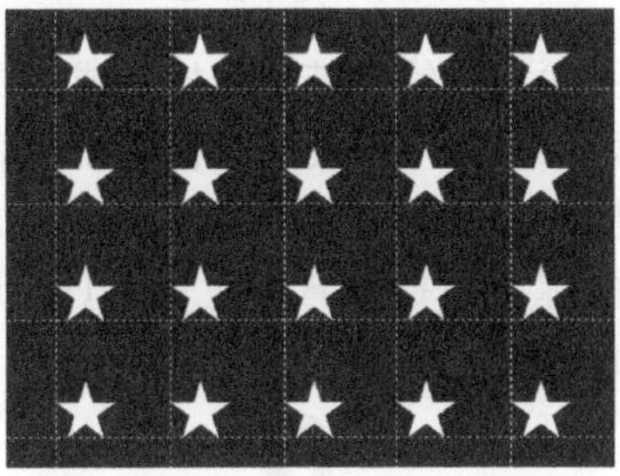

图4-185 调和、复制星形图案

16 使用选择工具框选中五角星，按小键盘上的“+”键进行复制。按住Shift键进行摆放。

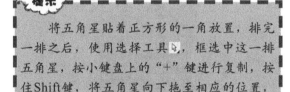

提示

将五角星贴着正方形的一角放置，排完一排之后，使用选择工具，框选中这一排五角星，按小键盘上的“+”键进行复制，按住Shift键，将五角星向下拖至相应的位置，重复该步骤即可。

17 使用贝塞尔工具和形状工具在背心上绘制出图4-186所示的闭合图形。

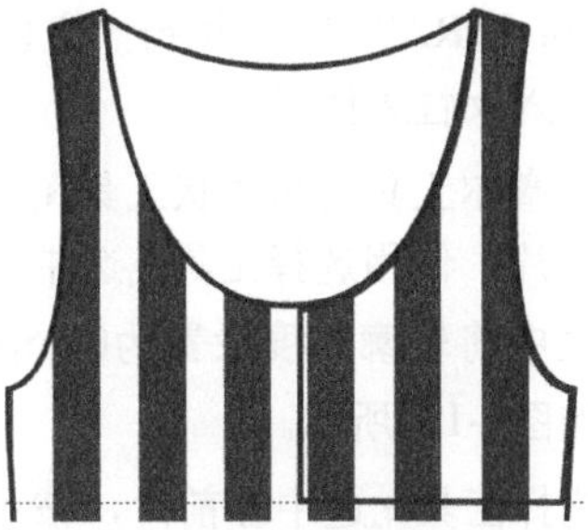

图4-186 绘制图形

18 使用选择工具框选中所有五角星，在菜单栏中执行“对象/图像精确裁剪/置于图文框内部”命令，将箭头放置在上步绘制出的图形内，单击鼠标即可完成图形填充。使用选择工具选中该图形，用鼠标右键单击调色板上方的图标⊠，取消图形的外轮廓线，得到的效果如图4-187所示。

图4-187 填充星形图案

19 使用矩形工具绘制如一个任意大小的矩形，在调色板中选择任意颜色进行填充（白色除外）。使用手绘工具，在矩形上绘制出任意图形和曲线，使用选择工具框选中矩形中的所有图形，在属性栏中将轮廓宽度设置为0.1pt，在调色板选择“白色”，单击鼠标左右键进行填充，如图4-188所示。

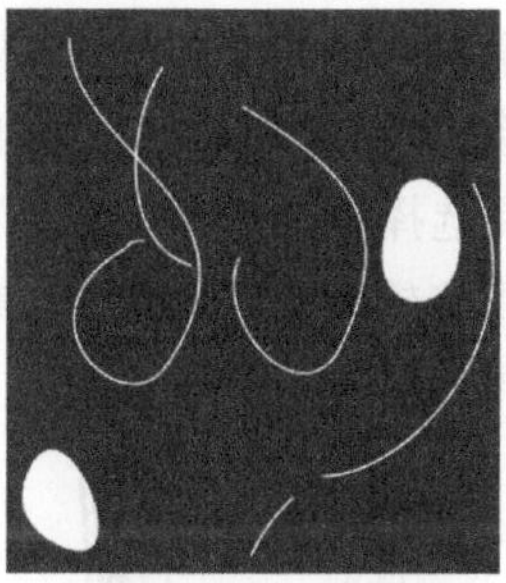

图4-188 绘制所以图案

20 单击形状工具图标，在弹出的菜单中选择使用旋转工具，分别选中图中的图形，选中后移动鼠标进行任意拉扯、变形，得到的效果如图4-189所示。

图4-189 转动图案

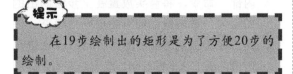

21 使用选择工具▶框选中20步绘制出的图形，按小键盘上的"+"键进行复制，将复制出的图形放置在一旁，在菜单栏中执行"对象/图像精确裁剪/置于图文框内部"命令，将箭头放置在背心前片内再单击鼠标。使用相同步骤对背心上的五角星图形进行填充，得到的效果如图4-190所示。

图4-190　填充转动图形

22 使用贝塞尔工具▶和形状工具▶在背心的领子和袖窿部位绘制出图4-191所示的闭合图形。使用选择工具▶分别选择闭合图形，在属性栏中将轮廓宽度设置为0.35pt，在调色板中选择"白色"进行填充。

图4-191　绘制领口和袖窿处的包边

23 使用贝塞尔工具▶和形状工具▶绘制出背心底边的辑明线，使用选择工具▶框选中辑明线，在属性栏中将轮廓宽度设置为0.35pt，将线条样式设置为"虚线"，即完成基础背心的绘制，最后的效果如图4-192所示。

图4-192　最后效果

4.3.2　挂脖式背心

挂脖式背心的吊带直接挂在或者是绑在后颈上，既凉快又可以展现女性美丽的后背，使女性更加具有诱惑力，所以人们就把这一类的背心直接称之为挂脖背心。图4-193所示为挂脖式背心的CorelDRAW表现图。

图4-193　挂脖式背心的CorelDRAW效果图

下面介绍挂脖式背心的CorelDRAW绘制步骤。

01 打开CorelDRAW X7，执行"文件/导入"命令，导入女性人体模型。

02 使用贝塞尔工具▶和形状工具▶绘制出背心的左前片，使用选择工具▶选中左前片，在属性栏中将轮廓宽度设置为0.75pt，得到的效果如图4-194所示。

03 使用选择工具▶选中左前片，按小键盘上的"+"键进行复制，单击属性栏上的水平镜像图标，将翻转后的衣片放置在另一边相应的位置，如图4-195所示。

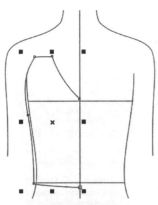

图4-194 绘制左前片

图4-195 合并前片

04 使用选择工具 ，框选中整个前片，在属性栏中单击"合并"图标 。使用形状工具 ，框选中领口两个节点，单击属性栏上的"连接两个点"图标 ，连接两个节点，使用相同的方法链接下摆的两个节点，得到的效果如图4-196所示。

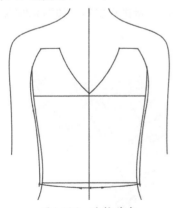

图4-196 连接节点

提示

框选中所需合并的图形后，可直接按Ctrl+L快捷键进行合并。

05 执行"文件/导入"命令，导入1张格子图案，如图4-197所示。

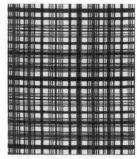

图4-197 导入格子图片

06 使用选择工具 选中格子图形，在菜单栏中执行"对象/图像精确裁剪/置于图文框内部"命令，将箭头放置在衣片内，单击鼠标即可完成填充，得到的效果如图4-198所示。

图4-198 填充格子图片至前片

07 使用贝塞尔工具 和形状工具 ，在左前片绘制图4-199所示的一个闭合图形。

图4-199 绘制图形

08 使用选择工具 选中格子图案后双击鼠标，进入旋转模式，将图形旋转至图4-200所示的状态。

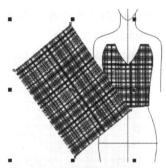

图4-200　旋转图片

09 使用选择工具 ▷ 选中格子图案，在菜单栏中执行"对象/图像精确裁剪/置于图文框内部"命令，将箭头放置在左前片的闭合图形内，单击鼠标即可完成填充，得到的效果如图4-201所示。

图4-201　填充效果

10 使用选择工具 ▷ 选中填充好的图形，按小键盘上的"+"键进行复制，单击属性栏中的水平镜像图标 ⏴⏵，将翻转后图形放置在图4-202所示相应的位置。

图4-202　复制并旋转图形

11 使用手绘工具 ▓ 和形状工具 ▷ 绘制出背心的门襟。使用选择工具 ▷ 选中绘制好的门襟，在属性栏中将轮廓宽度设置为0.75pt，得到

的效果如图4-203所示。

图4-203　绘制门襟

12 使用贝塞尔工具 ▓ 和形状工具 ▷ 绘制出图4-204所示的一个闭合图形。使用选择工具 ▷ 选中该图形，在属性栏中将轮廓宽度设置为0.75pt。

图4-204　绘制荷叶边

13 使用选择工具 ▷ 选中格子图案，双击该图案，将图案进行旋转，如图4-205所示。

图4-205　旋转格子图片

14 使用选择工具 ▷ 选中旋转后的格子图案，在菜单栏中执行"对象/图像精确裁剪/置于图

文框内部"命令,将箭头放置在12步绘制好
的图形内,单击鼠标完成填充,得到的效果
如图4-206所示。

图4-206　填充图片至荷叶边

15 使用选择工具 ,选中上一步填充好图形,按
小键盘上的"+"键进行复制,单击属性栏
上的水平镜像图标 ,将翻转后的图形放置
在图4-207所示的位置。使用选择工具 ,选
中人体模型,按Delete键删除。

图4-207　复制并旋转荷叶边

16 使用贝塞尔工具 和形状工具 ,绘制出背心
上的辑明线。使用选择工具 ,选中辑明线,
在属性栏中将轮廓宽度设置为0.35pt,将线
条样式设置为"虚线",得到的效果如图
4-208所示。

17 使用形状工具 ,对背心进行相应的调整,如
图4-209所示。

18 使用手绘工具 和形状工具 ,绘制出背心的
褶皱线,使用选择工具 ,框选中褶皱线,在
属性栏中将轮廓宽度设置为0.35pt,得到的
效果如图4-210所示。

图4-208　绘制辑明线

图4-209　调整肩部轮廓边

图4-210　绘制褶皱线

19 使用选择工具 ,框选中所有的褶皱线,按小
键盘上的"+"键进行复制,单击属性栏上
的水平镜像图标,将翻转后的褶皱线如按
4-211所示的位置进行放置。

图4-211　复制并翻转褶皱线

20 使用贝塞尔工具 和形状工具 绘制出挂脖背心的带子。使用选择工具 框选中绘制好的带子，在属性栏中将轮廓宽度设置为0.5pt，如图4-212所示。

图4-212　绘制肩带

提示

绘制的带子必须是闭合图形。

21 使用选择工具 框选中带子，单击窗口下方文档调色板上的"添加颜色到调色板"图标 ，将提取工具放置在图4-213所示的位置，单击鼠标提取想要的颜色。

图4-213　提取颜色

22 单击提取到文档调色板的颜色（CMYK：84、76、42、4），即可完成填充，得到的效果如图4-214所示。

图4-214　肩带填充颜色

23 使用选择工具 框选中带子，按小键盘上的"+"键进行复制，单击属性栏中的水平镜像图标 ，将翻转后带子放置在图4-215所示的位置。

图4-215　复制并翻转肩带

24 使用贝塞尔工具 和形状工具 绘制出图4-216所示的图形。使用选择工具 框选中绘制好的图形，在属性栏中将轮廓宽度设置为0.5pt。

图4-216　绘制肩带的结头

25 使用选择工具 框选中上一步绘制好的图形，在文档调色板单击之前提取到的颜色（CMYK：84、76、42、4）进行填充，得到的效果如图4-217所示。

图4-217　绘制图形

26 使用选择工具 🔧 选中蝴蝶结中的红色图形，在调色板中选择"白色"进行填充，得到的效果如图4-218所示。

图4-218 填充颜色

27 使用贝塞尔工具 🖊 和形状工具 🔧 绘制出图4-219所示的图形。使用选择工具 🔧 选中该图形，在属性栏中将轮廓宽度设置为0.5pt，再使用上述相同步骤对该图形进行填充，得到的效果如图4-220所示。

图4-219 绘制图形

图4-220 填充颜色

28 使用选择工具 🔧 选中上一步绘制好的图形，单击鼠标右键，执行"顺序/到图层前面"命令，得到的效果如图4-221所示。

图4-221 调整顺序

29 使用手绘工具 🖊 和形状工具 🔧 绘制出背心带子上的褶皱线，在属性栏中将轮廓宽度设置为0.35pt，得到的效果如图4-222所示。

图4-222 绘制褶皱线

30 使用选择工具 🔧 从横纵标尺处拉出5条辅助线，放置在图4-223所示的位置。

图4-223 拉出辅助线

31 使用椭圆形工具 ⬭ ，按住Shift键绘制出一个正圆型，在属性栏中将轮廓宽度设置为0.5pt，将对象大小设置为0.7pt。使用选择工具 🔧 选中圆形，在文档调色板中选择之前提取的颜色（CMYK：84、76、42、4）进行填充，得到的效果如图4-224所示。

32 使用选择工具 🔧 选中圆形图案，将其依着辅助线放置在图4-225所示的位置，即完成了挂脖背心的绘制。

图4-224 绘制扣子

图4-225 最后效果

4.3.3 吊带式背心

吊带式背心是健康、典雅、时尚的一流精品，它把人体曲线和生理机能相结合，多了几分休闲和动感的意味。吊带背心尽管不像连衣裙那样款式繁多，风格各异，但通过细节上的润饰，也足以呈现出多样的风格。图4-226所示为吊带式背心的CorelDRAW表现图。

图4-226 吊带式背心的CorelDRAW效果图

下面介绍吊带式背心的CorelDRAW绘制步骤。

01 打开CorelDRAW X7，执行"文件/导入"命令，导入女性人体模型。

02 使用贝塞尔工具和形状工具绘制出吊带背心的左前片。使用选择工具选中左前片，在属性栏中将轮廓宽度设置为0.75pt，得到的效果如图4-227所示。

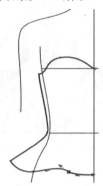

图4-227 绘制左前片

03 使用选择工具选中左前片，按小键盘上的"+"键进行复制，单击属性栏中的水平镜像图标，将翻转后的衣片放置在图4-228所示的位置。

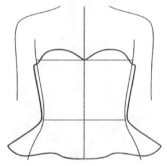

图4-228 合并前片

04 使用选择工具框选中整个前片，单击属性栏中的"合并"图标。使用形状工具，框选中前中心两个节点，单击属性栏中的"连接两个节点"图标，得到的效果如图4-229所示。

图4-229 连接节点

05 使用上述步骤对下摆相交处的两个节点进行连接。

06 执行"文件/导入"命令，导入一张牛仔面料图片，如图4-230所示。

图4-230 导入牛仔面料

07 使用选择工具选中牛仔面料图片，在菜单栏中执行"对象/图像精确裁剪/置于图文框内部"命令，将箭头放置在前片中，单击鼠标，得到的效果如图4-231所示。

图4-231 填充牛仔面料至前片

在进行填充前，先使用选择工具选中牛仔面料图片，重复按小键盘上的"+"键复制出数张牛仔面料图片，放置在一旁。

08 使用贝塞尔工具和形状工具绘制出吊带背心的衣带。使用选择工具选中带子，在属性栏中将轮廓宽度设置为0.75pt，得到的效果如图4-232所示。

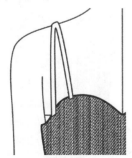

图4-232 绘制肩带

09 使用选择工具选中牛仔面料图片，在菜单栏中执行"对象/图像精确裁剪/置于图文框内部"命令，将箭头放置在衣带上，单击鼠标，得到的效果如图4-233所示。

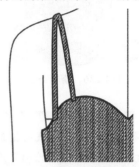

图4-233 填充牛仔面料至肩带

10 使用选择工具选中衣带，按小键盘上的"+"键进行复制，将复制出的衣带按图4-234所示的状态放置。使用选择工具，框选中两条衣带，单击鼠标右键，执行"顺序/带图层后面"命令。

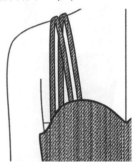

图4-234 复制肩带

11 使用选择工具框选中两条衣带，按小键盘上的"+"键进行复制。单击属性栏上的"水平镜像"图标，将翻转后的衣带放置在图4-235所示的位置。

图4-235 复制并翻转肩带

12 使用贝塞尔工具和形状工具绘制出吊带背心的分割线，如图4-236所示。

图4-236　绘制分割线

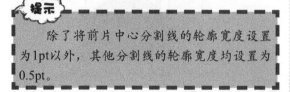

　　除了将前片中心分割线的轮廓宽度设置为1pt以外，其他分割线的轮廓宽度均设置为0.5pt。

13 使用贝塞尔工具 和形状工具 绘制出吊带背心上的辑明线。使用选择工具，将辑明线的轮廓宽度设置为0.35pt，线条样式设置为虚线，得到的效果如图4-237所示。

图4-237　绘制辑明线

14 使用矩形工具 绘制图4-238所示的3个大小不一的矩形图案。使用选择工具 ，框选中3个矩形，在调色板中选择"金"（CMYK：0、20、60、20），单击鼠标右键改变图形的外轮廓色。使用选择工具 单独选中第一个矩形图案，在调色板中选择"砖红"（CMYK：0、60、80、20）进行填充。

图4-238　绘制图形

15 使用选择工具 将3个矩形按图4-239所示的状态摆放，即完成一个拉链头的绘制。

图4-239　组合图形

16 使用选择工具 框选中拉链头，单击鼠标右键，执行·"组合对象"命令。

17 使用选择工具 选中拉链头，将其放置在图4-240所示的位置。

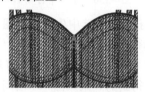

图4-240　摆放拉链头

18 使用手绘工具 和形状工具 绘制出衣带的翻折线。使用选择工具 选中翻折线，在属性栏中将轮廓宽度设置为0.5pt，得到的效果如图4-241所示。

图4-241　绘制翻折线

19 使用手绘工具 和形状工具 绘制出背心下摆的褶皱线。使用选择工具 选中褶皱线，在属性栏中将轮廓宽度设置为0.5pt，即完成了吊带背心的绘制，最后的效果如图4-242所示。

图4-242　完成绘制

4.4 课后练习

4.4.1 练习一：绘制荡领T恤

该练习为绘制荡领T恤，如图4-243所示。

图4-243 荡领T恤

步骤提示：

01 使用贝塞尔工具和形状工具绘制出服装的基本廓形。

02 使用选择工具填充颜色。

03 执行"文件/导入"命令，导入服装上的图案。

04 使用贝塞尔工具和形状工具绘制服装的褶皱线与辑明线。

4.4.2 练习二：绘制斜领T恤

该练习为绘制斜领T恤，如图4-244所示。

图4-244 斜领T恤

步骤提示：

01 使用贝塞尔工具和形状工具绘制出服装的基本廓形。

02 使用贝塞尔工具和形状工具绘制出服装上的色块分割面。

03 使用选择工具填充不同的颜色至相应的分割面中。

04 使用贝塞尔工具和形状工具绘制肩带上的金属扣。

05 使用贝塞尔工具和形状工具绘制服装的辑明线。

第5课
针织衫款式设计

针织衫是指使用针织设备织出来的服装，是利用织针把各种原料和品种的纱线构成线圈、再经串套连接成针织物的工艺产物。针织衫质地松软，有良好的抗皱性与透气性，并有较大的延伸性与弹性，穿着舒适。其款式设计的重点在于局部和面料花色的变化，从面料的性能上，不适宜过多分割，分割也多为装饰性分割。针织分为手工针织和机器针织两类。

针织可分为毛针织和棉针织两大块。棉针织是通过与其相似的流程制作出成衣。毛针织是一根一根的毛纱通过横机织造出每个部分的衣片，再用套口机器将其一一连接起来，就像用缝纫机连接布片一个道理，只是设备和方式不同。毛针织的原料品种繁多，按化学和天然的来划分，化学纤维：诸如人造棉、人造丝、尼龙、涤纶、腈纶等；天然纤维如：羊毛、兔毛、驼毛、羊绒、棉、麻、真丝、竹纤维等。

本课知识要点

- 贝塞尔工具和形状工具的使用(绘制服装的基本轮廓)
- 艺术笔工具的使用(服装的罗纹的表现)
- 调和工具的使用(针织服装纹样的表现)
- 涂抹工具的使用(服装图样的表现)

5.1 基础针织衫款式设计

随着时代和科技的发展，针织衫产品运用现代理念和后整理工艺，大大提高了针织物挺刮、免烫和耐磨等特性，再加上拉绒、磨绒、剪毛、轧花和褶裥等技术的综合运用，极大丰富了针织品的品种，让针织衫服装花色样式更加多样。下面介绍套头衫和开衫两种基础针织衫的设计和绘制。

5.1.1 基础套头款式设计

套头是一种主流的针织衫类型，俗称帽衫，就是穿的时候直接从头上套进去的那种衣服，前面没扣子和拉链。套头衫青春洋溢的风格受到所有时尚MM的一致追捧，其精致的细节及简化繁杂的设计元素，使色彩搭配更活泼，图5-1所示为基础套头衫的CorelDRAW表现图。

图5-1 基础套头衫的CorelDRAW效果图

下面介绍基础套头衫的CorelDRAW绘制步骤。

01 执行"文件/导入"命令，导入女性人体模型。

02 使用贝塞尔工具和形状工具绘制出套头衫的左前片，如图5-2所示。

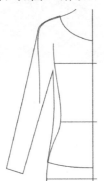

图5-2 绘制左前片

03 使用选择工具选中左前片，按小键盘上的"+"键进行复制，单击属性栏上的"水平镜像"图标，将翻转后的衣片放置在图5-3所示的位置。

图5-3 合并左前片

04 使用选择工具框选中整个前片，单击属性栏上的"合并"图标。使用形状工具框选中领口中心处的两个节点，单击属性栏上的"连接两个节点"图标，得到的效果如图5-4所示。

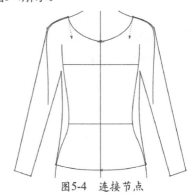

图5-4 连接节点

05 使用上述步骤，将下摆中心处两个节点进行连接。

06 使用贝塞尔工具和形状工具绘制出图5-5所示的图形。

07 使用选择工具选中该图形，按小键盘上的"+"键进行复制，单击属性栏上的"水平镜像"图标，将翻转后的图形放置在图5-6所示的位置，即完成了套头衫领子的绘制。

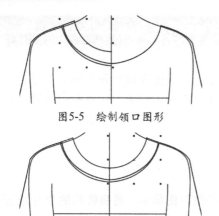

图5-5　绘制领口图形

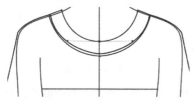

图5-6　合并领口

08 使用选择工具 ，框选中领子，单击属性栏上的"合并"图标 。使用形状工具 ，框选中领口上边中心处两个相交的节点，单击属性栏上的"连接两个节点"图标 ，得到的效果如图5-7所示。

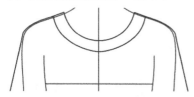

图5-7　连接节点

09 使用上述步骤，将领子下边中心处两个节点进行连接。

10 使用选择工具 ，框选中套头衫，在调色板中选择"白色"进行填充。选中领子部分，单击鼠标右键，执行"顺序/到图层后面"命令，得到的效果如图5-8所示。

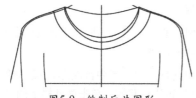

图5-8　领口图形填充颜色

11 使用贝塞尔工具 和形状工具 ，绘制出套头衫的后片，如图5-9所示。

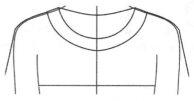

图5-9　绘制后片图形

12 使用选择工具 ，选中后片，单击鼠标右键，

执行"顺序/到图层后面"命令，得到的效果如图5-10所示。

图5-10　后片填充颜色

13 使用选择工具 ，用鼠标双击文档调色板中的任意颜色，在弹出的对话框中单击"添加颜色"，在弹出的对话框中单击"混合器"，输入RGB数值（46、52、100），单击"确定"铵钮完成颜色添加。

14 使用选择工具 ，框选中整件套头衫，先在文档调色板中选择上一步添加的颜色（RGB：46、52、100）进行填充，得到的效果如图5-11所示。

图5-11　套头衫填充颜色

15 使用贝塞尔工具 和形状工具 ，在底边绘制出图5-12所示的一条曲线段。

图5-12　绘制曲线

16 使用手绘工具 ，按住Ctrl键绘制一条直线段，使用透明度工具，选中直线上段并向下拉扯，进行调节，如图5-13所示。

17 使用选择工具 ，选中线段，按小键盘上的"+"键进行复制，单击属性栏上的"水平镜像"图标 ，将翻转后的段放置在底边的另一端，如图5-14所示。

图5-13 绘制直线并进行透明度调节

图5-14 摆放直线

18 使用调和工具💼，选中一段的直线段并拉向另一端的直线段，然后松开鼠标。单击属性栏中的"路径属相"图标💼，单击"新路径"，将箭头指向在14步绘制出的曲线，单击鼠标，在属性栏中将调和对象设置为60，得到的效果如图5-15所示。

图5-15 调和直线图形

19 使用选择工具💼，用鼠标右键单击直线段，在弹出的菜单中执行"拆分路径群组上的混合"命令。选中曲线，按Delete键删除，得到的效果如图5-16所示。

图5-16 调整直线图形

20 使用上述步骤绘制袖口的罗纹，得到的效果如图5-17所示。

图5-17 效果

21 参考4.1.1小节女款圆领T恤绘制的第15步至18步来绘制罗纹效果，得到的效果如图5-18所示。

图5-18 罗纹效果

22 使用手绘工具💼，在套头衫的左前片上绘制出图5-19所示的4个闭合图形。

图5-19 绘制图形

23 使用贝塞尔工具💼和形状工具💼绘制出图5-20所示的图形。使用选择工具💼选中该图形，在文档调色板中选择颜色（RGB：46、52、100）进行填充，在属性栏中将轮廓宽度设置为0.35pt。

24 使用选择工具💼选中上一步绘制出的图形，按小键盘上的"+"键进行复制，选中复制出的图形，按住Shift键，同时垂直向下移动到一定的距离。使用调和工具💼，选中一头的图形并拉向另一头的图形，在属性栏中设置调和对象，这里设置为10，得到效果如图5-21所示。

图5-20 绘制麻花图形　　图5-21 调和麻花图形

25 使用选择工具💼，框选中调节出的图形，鼠标单击右键，执行"组合对象"命令。

调和对象的设置要根据两个图形间的距离而定，设置完数值，若图形之间还有间隔，可以将白色正方形进行上下调节。

26 使用选择工具，选中上步组合后的图形，将其放置在图5-22所示的位置，单击鼠标右键，执行"Power Clip内部"命令，将箭头指向图形后的闭合区域，单击鼠标结束。单击调色板上方的图标⊠，取消外轮廓线，得到的效果如图5-23所示。

图5-22　摆放麻花图形

图5-23　填充麻花图形

27 使用椭圆形工具，绘制出一个上下方向的椭圆形。使用选择工具，在属性栏中将轮廓宽度设置为0.1pt，在文档调色板选择颜色（RGB：46、52、100）进行填充。双击该图形进入旋转模式，在属性栏中将旋转角度设置为30°，得到的效果如图5-24所示。

图5-24　绘制图形

28 使用选择工具，选中椭圆形图形，按小键盘上的"+"键进行复制，单击属性栏上的"水平镜像"图标，将翻转后的图形按图5-25所示的状态放置。

29 使用选择工具，框选中两个椭圆形，单击鼠标右键，执行"组合对象"命令。

30 使用选择工具，选中组合后的图形，按住Shift键，同时向下垂直移动到一定距离，如图5-26所示。

图5-25　复制并翻转图形　　图5-26　摆放图形

31 使用调和工具，选中一端的图形并拉向另一端的图形，然后松开鼠标，在属性栏中将调和对象设置为100，得到的效果如图5-27所示。

32 使用选择工具，框选中调和后的图形，单击鼠标右键，执行"组合对象"命令。

33 使用选择工具，选中组合后的图形，重复按小键盘上的"+"键进行复制，按住Shift键，将复制出的图形向左或向右平移放置，如图5-28所示。

图5-27　调和图形　　　图5-28　复制图形

34 使用选择工具，框选中上一步绘制好的图形，单击鼠标右键，执行"组合对象"命令。

35 使用选择工具、选中组合后的图形，单击鼠标右键，执行"Power Clip内部"命令，将箭头指向第3个闭合区域，单击鼠标结束。单击调色板上方的图标⊠，取消外轮廓线，得到的效果如图5-29所示。

图5-29　摆放图形

36 使用贝塞尔工具、和形状工具、绘制出图5-30所示的图形。使用选择工具、选中该图形，在文档调色板中选择颜色（RGB：46、52、100）进行填充，在属性栏中将轮廓宽度设置为0.35pt。

37 使用选择工具、选中上一步绘制出的图形，按小键盘上的"+"键进行复制，按住Shift键，同时垂直向下移动到一定的位置。使用调和工具、单击一端的图形并拉向另一端的图形，然后松开鼠标，在属性栏中将调和对象设置为10，得到的效果如图5-31所示。

图5-30　绘制麻花图形　　图5-31　调和麻花图形

38 使用选择工具、框选中调和后的图形，鼠标单击右键，执行"组合对象"命令。

39 使用选择工具、选中组合后的图形，按小键盘上的"+"键进行复制。

40 使用选择工具、选中复制出的图形，单击鼠标右键，执行"Power Clip内部"命令，将箭头指向第2个闭合区域，单击鼠标结束。单击调色板上方的图标⊠，取消外轮廓线，得到的效果如图5-32所示。

图5-32　填充麻花图形

41 使用上述步骤对第一个闭合区域进行填充。

42 使用手绘工具、，按住Shift键绘制出图5-33所示的3条直线段。使用选择工具、框选中3条直线段，在属性栏中将轮廓宽度设置为0.5pt。

图5-33　绘制并填充直线

43 使用选择工具、框选中左前片内绘制的图形，按小键盘上的"+"键进行复制，单击属性栏上的"水平镜像"图标，将翻转后的图形放置在右前片上，如图5-34所示。

44 使用贝塞尔工具、和形状工具、依照袖子的廓形，绘制出图5-35所示的图形。

45 使用手绘工具、依着袖子的走势绘制一条图5-36所示的直线段。使用选择工具、选中该线段，在属性栏中将轮廓宽度设置为0.5pt。

图5-34　复制并翻转图形

图5-35　绘制袖子轮廓

图5-36　绘制直线

46 使用选择工具 ，选中上步绘制出的直线段，按小键盘上的"+"键进行复制，按住Shift键，同时将其平移至一定的位置。使用调和工具 ，选中一条线段并将其拉向另一条线段，然后松开鼠标，在属性栏中设置调和对象。

47 使用选择工具 ，框选中上一步调和后的图形，单击鼠标右键，执行"组合对象"命令。

48 使用透明度工具 ，单击上一步组合图形的下端，向下拉扯进行调节，如图5-37所示。

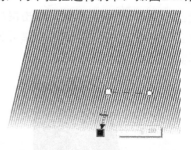

图5-37　调和直线图形

　　　平移直线段时，注意两条线段间的距离要大于袖子，在使用调和工具设置调和对象时，线段的间隔距离要与袖口的线段间隔距离一致。

49 使用选择工具 选中组合后的图形，单击鼠标右键，执行"Power Clip内部"命令，将箭头指向绘制的闭合区域，单击鼠标左键结束。单击调色板上方的图标，取消外轮廓线，得到的效果如图5-38所示。

图5-38　填充直线图形至衣袖

50 使用选择工具 选中左袖内填充的图形，按小键盘上的"+"键进行复制，选中复制出的图形，单击属性栏中的"水平镜像"图标 ，将翻转后的图形放置在右衣袖内，即完成了套头衫的绘制，最后的效果如图5-39所示。

图5-39 最后效果

5.1.2 基础开衫款式设计

开襟的针织衫，纽扣开襟，色彩丰富而且贴身舒适。在春天和秋天时搭配上一件好看的T恤是非常时尚的。针织开衫一般分成两类，一类是简洁的素色款式，穿着后比较正式，适合搭配衬衫或西裤，优雅大方；另一类是具有装饰效果的鲜艳色款式，很适合那些青春可爱的娇小女孩，搭配超短的MINI连衣裙和雪地靴。图5-40所示为基础开衫的CorelDRAW表现图。

图5-40 基础开衫的CorelDRAW效果图

下面介绍基础开衫的CorelDRAW绘制步骤。

01 执行"文件/导入"命令，导入女性人体模型。

02 使用贝塞尔工具、和形状工具、绘制出开衫的左前片，如图5-41所示。使用选择工具、选中左前片，在属性栏中将轮廓宽度设置为0.5pt。

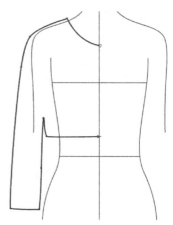

图5-41 绘制左前片

03 使用选择工具、选中左前片，按小键盘上的"+"键进行复制，单击属性栏上的"水平镜像"图标，将翻转后的衣片，放置在右边相应的位置，如图5-42所示。

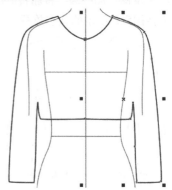

图5-42 合并左前片

04 使用选择工具、框选中整个衣片，单击属性栏上的"合并"图标。使用形状工具、框选中领口处相交的两个节点，单击属性栏上"连接两个节点"图标，得到的效果如图5-43所示。

图5-43 连接节点

05 使用形状工具、同样依照上述相同步骤，框选中底边中心两个相交的节点进行连接。

06 使用贝塞尔工具 和形状工具 绘制出开衫的底边和袖克夫，如图5-44所示。使用选择工具 ，框选中底边和袖克夫，在属性栏中将轮廓宽度设置为0.5pt。

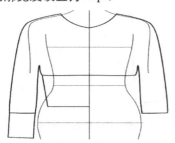

图5-44　绘制袖克夫和底边

07 使用选择工具 框选中底边和袖克夫，按小键盘上的"+"键进行复制，单击属性栏上的"水平镜像"图标 ，将翻转后的底边和袖克夫按图5-45所示的状态放置。

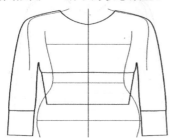

图5-45　复制并翻转图形

08 使用选择工具 框选中底边，单击属性栏上的"合并"图标 。使用形状工具 ，框选中底边中心相交的两个节点，单击属性栏上的"连接两个节点"图标 ，得到的效果如图5-46所示。

图5-46　连接节点

09 使用形状工具 ，同样依照上述相同步骤，框选中下摆处中心两个相交的节点并进行连接。

10 使用选择工具 ，双击文档调色板中的任意颜色，在弹出的对话框中单击"添加

颜色"，再单击"混合器"，输入数值（RGB：255、60、132），单击"确定"铵钮，完成添加颜色。

11 使用选择工具 框选中底边和袖克夫，在文档调色板中选择上一步添加的颜色（RGB：255、60、132）进行填充，得到的效果如图5-47所示。

图5-47　袖克夫和底边填充颜色

12 使用矩形工具 在开衫上绘制一个矩形图形，如图5-48所示。

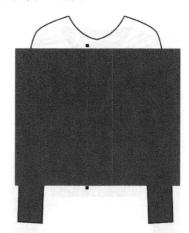

图5-48　绘制矩形图形

13 使用选择工具 选中该矩形，在文档调色板中选择颜色（RGB：255、60、132）进行填充。

14 使用透明度工具 ，单击矩形并向上拉扯来进行调节，如图5-49所示。

15 使用选择工具 选中矩形，单击鼠标右键，执行"顺序/到图层后面"命令。在菜单栏中执行"对象/图像精确裁剪/置于图文框内部"命令，将箭头放置在前片内，单击鼠标

完成填充，得到的效果如图5-50所示。

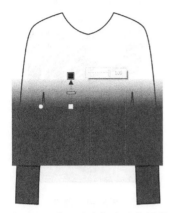

图5-49 对矩形进行透明度调节

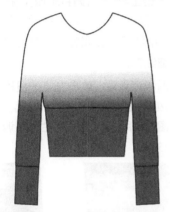

图5-50 将矩形填充至衣片内

16 使用椭圆形工具◯，在画面中绘制出一个随意大小的圆形，如图5-51所示。

17 使用转动工具◉，单击选中圆形，按住鼠标不动，直到得到的效果如图5-52所示。

图5-51 绘制圆形

图5-52 转动圆形

18 使用涂抹工具◉，对上一步绘制出的图形进行拉扯调节。使用选择工具◉选中调节好的图形，重复按小键盘上的"+"键进行复制，将复制出的图形进行排列，使用涂抹工具◉进行调节，得到的效果如图5-53所示。

19 使用选择工具◉框选中所有变形图形，单击鼠标右键，执行"组合对象"命令。

图5-53 效果

20 使用选择工具◉选中组合后的图形，将其放置在衣片上，找到合适的位置放置，如图5-54所示。

图5-54 摆放转动后的图形

21 使用选择工具◉选中变形图形，单击鼠标右键，执行"顺序/到图层后面"命令。在菜单栏中执行"对象/图像精确裁剪/置于图文框内部"命令，将箭头放置在前片内，单击鼠标即完成填充，得到的效果如图5-55所示。

图5-55 将转动后图形填充至衣片

22 使用贝塞尔工具 和形状工具 在领口处绘制出开衫的后片，如图5-56所示。使用选择工具 选择后片，在属性栏将轮廓宽度设置为0.5pt。

图5-56 绘制后片图形

23 使用选择工具 选择后片，在调色板中选择"20%黑"（CMYK：0、0、0、20）进行填充，得到的效果如图5-57所示。

图5-57 后片填充颜色

24 使用选择工具 选中在19步绘制出的变形图形，在调色板中选择"90%黑"（CMYK：0、0、0、90）进行填充。在菜单栏中执行"对象/图像精确裁剪/置于图文框内部"命令，将箭头放置在后片内，单击鼠标即可完成填充，得到的效果如图5-58所示。

图5-58 改变图形颜色

25 使用贝塞尔工具 和形状工具 在后领口绘制图5-59所示的图形。

图5-59 绘制领口图形

26 使用上述相同方法在领口以及门襟处绘制出相同的图形。使用选择工具 将这些图形的轮廓宽度设置为"细线"，选择颜色"黑"进行填充，再选择颜色"80%黑"单击右键，得到的效果如图5-60所示。

图5-60 效果

27 使用手绘工具 ，按住Ctrl键，在袖克夫上绘制出图5-61所示的两条线段。使用选择工具 选中线段，在属性栏中将轮廓宽度设置为"细线"。

28 使用调和工具 ，单击左边的线段并将其拉向右边的线段，然后松开鼠标，得到的效果如图5-62所示，在属性栏中将调和对象设置为25。

图5-61 绘制直线图形　　图5-62 调和直线图形

29 使用上述步骤，绘制出底边和右袖克夫的纹理，得到的效果如图5-63所示。

图5-63 效果

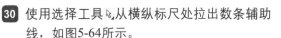

30 使用选择工具✒️从横纵标尺处拉出数条辅助线，如图5-64所示。

图5-64 拉出辅助线

31 使用椭圆形工具◯绘制出一个圆形，在属性栏中将对象大小设置为0.8mm，将轮廓宽度设置为"细线"，在调色板中选择"白色"进行填充，选择"60%黑"后单击鼠标右键，改变外轮廓线颜色，即完成一颗扣子的绘制。

32 使用选择工具✒️选中扣子，重复按7次小键盘上的"+"键进行复制，将复制出的扣子依着辅助线放置，如图5-65所示。

图5-65 摆放扣子

33 使用贝塞尔工具✒️和形状工具✒️绘制出开衫的褶皱线，如图5-66所示。使用选择工具，框选中褶皱线，在属性栏中将轮廓宽度设置为0.35pt。

图5-66 绘制褶皱线

34 使用星形工具✰绘制出一个星形图案，在属性栏中将点数或边数设置为6，在调色板中选择"白色"并连续单击鼠标左右键，使用形状工具进行调节。使用选择工具✒️选中星形图案，将其放置在图5-67所示的位置，即完成了基础开衫的绘制。

图5-67 最后效果

5.2 变化针织衫款式设计

5.2.1 短款变化针织衫

各种技术的进步让针织衫也可以丰富多彩，奇怪的印花图案，多样变化的款式，奇特的针织方法和材质的混搭选择，通通都给看似平凡的针织衫注入了新的元素。图5-68所示为短款变化针织衫的CorelDRAW表现图。

图5-68 短款变化针织衫的CorelDRAW效果图

下面介绍短款变化针织衫的CorelDRAW绘制步骤。

01 执行"文件导入"命令，导入女性人体模型。

02 使用贝塞尔工具和形状工具绘制出服装的左前片，如图5-69所示。

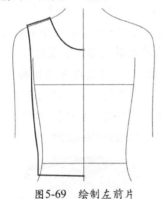

图5-69 绘制左前片

03 使用选择工具选中左前片，按小键盘上的"+"键进行复制，单击属性栏上的"水平镜像"图标，将翻转后的衣片放置在图5-70所示的位置。

图5-70 合并左前片

04 使用选择工具框选中整个前片，单击属性栏上的"合并"图标。使用形状工具框选中衣领中心处的两个节点，单击属性栏上的"连接两个节点"图标，得到的效果如图5-71所示。

图5-71 连接节点

05 使用上述步骤，框选中底边中心处两个节点，进行连接。

06 使用矩形工具，在衣服的底边绘制图5-72所示的一个矩形。使用选择工具选中该矩形，在调色板中选择"粉蓝"（CMYK：20、20、0、0）进行填充，再单击调色板上方的图标，取消矩形的外轮廓线。

图5-72 绘制底边

07 使用贝塞尔工具和形状工具绘制出衣袖，如图5-73所示。

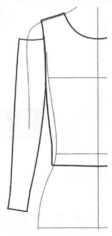

图5-73 绘制袖子

08 使用选择工具选中衣袖，按小键盘上的"+"键进行复制，单击属性栏上的"水平

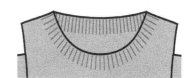

镜像"图标，将翻转后的衣袖放置在图5-74所示的位置。使用选择工具，框选中前片和衣袖，在属性栏中将轮廓宽度设置为0.75pt，在调色板中选择"粉蓝"（CMYK：20、20、0、0）进行填充。

图5-78 罗纹效果

13 参考基础开衫绘制的第27和28步绘制，得到的效果如图5-79所示。

图5-74 针织衫填充颜色

图5-79 在底边和袖口绘制直线图形

09 使用贝塞尔工具和形状工具绘制如图5-75所示的衣服的后片。

14 使用贝塞尔工具和形状工具绘制出图5-80所示的3个闭合图形。

图5-75 绘制后片图形

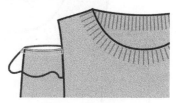

图5-80 绘制荷叶边

10 使用选择工具选中后片，单击鼠标右键，执行"顺序/到图层后面"命令。在调色板中选择"粉蓝"进行填充，得到的效果如图5-76所示。

15 使用选择工具框选中上一步绘制出的3个图形，在调色板中选择"粉蓝"进行填充，得到的效果如图5-81所示。

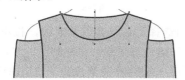

图5-76 后片填充颜色

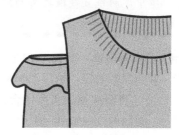

图5-81 荷叶边填充颜色

11 使用贝塞尔工具和形状工具绘制出图5-77所示的一条曲线。

16 使用手绘工具，按住Shift键绘制出一条直线段。使用选择工具选中该线段，在属性栏中将轮廓宽度设置为0.35pt，再按小键盘上的"+"键进行复制，选中复制出的线段，按住Shift键进行平行移动。

图5-77 绘制曲线

17 使用调和工具，单击左边的线段并将其拉向右边的线段，然后松开鼠标，在属性栏中设置调和对象，这里将调和对象设置为28。

12 参考4.1.1小节女款圆领T恤绘制的第15步至18步绘制罗纹效果，在这里将绘制的直线的对象大小的长度设置为4.5mm，得到的效果如图5-78所示。

18 使用选择工具选中调和出的图形，按小键盘上的"+"键进行复制，双击复制出的图形，进行旋转，得到的效果如图5-82所示。

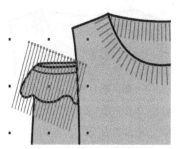

图5-82　调和直线图形

19 使用选择工具 ❧，选中旋转后的图形，单击鼠标右键，执行"Power Clip内部"命令，将箭头指向红色闭合图形，单击鼠标，得到的效果如图5-83所示。

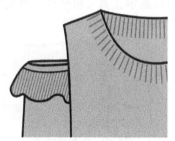

图5-83　填充直线图形

> **提示**
> 第16步中，两条直线段之间的距离要大于18步绘制的红色闭合图形。

20 使用选择工具 ❧，选中第16～17步绘制出的图形，单击鼠标右键，执行"Power Clip内部"命令，将箭头指向黄色闭合图形，单击鼠标，得到的效果如图5-84所示。

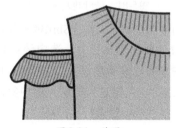

图5-84　效果

21 使用选择工具 ❧，框选中袖子上的3个闭合图形，按小键盘上的"+"键进行复制，单击属性栏上的"水平镜像"图标 ⬌，将翻转后的图形放置在图5-85所示的位置。

22 使用手绘工具 ，按住Shift键绘制出一条直线，单击阴影工具图标，在弹出的菜单中选择

变形工具 ，在属性栏中单击"拉链变形"图标 ，单击直线的一段并将其拉向另一端，然后松开鼠标，得到的效果如图5-86所示。

图5-85　复制并翻转荷叶边

图5-86

> **提示**
> 绘制的直线长度要长于衣服的胸围宽度。

23 使用选择工具 ❧，在属性栏中单击"平滑变形"图标 ，将拉链振幅设置为7，拉链频率设置为100，再单击左侧的白色菱形，然后向右拉扯进行调整。使用选择工具 ❧，选中变形后的波浪线，在属性栏中将轮廓宽度设置为0.1pt，在调色板中选择"粉蓝"进行填充，得到的效果如图5-87所示。

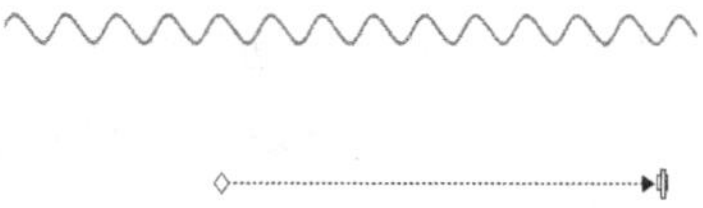

图5-87

24 使用选择工具 ❧，选中波浪线，按小键盘的"+"键进行复制，将复制出的波浪线向左或向右移动一个波浪放置。使用选择工具 ❧，框选中两条波浪线，单击鼠标右键，执行"组合对象"命令。

25 使用选择工具 ❧，框选中组合后的波浪线，按小键盘上的"+"键进行复制，按住Shift键将复制出的图形向下移动到一定的位置，如图5-88所示。

╳╳╳╳╳╳╳╳╳╳╳╳╳╳

╳╳╳╳╳╳╳╳╳╳╳╳╳╳

图5-88

> **提示**
>
> 第25步中，两个波浪图形之间的距离要长于衣长。

26 使用调和工具 🔧，单击上端的波浪图形并将其拉向下端的波浪图形，在属性栏中设置调和对象，在这里将调和对象设置为65，得到的效果如图5-89所示。

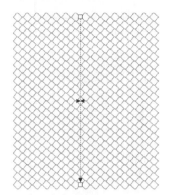

图5-89 绘制网格图形

27 使用选择工具 🔧 选中调和出的波浪图形，按小键盘上的"+"键进行复制。选中调和出的波浪图形，单击鼠标右键，执行"Power Clip内部"命令，将箭头放置在前片内，单击鼠标，得到的效果如图5-90所示。

图5-90 填充网格图形至前片

28 使用上述步骤，对后片进行波浪图形填充，得到的效果如图5-91所示。

> **提示**
>
> 第26步中，设置完调和对象数值之后，如果图形间还有间隔或者重叠，可以选中图形上的白色正方形向上或向下拉扯调整。

图5-91 填充网格图形至后片

29 使用手绘工具 🔧 绘制出图5-92所示的3个闭合图形。

图5-92 绘制图形

30 使用贝塞尔工具 🔧 和形状工具 🔧 绘制出图5-93所示图形。使用选择工具 🔧 选择图形，在调色板中选择"粉蓝"进行填充，在属性栏中将轮廓类型设置为细线。

图5-93 绘制花瓣图形

31 使用选择工具 🔧 框选中上一步绘制出的图形，单击鼠标右键，执行"组合对象"命令。选中组合后的图形，按小键盘上的"+"键进行复制，将复制出的图形在按住Shift键的同时向下移动。

32 使用调和工具 🔧，单击上端的图形并将其拉向下端图形，在属性栏中设置调和对象，在这里将调和对象设置为60，得到的效果如图5-94所示。

图5-94　调和花瓣图形

33 使用选择工具，选择调和出的图形，在属性栏中将旋转角度设置为30°，重复按5次小键盘上的"+"键进行复制，依次选中复制出的图形，在属性栏中改变对象位置的X坐标值，每次输入数值比上次小4mm。

34 使用选择工具，框选中复制出的所有图形，单击鼠标右键，执行"组合对象"命令。按小键盘上的"+"键进行复制，单击属性栏上的"水平镜像"图标，得到的效果如图5-95所示。

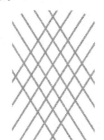

图5-95　复制并翻转图形

35 使用选择工具，框选中上步绘制出的图形，单击鼠标右键，执行"组合对象"命令，将其放置在图5-96所示的位置。

36 使用选择工具，选中图形并单击鼠标右键，执行"Power Clip内部"命令，将箭头放置在前片中最大的闭合图形内，单击鼠标。单击调色板上方的图标，取消图形的外轮廓线，得到的效果如图5-97所示。

图5-96　摆放花瓣图形

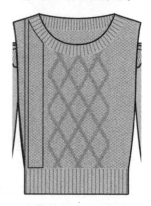

图5-97　填充花瓣图形

37 使用贝塞尔工具和形状工具绘制出图5-98所示的图形。使用选择工具选中该图形，在属性栏中将轮廓类型设置为细线，按小键盘上的"+"键进行复制，选中复制出的图形，按住Shift键，同时向下移动到比前片中第2个闭合图形长的距离。

38 使用调和工具，单击上端的图形并将其拉向下端图形，在属性栏中设置调和对象，在这里将调和对象设置为60，得到的效果如图5-99所示。

图5-98　绘制麻花图形　　　图5-99　调和麻花图形

39 使用选择工具 ▹ 选中调和出的图形，按小键盘上的"+"键进行复制。使用选择工具 ▹ 选中这两个图形，单击鼠标右键，执行"Power Clip内部"命令，将箭头放置在第2个闭合图形内，单击鼠标。单击调色板上方的图标 ⊠，取消图形的外轮廓线，得到的效果如图5-100所示。

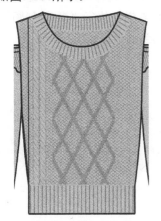

图5-100 填充麻花图形

40 使用手绘工具 ▹，按住Shift键，绘制图5-101所示的3条直线段。使用选择工具 ▹ 在属性栏中将左右两条直线的轮廓宽度设置为0.5pt，中间直线的宽度设置为0.35pt。

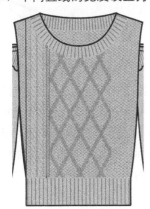

图5-101 绘制并填充直线图形

41 使用选择工具 ▹ 选中36步绘制出的图形，按小键盘上的"+"键进行复制。框选中这两个图形，单击鼠标右键，执行"Power Clip内部"命令，将箭头放置在第1个闭合图形内，单击鼠标，再单击调色板上方的图标 ⊠，取消图形的外轮廓线，得到的效果如图5-102所示。

42 使用选择工具 ▹ 框选中左前片内的所有图形，按小键盘上的"+"键进行复制，单击属性栏上的"水平镜像"图标 ▥，将翻转后的图形放置在图5-103所示的位置。

图5-102 填充麻花图形

图5-103 复制并翻转图形

43 使用手绘工具 ▹ 和形状工具 ▹ 绘制出衣服的褶皱线。使用选择工具 ▹ 框选中褶皱线，在属性栏中将轮廓宽度设置为0.35pt，即完成了短款变化针织衫的绘制，得到的最后效果如图5-104所示。

图5-104 最后效果

5.2.2 长款变化针织衫

长款针织衫无论是搭配长裤还是短裙，亦或者是当作裙子穿，只要随你心意，无论怎样变化都会让你美丽动人。图5-105所示为长款变化针织衫的CorelDRAW表现图。

图5-105 长款变化针织衫的CorelDRAW效果图

下面介绍长款变化针织衫的CorelDRAW绘制步骤。

01 执行"导入/文件"命令，导入女性人体模型。

02 使用贝塞尔工具 和形状工具 绘制出图5-106所示的左前片。

图5-106 绘制左前片

03 使用贝塞尔工具 和形状工具 绘制出图5-107所示的右前片。

图5-107 绘制右前片图形

04 使用选择工具 用鼠标双击文档调色板上的任意颜色，在弹出的窗口中单击"添加颜色"图标，在弹出的菜单中单击"混合

器"图标，输入要添加颜色的值（RGB：227、196、167），单击"确定"按钮完成颜色添加。

05 使用选择工具 框选中整个前片，在属性栏中将轮廓宽度设置为1.0pt，在文档调色板中选择上一步添加的颜色（RGB：227、196、167）进行填充。再选中右前片，单击鼠标右键，执行"顺序/到图层后面"命令，得到的效果如图5-108所示。

图5-108 前片填充颜色

06 使用贝塞尔工具 和形状工具 在服装的底边绘制一条曲线，如图5-109所示。

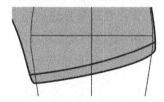

图5-109 绘制曲线

07 使用手绘工具 绘制出一条直线段。使用选择工具 选中该直线，按Alt+Enter快捷键，在弹出的对象属性窗口中，单击"圆形端头"图标，将轮廓宽度设置为0.75pt。按小键盘上的"+"键进行复制，将两条直线按图5-110所示的状态放置。

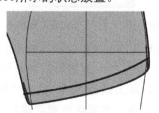

图5-110 绘制并摆放直线

08 使用调和工具 ，单击左端的直线并将其拉向右端直线，然后松开鼠标，在属性栏中设置调和对象，在这里将调和对象设置为40，得到的效果如图5-111所示。

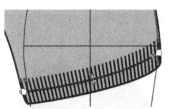

图5-111　调和直线图形

09 使用选择工具，右键单击上一步调和出的直线段，执行"拆分路径群组上的混合"命令，单击选中步骤6绘制出的曲线，按Delete键删除。

10 使用上述步骤绘制出袖口的罗纹，得到的效果如图5-112所示。

图5-112　罗纹效果

11 使用手绘工具，按住Shift键绘制出一条长于衣长直线段。使用选择工具选中该直线，在属性栏中将轮廓宽度设置为0.1pt，按小键盘上的"+"键进行复制，按住Shift键将复制出的直线往左或往右平移到宽于左前片的距离。

12 使用调和工具，单击左端的直线并将其拉向右端直线，然后松开鼠标，在属性栏中设置调和对象，这里将调和对象设置为300，得到的效果如图5-113所示。

图5-113　调和直线图形

13 使用选择工具选中调和出的图形，双击该图形，进行旋转，得到的效果如图5-114所示。

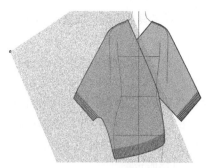

图5-114　旋转直线图形

14 使用选择工具选中旋转后的图形，单击鼠标右键，执行"Power Clip内部"命令，将箭头放置在左前片内，单击鼠标，得到的效果如图5-115所示。

图5-115　填充直线图形

15 使用贝塞尔工具和形状工具绘制出图5-116所示的3个闭合图形。

图5-116　绘制针织衫上的分割面

16 执行"文件/导入"命令，导入一张针织面料图片，如图5-117所示。

图5-117　导入针织面料图片

17 使用选择工具，用鼠标双击面料图片，进行旋转调整。

18 使用选择工具，选中调整后的面料图片，单击鼠标右键，执行"Power Clip内部"命令，将箭头放置在最左边的闭合图形内，单击鼠标。用鼠标右键单击调色板上方的图标⊠，取消图形的外轮廓线，得到的效果如图5-118所示。

图5-118 填充面料图片

19 使用上述步骤，对最右边的闭合图形进行针织面料填充，得到的效果如图5-119所示。

图5-119 填充面料图片

20 使用选择工具，选择服装上中间的闭合图形，在调色板中选择"砖红"（CMYK：0、60、80、20）进行填充。用鼠标右键单击调色板上方的图标⊠，取消图形的外轮廓线，得到的效果如图5-120所示。

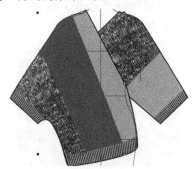

图5-120 填充颜色

21 使用透明度工具，单击砖红色图形上方，然后向下拉扯调整，如图5-121所示。

图5-121 进行透明度调节

22 使用手绘工具绘制出图5-122所示的直线段。使用选择工具，选中该直线段，在属性栏中将轮廓宽度设置为0.75pt。

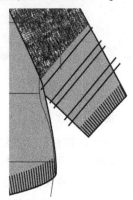

图5-122 在袖口绘制直线图形

23 使用选择工具，框选中上一步绘制出的直线段，单击鼠标右键，执行"Power Clip内部"命令，将箭头放置在右前片内，单击鼠标，得到的效果如图5-123所示。

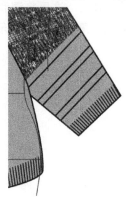

图5-123 填充直线图形

24 使用选择工具，从横纵标尺处拉出数条辅助线，如图5-124所示。

25 使用手绘工具 ，依着辅助线，绘制出图5-125所示的图形。

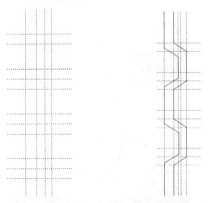

图5-124 拉出辅助线 图5-125 绘制两根折线

26 使用选择工具 ，框选中上一步绘制出的两个图形，在属性栏中将轮廓宽度设置为4pt。在菜单栏中执行"对象/将轮廓转换为对象"命令，在属性栏中将轮廓宽度设置为0.5pt，在文档调色板中选择颜色（RGB：227、196、167）进行填充，选择"黑色"并用鼠标右键单击，改变轮廓线颜色，得到的效果如图5-126所示。

27 使用选择工具 ，框选中上一步绘制出的两个图形，按小键盘上的"+"键进行复制，单击属性栏上的"水平镜像"图标 ，将翻转后的图形按图5-127所示的状态放置。

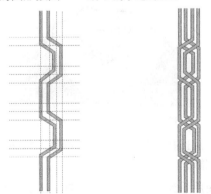

图5-126 调整并填充折线 图5-127 复制并翻转折线

28 使用选择工具 ，框选中上一步绘制出的图形，单击鼠标右键，执行"组合对象"命令。

29 使用贝塞尔工具 和形状工具 绘制出图5-128所示的图形。使用选择工具 选中该图形，在属性栏中将轮廓宽度设置为0.5pt。

图5-128 绘制图形

30 使用选择工具 选中上一步绘制出的图形，按小键盘上的"+"键进行复制。选中复制出的图形，按住Shit键，向下平移至长于衣长的位置。

31 使用调和工具 ，单击上端的直线并将其拉向下端直线，然后松开鼠标，在属性栏中设置调和对象，在这里将调和对象设置为40，得到的效果如图5-129所示。

32 使用选择工具 ，将24至30步绘制出的图形按图5-130所示的状态放置。使用选择工具 ，框选中这些图形，单击鼠标右键，执行"组合对象"命令。

图5-129 调和图形 图5-130 组合图形

33 使用选择工具 选中上一步组合后的图形，用鼠标双击并进行旋转，得到的效果如图5-131所示。

图5-131 摆放图形

34 使用选择工具 ▶ 选中旋转后的图形，单击鼠标右键，执行"Power Clip内部"命令，将箭头放置在第2个闭合图形内，单击鼠标，得到的效果如图5-132所示。

图5-132　填充图形

35 使用贝塞尔工具 ✎ 和形状工具 ⬚ 绘制出图5-133所示的图形。使用选择工具 ▶ 选中该图形，在属性栏中将轮廓宽度设置为1.0pt。

图5-133　绘制领子廓形

36 使用选择工具 ▶ ，选中上一步绘制出的图像，在文档调色板中选择颜色（RGB 227、196、167）进行填充，得到的效果如图5-134所示。

图5-134　领子填充颜色

37 使用选择工具 ▶ 选中11步调和出的直线图形，单击鼠标右键，执行"Power Clip内部"命令，将箭头放置在领子内，单击鼠标，得到的效果如图5-135所示。

38 使用贝塞尔工具 ✎ 和形状工具 ⬚ 绘制出图5-136所示的图形。使用选择工具 ▶ 选中该图形，在属性栏中将轮廓宽度设置为1.0pt。

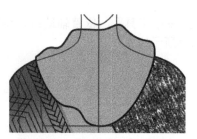

图5-135　填充直线图形至领子

图5-136　绘制领口图形

39 使用选择工具 ▶ 用鼠标双击文档调色板上的任意颜色，在弹出的窗口中单击"添加颜色"图标，在弹出的菜单中单击"混合器"图标，输入要添加颜色的值（RGB：178、146、131），单击"确定"按钮完成颜色添加。

40 使用选择工具 ▶ 选中上一步绘制出的图像，在文档调色板中选择颜色（RGB：178、146、131）进行填充，得到的效果如图5-137所示。

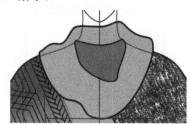

图5-137　领口图形填充颜色

41 使用选择工具 ▶ 选中人体模型，按Delete键删除。

42 使用手绘工具 ✎ 和形状工具 ⬚ 在领子上绘制出图5-138所示的褶皱线。使用选择工具，将褶皱线设置为0.5pt。

图5-138　绘制领子上的褶皱线

43 使用选择工具🖱选中32步绘制出的领子外廓形并进行缩放。在调色板中选择"90%黑"进行填充，单击调色板上方的图标⊠，取消图形的轮廓线来作为阴影，得到的效果如图5-139所示。

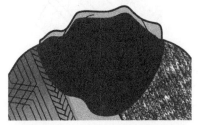

图5-139　绘制并填充阴影图形

44 使用透明度工具🖱，对上一步绘制出的阴影图形进行透明度调整，如图5-140所示。

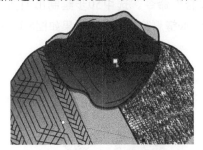

图5-140　对阴影进行透明度调节

45 使用选择工具🖱选中阴影图形，单击鼠标右键，执行"顺序/置于此对象后"命令。将箭头放置在领子上，单击鼠标，得到的效果如图5-141所示。

图5-141　调整阴影

46 使用贝塞尔工具🖊和形状工具🖱绘制出领子上的阴影，如图5-142所示。使用选择工具🖱选择颜色（RGB：178、146、131）填充。

47 使用手绘工具🖱，在右袖上绘制图5-143所示的图形，选中该图形，在文档调色板中选择颜色（RGB：178、146、131）进行填充。单击调色板上方的图标⊠，取消轮廓线。

图5-142　绘制并填充阴影图形

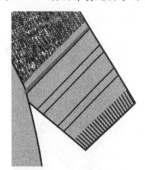

图5-143　绘制阴影图形

48 使用透明度工具🖱，对上一步绘制的图形进行透明度调整，如图5-144所示。

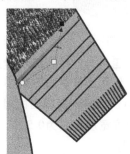

图5-144　对阴影进行透明度调节

49 使用选择工具🖱选中右袖上的阴影图形，重复按两次小键盘上的"+"键进行复制，将复制出的阴影图形按图5-145所示的状态放置。

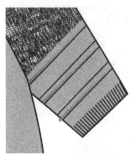

图5-145　复制阴影图形

50 使用选择工具🖱框选中3个阴影图形，单击鼠标右键，执行"Power Clip内部"命令，将箭头放置在右袖内，单击鼠标，得到的效果如图5-146所示。

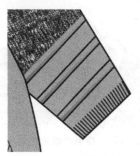

图5-146　填充阴影图形

51 使用贝塞尔工具 和形状工具 在左前片上绘制出图5-147所示的一根曲线。

图5-147　绘制曲线

52 使用手绘工具 ，按住Shift键绘制出一条直线段。使用选择工具，选中该线段，按Alt+Enter快捷键，在弹出的对象属性窗口中，将轮廓宽度设置为0.5pt，单击"圆形端头"图标。

53 使用选择工具 用鼠标双击直线段，在属性栏上将旋转角度设置为80°，选中旋转后的线段，按小键盘上的"+"键进行复制，按图5-148所示的状态放置。

图5-148　绘制并摆放直线

54 使用调和工具 ，单击上端的直线并将其拉向下端直线，然后松开鼠标，在属性栏中

设置调和对象，在这里将调和对象设置为16，得到的效果如图5-149所示。

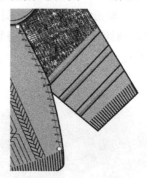

图5-149　调和直线图形

55 使用选择工具 用鼠标右键单击上一步调和出的直线段，执行"拆分路径群组上的混合"命令。选中50步绘制出的曲线，按Delete键删除，得到的效果如图5-150所示。

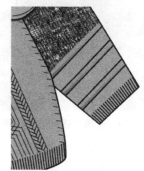

图5-150　调整直线图形

56 使用手绘工具 和形状工具 绘制出前片上的褶皱线。使用选择工具 ，选中褶皱线，在属性栏中将轮廓线的宽度设置为0.5pt，即完成了长款变化针织衫的绘制，得到最后的效果如图5-151所示。

图5-151　最后效果

5.3 课后练习

5.3.1 练习一：绘制短款开衫

该练习为绘制短款开衫，如图5-152所示。

图5-152 短款开衫

步骤提示：

01 使用贝塞尔工具和形状工具绘制开衫的基本廓形（前片、袖子、底边分开为单独图形）。

02 使用选择工具填充颜色。

03 使用贝塞尔工具和形状工具绘制出领口和门襟图形。

04 使用贝塞尔工具绘制直线，使用调和工具调和，将其填充至前片和袖子。

05 使用艺术笔工具在领口、袖口、底边绘制罗纹效果。

06 使用贝塞尔工具和形状工具绘制蝴蝶结扣子和开衫上的天鹅图形。

07 使用选择工具将天鹅填充颜色。

5.3.2 练习二：绘制长款套头衫

该练习为绘制长款套头衫，如图5-153所示。

图5-153 长款套头衫

步骤提示：

01 使用贝塞尔工具和形状工具绘制服装的基本廓形。

02 使用选择工具填充颜色。

03 使用贝塞尔工具和形状工具绘制服装上的分割面和口袋。

04 使用贝塞尔工具和形状工具绘制千鸟格图形。使用调和工具调和。

05 使用选择工具为口袋填充颜色。

06 使用艺术笔工具在领口、底边和口袋边绘制罗纹效果。

第6课
外套款式设计

外套，又称为大衣，是穿在最外的服装。其在穿着时可覆盖上身的其他衣服，它的前端有纽扣或者拉链以便穿着。外套的款式包含的有连帽外套、罩衫外套、运动外套、夹克、风衣、西装外套、牛仔外套等形式。它的材质包括有棉、皮、羊毛、单宁布、羽绒等。下面介绍卫衣、夹克、西装、大衣和马甲这5种外套的设计和绘制。

本课知识要点

- 贝塞尔工具和形状工具的使用（绘制服装的基本廓形）
- 艺术笔工具的使用（服装中罗纹的表现）
- 变形工具的使用（服装中毛边的表现）
- 调和工具的使用（拉链的表现）
- 各个款式的细节处理方法

6.1 卫衣款式设计

春秋季节卫衣是首选，卫衣一般显得宽大，是休闲类服饰中很受欢迎的一种。由于融合舒适与时尚，卫衣成了各年龄段运动者的首选装备。卫衣的料子一般比普通的长袖衣服要厚。袖口紧缩有弹性，衣服的下边和袖口的料子是一样的。

一般女式卫衣款式有套头、开胸衫、修身、长衫、短衫，白色为主色调的中袖卫衣、无袖衫等，主要以时尚舒适为主，多为休闲风格。男式卫衣款式有套头、开胸衫、长衫、短衫等，也主要以时尚舒适为主，多为商务休闲、运动休闲风格。

6.1.1 连帽卫衣

连帽卫衣宽松而随性的设计，加上帽子，更显出一份活力气息。虽然只是简单的连帽，却也可以拥有无限多种变化与可能。可以将极具中国特色的虎头刺绣融入其中，也可以将动物造型融入其中，极具创意与新意。图6-1所示为连帽卫衣的CorelDRAW效果图。

图6-1 连帽卫衣的CorelDRAW效果图

下面介绍连帽卫衣的CorelDRAW绘制步骤。

01 执行"文件/导入"命令，导入女性人体模型。

02 使用贝塞尔工具 和形状工具 绘制出图6-2所示的左前片。使用选择工具 选中上一步绘制出的左前片，按小键盘上的"+"键进行复制，单击属性栏上的"水平镜像"图标 ，将翻转后的衣片放置在图6-3所示的位置。

03 使用选择工具 框选中整个前片，单击属性栏中的"合并"图标 。

图6-2 绘制左前片

图6-3 合并前片

04 使用形状工具 ，框选中衣领中心处的两个节点，单击属性栏中的"连接两个节点"图标 ，得到的效果如图6-4所示。

图6-4 连接节点

05 使用上述步骤，对下摆中心处的两个节点进行连接。

06 使用贝塞尔工具 ，和形状工具 ，在袖子和底边处绘制出图6-5所示的图形两个闭合图形。

图6-5　绘制袖口和底边

07 使用选择工具 ，框选中整件服装，在属性栏中将轮廓宽度设置为1.0pt，在调色板中选择"白色"进行填充。框选中袖口和底边，单击鼠标右键，执行"顺序/置于此对象后"命令，将箭头放置在前片内，单击鼠标，得到的效果如图6-6所示。

图6-6　复制并翻转袖口和底边

08 使用贝塞尔工具 ，和形状工具 ，绘制出图6-7所示的一个闭合图形。

09 使用选择工具 ，选中上一步绘制出的图形，在调色板中选择"黑色"进行填充。用鼠标右键单击调色板上方的图标⊠，取消图形的轮廓线，得到的效果如图6-8所示。

10 使用选择工具 ，选中上一步绘制出的图形，按小键盘上的"＋"键进行复制，单击属性栏上的"水平镜像"图标 ，将翻转后的图形，放置在图6-9所示的位置。

图6-7　绘制袖前片

图6-8　袖前片填充颜色

图6-9　复制并翻转袖前片

11 使用贝塞尔工具 ，和形状工具 ，绘制出图6-10所示的两个闭合图形。使用选择工具，分别将外图形的轮廓宽度设置为1.0pt，将内图形的轮廓宽度设置为0.1pt。

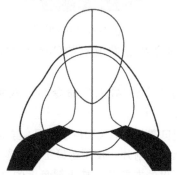

图6-10　绘制帽子廓形

12 使用选择工具 ，框选中上一步绘制出两个闭合图形，按小键盘上的"＋"键进行复制，将复制出的图形放置在画面的一旁。

13 使用选择工具 ，选中内闭合图形，单击鼠标右键，执行"顺序/到图层前面"命令。框选中帽子，在调色板中选择"白色"进行填充，得到的效果如图6-11所示。

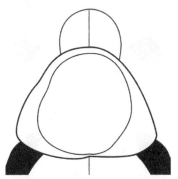

图6-11 帽子廓形填充颜色

14 使用椭圆形工具○绘制一个椭圆形。使用选择工具▷选中该椭圆形，在调色板中选择"黑色"进行填充，用鼠标右键单击调色板上方的图标⊠，得到的效果如图6-12所示。

图6-12 绘制耳朵图形

15 使用选择工具▷选中上一步绘制出的图形，单击鼠标右键，执行"顺序/到图层后面"命令。按小键盘上的"+"键进行复制，单击属性栏上的"水平镜像"图标⇢，选中翻转后的图形，同时按住Shift键，将其平移至图6-13所示的位置。

图6-13 复制并翻转耳朵图形

16 执行"文件/导入"命令，导入一张毛绒面料的图片，如图6-14所示。

图6-14 导入图片

17 使用变形工具♡，单击属性栏中的"拉链变形"图标❀，再单击"随机变形"图标◔，设置拉链频率（在这里我们设置为90），拉扯图中的白色正方形进行调整，得到的效果如图6-15所示。

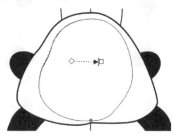

图6-15 曲线变形

18 使用选择工具▷选中变形后的图形，按小键盘上的"+"键进行复制，将复制出的图形放置在画面的一旁。

19 使用选择工具▷选中毛绒面料图片，单击鼠标右键，执行"Power Clip内部"命令，将箭头放置在变形后的闭合图形内，单击鼠标，得到的效果如图6-16所示。

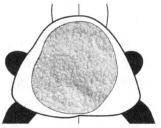

图6-16 填充图片

20 使用选择工具▷选中在19步复制出的图形，在调色板中选择"深褐"（CMYK：0、20、20、60）进行填充，用鼠标右键单击调色板上方的图标⊠，取消图形的轮廓线。选中该图形，将其放置在图6-17所示的位置。

图6-17 填充颜色至帽子的里子

21 使用透明度工具🅰️，单击褐色图形进行调节，如图6-18所示。

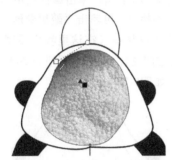

图6-18 对帽子的里子进行透明度调节

22 使用贝塞尔工具✒️和形状工具🅰️绘制出图6-19所示的图形，并对其进行变形操作。

图6-19 绘制图形

23 使用选择工具🅰️选中毛绒面料图片，单击鼠标右键，执行"Power Clip内部"命令，将箭头放置在上一步绘制的图形内，单击鼠标。用右键单击调色板上方的图标⊠，取消轮廓线，得到的效果如图6-20所示。

24 使用贝塞尔工具✒️和形状工具🅰️绘制出图6-21所示的图形，并对其进行变形操作。

25 使用选择工具🅰️选中上一步绘制出的图形，按小键盘上的"+"键进行复制，将其放置在画面的一旁。

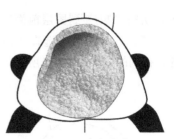

图6-20 填充图片

图6-21 绘制图形

26 参照24步，对25步绘制出的图形进行毛绒面料填充，得到的效果如图6-22所示。

图6-22 填充图片

27 使用选择工具🅰️选中在26步复制出的图形，在调色板中选择"深褐"进行填充。用鼠标右键单击调色板上方的图标⊠，得到的效果如图6-23所示。

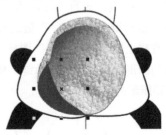

图6-23 填充颜色

28 使用透明度工具🅰️，单击上一步绘制出的图形并进行调节，如图6-24所示。

29 使用贝塞尔工具✒️和形状工具🅰️绘制出图6-25所示的图形。使用选择工具🅰️选中该图形，在调色板中选择"深褐"进行填充，再用鼠标右键单击调色板上方的图标⊠取消图形的轮廓线。

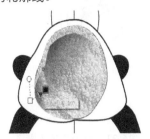

图6-24 透明度调节

图6-25 后片图形填充颜色

30 使用透明度工具，单击上一步绘制出的图形并进行调节，如图6-26所示。

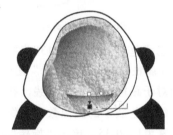

图6-26 对后片阴影进行透明度调节

31 使用贝塞尔工具和形状工具绘制出图6-27所示的图形。使用选择工具选中该图形，在调色板中选择"深褐"进行填充，用鼠标右键单击调色板上方的图标⊠，取消图形的轮廓线。使用透明度工具，单击上一步绘制出的图形并对其进行调和。

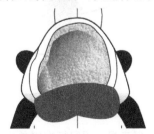

图6-27 绘制图形阴影图形

32 使用选择工具选中12步绘制出的图形中的外闭合图形，在调色板中选择"深褐"进行填充，再用鼠标右键单击调色板上方的

图标⊠，取消图形的轮廓线。使用透明度工具，单击该图形并进行调节，得到的效果如图6-28所示。

图6-28 调整图形

33 使用选择工具从横纵标尺处拉出数条辅助线。使用贝塞尔工具和形状工具依着辅助线绘制出图6-29所示的一个闭合图形。

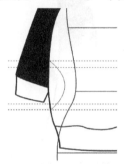

图6-29 绘制闭合图形

34 使用选择工具选中毛绒面料图片，单击鼠标右键，执行"Power Clip内部"命令，将箭头放置在上一步绘制出的图形内，单击鼠标左键。用鼠标右键单击调色板上方的图标⊠，取消轮廓线，得到的效果如图6-30所示。

图6-30 填充图片至口袋里子

35 使用3点曲线工具绘制出图6-31所示的一根曲线。

36 使用选择工具选择上一步绘制出的曲线，

在属性栏中将轮廓宽度设置为4.0pt，得到的效果如图6-32所示。

图6-31　绘制口袋边

图6-32　调整口袋边

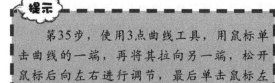

第35步，使用3点曲线工具，用鼠标单击曲线的一端，再将其拉向另一端，松开鼠标后向左右进行调节，最后单击鼠标左键即可。

37 使用选择工具 ，选中曲线，在菜单栏中执行"对象/将轮廓转换为对象"命令。在属性栏中将轮廓宽度设置为0.5pt，在调色板中选择"白色"进行填充，再使用形状工具进行相应的调整，得到的效果如图6-33所示。

38 使用3点曲线工具 在上一步绘制出的图形中绘制出一条曲线，如图6-34所示。

39 使用手绘工具 ，按住Shift键绘制出一条直线，使用艺术笔工具 在属性栏中单击"喷涂"图标 ，将喷射图样选择为"新喷涂列表"，再选中绘制出的直线，单击属性栏中的"添加到喷涂列表"图标 。

图6-33　口袋边填充颜色

图6-34　绘制曲线

40 使用艺术笔工具 ，选中38步绘制出的曲线，在属性栏中单击"旋转"图标 ，选择"相对于路径"，单击直线，在属性栏中将"每个色块中的图像数和图像间距"分别设置为1、0.35，单击"旋转"图标，将旋转角度设置为90°，得到的效果如图6-35所示。

图6-35　艺术笔效果

41 使用选择工具 ，用鼠标右键单击罗纹，执行"组合对象"命令。用右键单击罗纹，执行"Power Clip内部"命令，将箭头放置在38步绘制出的图形内，单击鼠标，得到的効果如图6-36所示。

图6-36　罗纹效果

42 使用选择工具 ，选中上一步绘制出罗纹，按
小键盘上的"+"键进行复制，单击属性栏
上的"水平镜像"图标，将翻转后的图形
摆放在图6-37所示的位置。

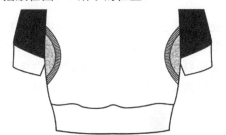

图6-37　复制并翻转口袋

43 使用手绘工具 ，按住Shift键绘制出一条长
于底边的直线。使用选择工具 选中该直
线，按小键盘上的"+"键进行复制，将复
制的直线平移至宽于底边的位置，使用调
和工具 进行调和，在这里将调和对象设置
为90，得到的效果如图6-38所示。

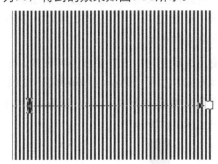

图6-38　直线调和图形

44 使用选择工具 ，选中上一步调和出的图
形，按小键盘上的"+"键进行复制，执行
"Power Clip内部"命令，将该图形分别填充至
袖口和底边内，得到的效果如图6-39所示。

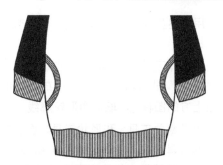

图6-39　直线图形填充至袖口和底边内

45 使用选择工具 ，从横纵标尺处拉出数条辅助
线，使用贝塞尔工具 和形状工具 依着辅
助线绘制出图6-40所示的图形。

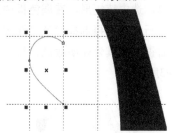

图6-40　绘制心形左半边

46 使用选择工具 ，选中上一步绘制出的图形，
按小键盘上的"+"键进行复制，单击属性
栏上的"水平镜像"图标，将翻转后的图
形放置在图6-41所示的位置。

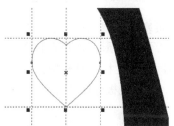

图6-41　合并心形

47 使用选择工具 ，框选中心形，单击属性栏中
的"合并"图标 。使用形状工具 ，框选
中心形的上端中心的两个节点，单击属性栏
上的"连接两个节点"图标 ，得到的效果
如图6-42所示。

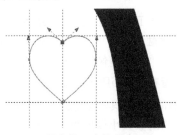

图6-42　连接节点

48 使用上述步骤，对心形下端的两个节点进行连接。

49 使用选择工具⬚，选中心形，在调色板中选择"红色"进行填充，用鼠标右键单击调色板上方的图标⊠，取消图形轮廓线。

50 使用贝塞尔工具⬚和形状工具⬚在后领口处绘制出辑明线。使用选择工具⬚，选中辑明线，在属性栏中将轮廓宽度设置为0.35pt，在调色板中选择"深褐"，然后单击鼠标右键。

51 使用矩形工具⬚绘制出一个矩形。使用选择工具，选中该矩形，在调色板中选择"白色"进行填充，再选择颜色"深褐"，单击鼠标右键改变其外轮廓颜色，得到的效果如图6-43所示。

图6-43 心形填充颜色

52 使用贝塞尔工具⬚和形状工具⬚绘制出图6-44所示的图形。使用选择工具⬚选中该图形，在属性栏中将轮廓宽度设置为"细线"，在调色板选择"白色"进行填充。

图6-44 绘制带子

53 使用选择工具⬚选中上一步绘制出的带子，按小键盘上的"+"键进行复制，单击属性栏上的"水平镜像"图标⬚，将翻转后的带子放置在图6-45所示的位置。

54 使用椭圆形工具⬚绘制出一个圆形，在属性栏中将对象大小设置为5.0mm，将轮廓宽度设置为0.1pt，得到的效果如图6-46所示。

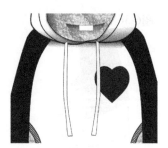

图6-45 复制并翻转带子

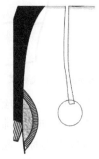

图6-46 绘制吊球图形

55 使用变形工具⬚，单击属性栏中的"拉链变形"图标⬚，单击"随机变形"图标⬚，设置拉链频率为30。拉扯图中的白色正方形进行调整，得到的效果如图6-47所示。

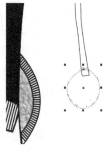

图6-47 变形吊球图形

56 使用选择工具⬚选中上一步绘制出的图形，按小键盘上的"+"键进行复制，将其放置在画面的一旁。

57 使用选择工具⬚选中毛绒面料图片，单击鼠标右键，执行"Power Clip内部"命令，将箭头放置在圆形内，单击鼠标，得到的效果如图6-48所示。

图6-48 填充图片至吊球

58 使用选择工具，选中52步复制出的图形，在调色板中选择"深褐"进行填充，得到的效果如图6-49所示。

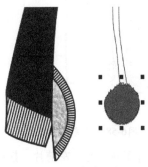

图6-49　吊球填充颜色

59 使用透明度工具，单击深褐色圆形进行调节，如图6-50所示。

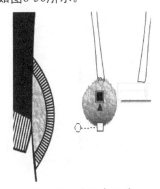

图6-50　透明度调节

60 使用椭圆形工具绘制出一个如图6-51所示的图形，选中该图形，在调色板中选择"深褐"进行填充。

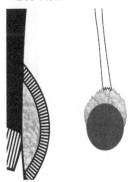

图6-51　绘制图形

61 使用透明度工具，单击上一步绘制出的图形进行调节，如图6-52所示。

62 使用选择工具，选中上一步绘制出的阴影图形，单击鼠标右键，执行"顺序/置于此对象后"命令，将箭头放置在毛绒圆球上，单击鼠标。

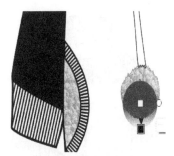

图6-52　透明度调节

63 使用选择工具，框选中两个圆形，按小键盘上的"+"键进行复制，单击属性栏上的"水平镜像"图标，将翻转后的图形放置在图6-53所示的位置。

图6-53　复制图形

64 使用手绘工具绘制出服装的褶皱线。使用选择工具框选中所有褶皱线，在属性栏中将轮廓宽度设置为0.5pt，得到的最后效果如图6-54所示。

图6-54　最后效果

6.1.2　拉链卫衣

拉链卫衣的拉链设计，在生活中根据天气的变化，可以拉开卫衣的拉链，方便且有风度。拉链卫衣的CorelDRAW效果图，如图6-55所示。

图6-55　拉链卫衣的CorelDRAW效果图

下面介绍拉链卫衣的CorelDRAW绘制步骤

01 执行"文件/导入"命令，导入女性人体模型。使用贝塞尔工具和形状工具绘制出服装的左前片，如图6-56所示。

图6-56　绘制前片图形

02 执行"文件/导入"命令，导入一张卫衣面料图片，如图6-57所示。

图6-57　导入面料图片

03 使用选择工具选中面料图片，单击鼠标右键，执行"Power Clip内部"命令。将箭头放置在前片内，单击鼠标，得到的效果如图6-58所示。

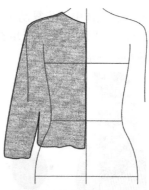

图6-58　填充图片至前片

04 使用选择工具选中左前片，按小键盘上的"+"键进行复制，单击属性栏上的"水平镜像"图标，将翻转后的衣片放置在图6-59所示的位置。

图6-59　复制并翻转图片

05 使用贝塞尔工具和形状工具绘制出底边和袖口，如图6-60所示。

图6-60　绘制袖口和底边

06 使用选择工具框选中底边和袖口，在调色板中选择"20%黑"进行填充，得到的效果如图6-61所示。

07 使用选择工具框选中底边和袖口，按小键盘上的"+"键进行复制，单击属性栏上的"水平镜像"图标，将翻转后的图形放置在右衣片上相应的位置。

图6-61 袖口和底边填充颜色

08 使用手绘工具 和调和工具 绘制出图6-62 所示的直线图形。

图6-62 调和直线图形

09 使用选择工具 选中调和出的直线图形，单击鼠标右键，执行"Power Clip内部"命令。将该图形分别填充值袖口和底边内，得到的效果如图6-63所示。

图6-63 填充图形至袖口和底边

10 使用选择工具 框选中袖口和底边，按小键盘上的"+"键进行复制，单击属性栏中的"水平镜像"图标 ，将翻转后的图形放置在图6-64所示的位置。

11 使用贝塞尔工具 和形状工具 在左前片上绘制出图6-65所示的一个闭合图形。

图6-64 效果

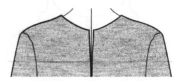

图6-65 绘制图形

12 使用选择工具 选中上一步绘制出的图形，在属性栏中将轮廓宽度设置为0.5pt，在调色板中选择"红色"进行填充，得到的效果如图6-66所示。

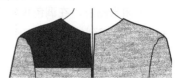

图6-66 填充颜色

13 使用选择工具 选中左前片上的闭合图形，按小键盘上的"+"键进行复制，单击属性栏上的"水平镜像"图标 ，将翻转后的图形放置在图6-67所示的位置。

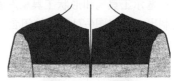

图6-67 复制并翻转图形

14 使用贝塞尔工具 和形状工具 绘制出图6-68 所示的一个图形，使用选择工具选中该图形，在属性栏中将轮廓宽度设置为0.75pt。

图6-68 绘制帽子左片

15 使用选择工具，选中上一步绘制出的图形，按小键盘上的"+"键进行复制，单击属性栏中的"水平镜像"图标，将翻转后的图形放置在图6-69所示的位置。

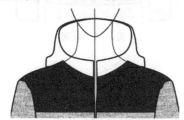

图6-69　复制并翻转帽子

16 使用选择工具，框选中帽子，单击属性栏中的"合并"图标。使用形状工具，分别框选中帽子边后A、B处的两个节点，单击属性栏上的"连接两个节点"图标，将帽子变成一个闭合图形，在调色板中选择"红色"进行填充，得到的效果如图6-70所示。

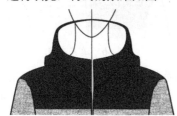

图6-70　帽子填充颜色

17 使用贝塞尔工具，和形状工具，沿着帽子的边绘制出一个如图6-71所示的闭合图形。

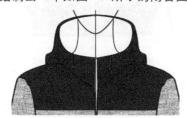

图6-71　绘制帽子里布

18 使用选择工具，添加出一个颜色（CMYK：45、100、100、16）。

19 使用选择工具，选中第16步绘制出的图形，选择上一步添加出的颜色进行填充，得到的效果如图6-72所示。

图6-72　帽子里布填充颜色

20 使用贝塞尔工具，和形状工具，绘制出辑明线。使用选择工具，在属性栏中将辑明线的轮廓宽度设置为0.4pt，线条样式设置为虚线，得到的效果如图6-73所示。

图6-73　绘制辑明线

21 使用选择工具，从横纵标尺处，拉出数条辅助线，按图6-74所示的状态放置。

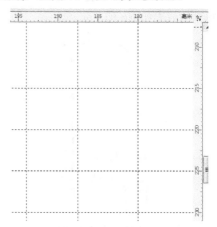

图6-74　摆放辅助线

22 使用手绘工具，依着辅助线绘制出一个拉链齿轮的图形。使用选择工具，选择该图形，在属性栏中将轮廓宽度设置为0.1pt，在调色板中选择"80%黑色"进行填充，得到的效果如图6-75所示。

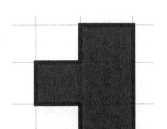

图6-75 绘制拉链齿轮

23 使用选择工具▷选中上一步绘制出的图形，按小键盘上的"+"键进行复制，单击属性栏中的"水平镜像"图标◁ᗡ，将翻转后的图形按图6-76所示的状态放置，框选中两个图形，单击鼠标右键，执行"组合对象"命令。

24 使用选择工具▷选中上一步组合后的图形，按住Shift键将复制出的图形向下移动至长于衣长的位置。使用调和工具℡进行调和，在这里将调和对象设置为35，得到的效果如图6-77所示。

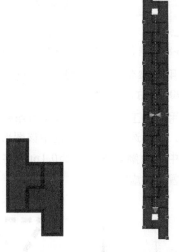

图6-76 效果　　图6-77 调和拉链齿轮

25 使用矩形工具□在门襟处绘制出图6-78所示的一个矩形。

26 使用选择工具▷选择在23步绘制好的拉链齿轮，单击鼠标右键，执行"Power Clip内部"命令，将箭头指向门襟前的矩形，单击鼠标，得到的效果如图6-79所示。

27 使用选择工具▷选中拉链，单击鼠标右键，执行"顺序/到图层后面"命令，得到的效果如图6-80所示。

图6-78 绘制图形　　　图6-79 填充拉链图形

图6-80 调整拉链

28 使用贝塞尔工具♭和形状工具♭绘制出拉链头，如图6-81所示。使用选择工具▷框选中拉链头，在属性栏中将轮廓宽度设置为"细线"，在调色板中选择"80%黑"进行填充。

图6-81 绘制拉链头

29 使用选择工具▷框选中拉链头，按小键盘上的"+"键进行复制，将复制出的拉链头放置在画面的一旁。

30 使用选择工具▷框选中拉链头，将其放置在图6-82所示的位置。选中拉链头的底座，单击鼠标右键，执行"顺序/置于此对象后"命令，将箭头放置在帽子上，单击鼠标。

31 使用上述相同方法，在服装的底边放置一个拉链头，得到的效果如图6-83所示。

图6-82　摆放拉链头

图6-83　摆放拉链头

32 使用选择工具🔧从横纵标尺处拉出数条辅助线，如图6-84所示位置。

33 使用贝塞尔工具🖊和形状工具🔧绘制出图6-85所示的一个口袋，使用选择工具🔧选中口袋，在属性栏中将轮廓宽度设置为0.5pt。

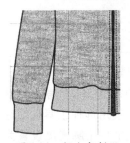

图6-84　拉出复制线　　图6-85　绘制口袋

34 使用贝塞尔工具🖊和形状工具🔧在口袋口处绘制出一条曲线，使用选择工具🔧选中该曲线，在属性栏中将轮廓宽度设置为5pt，得到的效果如图6-86所示。

35 使用选择工具🔧选中上一步绘制出的曲线，在菜单栏中执行"对象/将轮廓转换为对象"命令，在调色板中选择"20%黑"进行填充，得到的效果如图6-87所示。

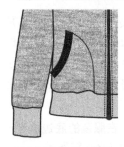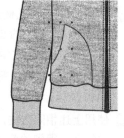

图6-86　绘制口袋边　　图6-87　口袋边填充颜色

36 使用贝塞尔工具🖊和形状工具🔧绘制出一条曲线，使用手绘工具🖊绘制出两条直线，在属性栏中将轮廓宽度设置为"细线"，双击直线进行相应旋转，放置在曲线两端。使用调和工具🖊，在这里将调和对象设置为60，进行调和，得到的效果如图6-88所示。

37 使用选择工具🔧，用鼠标右键单击罗纹，执行"拆分路径群组上的混合"命令，选中罗纹下的曲线，按Delete键删除。选中罗纹，单击鼠标右键，执行"Power Clip内部"命令，将箭头放置在罗纹下的闭合图形上，单击鼠标结束。选中罗纹，在调色板中选择"黑色"，单击鼠标右键，得到的效果如图6-89所示。

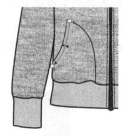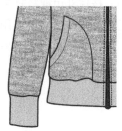

图6-88　调和效果　　　图6-89　罗纹效果

38 使用贝塞尔工具🖊和形状工具🔧绘制出图6-90所示的一根曲线。

39 使用手绘工具🖊绘制出图6-91所示的一个图形。使用选择工具🔧，选中该图形，在属性栏中将轮廓宽度设置为0.1pt，将线条样式设置为"虚线"。

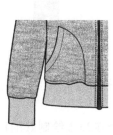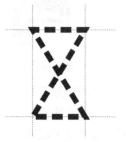

图6-90　绘制曲线　　图6-91　绘制辑明线图形

40 使用艺术笔工具🖊，在属性栏中单击"喷涂"图标🖌，选中上一步绘制出的图形，单击属性栏中的"添加到喷涂列表"图标🖼，再单击属性栏中"自定义"图标🖌，在下拉菜单中选择"自定义"。

41 使用艺术笔工具，选中第37步绘制的曲线，单击属性栏中"旋转"图标，选择"相对于路径"，再单击曲线，在属性栏中将每个色块中的图像数和图像间距设置为1和0.35，得到的效果如图6-92所示。

42 使用上述步骤绘制出其他部位的缝迹线，如图6-93所示。

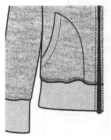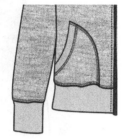

图6-92　辑明线艺术笔效果　图6-93　辑明线效果

43 使用选择工具，框选中口袋，按小键盘上的"+"键进行复制，单击属性栏上的"水平镜像"图标，将翻转后的口袋放置在图6-94所示的位置。

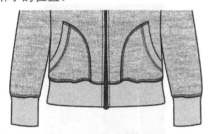

图6-94　复制并翻转图形

44 使用选择工具，从横纵标尺处拉出数条辅助线，如图6-95所示摆放。

45 使用矩形工具，依照辅助线绘制出一个矩形图案，如图6-96所示。

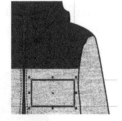

图6-95　拉出辅助线　　图6-96　绘制图形

46 使用形状工具，单击节点向内拉，对矩形进行调节。使用选择工具选中调节后的图形，在调色板中选择"红色"进行填充，再用鼠标右键单击调色板上方的图标，得到的效果如图6-97所示。

47 使用选择工具，选中上一步绘制出的图形，按小键盘上的"+"键进行复制，选择复制出的图形，按住Shift键进行等比例缩小，缩小至图6-98所示的状态。在调色板中选择"黑色"进行填充，用鼠标右键单击调色板上方的图标，取消轮廓线。

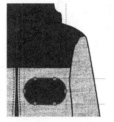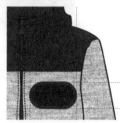

图6-97　调整图形　　图6-98　填充颜色

48 使用多边形工具绘制出一个多边形图形。使用选择工具，选中该图形，在属性栏中将点数或边数设置为3，再单击"垂直镜像"图标，在调色板中选择"白色"进行填充，用鼠标右键单击调色板上方的图标，取消轮廓线，得到的效果如图6-99所示。

图6-99　绘制三角图形

49 使用选择工具，选中三角形，重复按4次小键盘上的"+"键进行复制，按住Shift键并进行平移，得到的效果如图6-100所示。

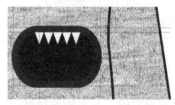

图6-100　复制三角图形

50 使用选择工具，框选中所有三角形，按小键盘上的"+"键进行复制，单击属性栏中的"垂直镜像"图标，按住Shift键将翻转后的三角形下拖至图6-101所示的位置。

图6-101　效果

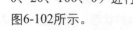

51 使用选择工具 ▶ 选中上排右边第2个三角形，在调色板中选择"深黄"（CMYK：0、20、100、0）进行填充，得到的效果如图6-102所示。

图6-102　效果

52 使用选择工具 ▶ 框选中所有三角形，单击鼠标右键，执行"Power Clip内部"命令，将箭头放置在黑色图形内，单击鼠标结束，得到的效果如图6-103所示。

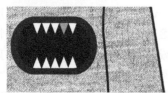

图6-103　填充三角图形

53 使用文字工具 字 在图6-104所示的位置输入文字"SPORT"，在属性栏中将文字的大小设置为5pt，将文字样式设置为 O Stencil。

图6-104　编辑文字

54 使用椭圆形工具 ○ 在帽子边上绘制出一个圆形，在属性栏中将对象大小设置为0.5mm，将轮廓宽度设置为"细线"，在调色板中选择"黑色"进行填充，选择"80%黑"并单击鼠标右键，改变轮廓线颜色，得到的效果如图6-105所示。

图6-105　绘制图形

55 使用贝塞尔工具 和形状工具 ▶ 沿着上一步绘制的圆形绘制曲线，在属性栏中将轮廓

宽度设置为1.0pt。选中该曲线，在菜单栏中执行"对象/将轮廓转换为对象"命令。在属性栏中将轮廓宽度设置为0.1pt，在调色板中选择"白色"进行填充，用鼠标右键单击"黑色"来改变轮廓线颜色，得到的效果如图6-106所示。

图6-106　绘制带子图形

56 使用矩形工具 □ 在图6-107所示的位置绘制出一个矩形。使用选择工具选中矩形，在调色板中选择"黑色"进行填充，再使用形状工具单击节点并向内拉来进行调节。

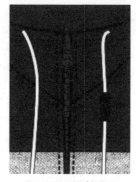

图6-107　绘制图形

57 使用选择工具 ▶ 选中上一步绘制出的图形，按小键盘上的"+"键进行复制，选中复制出的图形，缩小至图6-108所示的状态，选中缩小的图形，在调色板中选择"白色"进行填充。

图6-108　调整图形

58 使用上述步骤，在另一边的带子上绘制相同的图形，得到的效果如图6-109所示。

图6-109　复制图形

59 使用贝塞尔工具 和形状工具 在带子的底端绘制出图6-110所示的图形。使用选择工具选中该图形，将轮廓宽度设置为0.1pt，选择颜色"80%黑"进行填充。

图6-110　绘制图形

60 使用手绘工具 和形状工具 绘制出服装的褶皱线，即完成了拉链卫衣的绘制，最后的效果如图6-111所示。

图6-111　最后效果

提示

要注意褶皱线的粗细变化，不同部位的褶皱线粗细不一。

6.1.3　套头卫衣

套头服装的设计必须要考虑头部的尺寸与比例，领口设计增加延伸性好的面料，套头卫衣的领口多为罗纹设计。图6-112所示为套头卫衣的CorelDRAW效果图。

图6-112　套头卫衣的CorelDRAW效果图

下面介绍套头卫衣的CorelDRAW绘制步骤。

01 执行"文件/导入"命令，导入女性人体模型。

02 使用贝塞尔工具 和形状工具 绘制出图6-113所示的左前片。

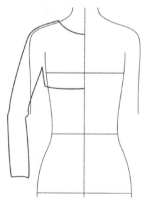

图6-113　绘制左前片

03 使用选择工具 选中上一步绘制出的左前片，按小键盘上的"+"键进行复制，单击属性栏上的"水平镜像"图标 ，将翻转后的衣片放置在图6-114所示的位置。

图6-114　合并前片

04 使用选择工具，框选中整个前片，单击属性栏中的"合并"图标。使用形状工具，框选中衣领中心处的两个节点，单击属性栏中的"连接两个节点"图标，得到的效果如图6-115所示。

图6-115　连接节点

05 使用上述步骤，对下摆中心处的两个节点进行连接。

06 使用贝塞尔工具，和形状工具，在左袖上绘制出袖口，如图6-116所示。

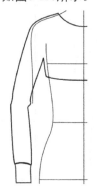

图6-116　绘制袖口

07 使用选择工具，选中袖口，按小键盘上的"+"键进行复制，单击属性栏上的"水平镜像"图标，将翻转后的袖口放置在右袖相应的位置，如图6-117所示。

图6-117　复制并翻转袖口

08 使用选择工具，框选中整个前片，在调色板中选择"白色"进行填充。框选中两个袖口，单击鼠标右键，执行"顺序/到图层后面"命令，得到的效果如图6-118所示。

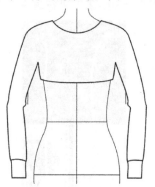

图6-118　袖口填充颜色

09 使用贝塞尔工具，和形状工具，绘制出图6-119所示的一个闭合图形。

图6-119　绘制底边图形

10 使用选择工具，选中上一步绘制出的图形，在调色板中选择"白色"进行填充，单击鼠标右键，执行"顺序/到图层后面"命令，得到的效果如图6-120所示。

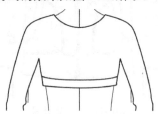

图6-120　底边图形填充颜色

11 使用贝塞尔工具和形状工具绘制出图6-121所示的图形。

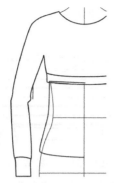

图6-121 绘制左前片

12 使用选择工具选中上一步绘制出的图形，按小键盘上的"+"键进行复制，单击属性栏上的"水平镜像"图标，将翻转后的衣片放置在图6-122所示的位置。

图6-122 合并前片

13 使用选择工具框选中上两步绘制出的衣片，单击属性栏中的"合并"图标。使用形状工具框选衣片上端中心处的两个节点，单击属性栏中的"连接两个节点"图标，得到的效果如图6-123所示。

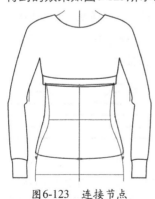

图6-123 连接节点

14 使用上述步骤，对下摆中心处的两个节点进行连接。

15 使用选择工具选中上一步绘制出的衣片，单击鼠标右键，执行"顺序/到图层后面"命令。再框选中整件服装，在属性栏中将轮廓宽度设置为1.0pt，得到的效果如图6-124所示。

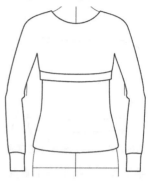

图6-124 前片填充颜色

16 使用椭圆形工具绘制出图6-125所示的一个椭圆形。使用选择工具，选中该图形，在属性栏中将轮廓宽度设置为1.0pt，在调色板中选择"深褐"进行填充。

图6-125 绘制后片图形

17 使用选择工具选中上一步绘制出的椭圆形，单击鼠标右键，执行"顺序/到图层后面"命令，得到的效果如图6-126所示。

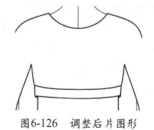

图6-126 调整后片图形

18 使用贝塞尔工具和形状工具绘制出服装的后片，如图6-127所示。

19 使用选择工具选中后片，在属性栏中将轮廓宽度设置为1.0pt，在调色板中选择"20%黑"（CMYK：0、0、0、20）进行填充。单击鼠标右键，执行"顺序/到图层后面"命令，得到的效果如图6-128所示。

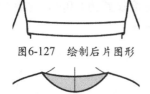

图6-127 绘制后片图形

图6-128 后片图形填充颜色

20 使用手绘工具 绘制出一条直线，该直线的长度要长于袖长，宽度要宽于服装摆放的围度。使用调和工具 进行调节，在这里将调和对象设置为90，绘制出如图6-129所示的图形。

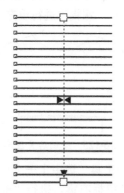

图6-129 调和直线图形

21 使用选择工具 选中直线图形，单击鼠标右键，执行"组合对象"命令。单击鼠标右键，执行"Power Clip内部"命令，将箭头放置在前片内，单击鼠标，得到的效果如图6-130所示。

图6-130 填充直线图形至上衣片

22 使用贝塞尔工具 和形状工具 绘制出袖窿线。使用选择工具 ，选中袖窿线，在属性栏中将轮廓宽度设置为0.5pt，得到的效果如图6-131所示。

图6-131 绘制袖窿线

23 参照第20步，绘制出如图6-132所示的图形。使用选择工具 选中该图形，重复按2次小键盘上的"+"键进行复制。

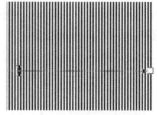

图6-132 调和直线图形

24 使用选择工具 选中这3个图形并分别填充到袖口和底边内，如图6-133所示。

图6-133 填充直线图形至袖口和底边

25 使用3点曲线工具 在领口绘制出图6-134所示的一条曲线。

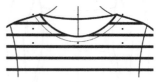

图6-134 绘制曲线

26 使用选择工具 在属性栏中将轮廓宽度设置为5.0pt，得到的效果如图6-135所示。

图6-135 调整曲线

27 使用选择工具，选中上一步绘制出的图形，在菜单栏中执行"对象/将轮廓转换为对象"命令。在属性栏中将轮廓宽度设置为0.5pt，在调色板中选择"白色"进行填充，得到的效果如图6-136所示。

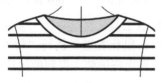

图6-136 调整领口图形

28 使用3点曲线工具，在领口绘制出图6-137所示的一条曲线。

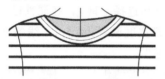

图6-137 绘制曲线

29 使用手绘工具，按住Shift键向下绘制一条直线。使用艺术笔工具，在属性栏中单击"喷涂"图标，单击"喷射图样"图标，选择"新喷涂列表"，选中绘制出的直线，单击属性栏中的"添加到喷涂列表"图标。

30 使用艺术笔工具，选中第28步绘制出的曲线，在属性栏中单击"旋转"图标，在弹出的菜单中选择"相对于路径"，选中直线，再单击曲线，在属性栏中将每个色块中的图像数和图形间距设置为（1、0.35），得到的效果如图6-138所示。

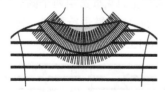

图6-138 艺术笔效果

31 使用选择工具，用鼠标右键单击罗纹，执行"组合对象"命令。单击鼠标右键，执行"Power Clip内部"命令，将箭头放置在

领口的闭合图形内，单击鼠标，得到的效果如图6-139所示。

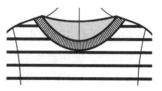

图6-139 填充图形至领口

32 使用上述步骤，绘制出后领口的罗纹，得到的效果如图6-140所示。

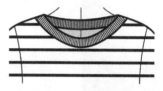

图6-140 罗纹效果

33 使用文字工具，在服装的前片内输入"Flower"字样，如图6-141所示。

图6-141 输入文字

34 使用文字工具，选中文字，在属性栏中设置各项参数，如图6-142所示。

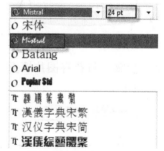

图6-142 选择文字效果

35 使用文字工具，选中文字，在调色板中选择颜色"秋菊红"（CMYK：0、60、80、0）进行填充，得到的效果如图6-143所示。

图6-143 效果

36 执行"文件/导入"命令，导入一张花卉图片，如图6-144所示。

37 使用选择工具 ，选中花卉图片，按小键盘上的"+"键进行复制，将复制出的图片拖至图纸外的空白处。使用裁剪工具 ，在花卉图片中框选出图6-145所示的花朵，按Enter键结束。

图6-144　导入花卉图片　图6-145　裁剪图片

38 使用选择工具 ，选中花朵，将其放置在图6-146所示的位置。单击鼠标右键，执行"Power Clip内部"命令，将箭头放置在前片内，单击鼠标左键结束。

图6-146　摆放花朵图形

39 使用上述步骤，将花卉图片填充至图6-147所示的图形内。

图6-147　填充花卉图片至下衣片

40 使用选择工具 ，从横纵标尺处拉出数条辅助线，放置在图6-148所示的位置。

41 使用手绘工具 ，依照辅助线绘制出图6-149所示的一个闭合图形。使用选择工具 选中该图形，在属性栏中将轮廓宽度设置为0.75pt。

图6-148　拉出辅助线　图6-149　绘制工字袋

42 使用形状工具 框选中上一步绘制出的图形，单击鼠标右键，执行"转换为曲线"命令，再进行调整，得到的效果如图6-150所示。

43 使用贝塞尔工具 和形状工具 在服装的底边和口袋边绘制出图6-151所示的辑明线。使用选择工具 ，在属性栏中将辑明线的轮廓宽度设置为0.5pt，线条样式设置为"虚线"。

图6-150　调整工字袋　图6-151　绘制辑明线

44 使用椭圆形工具 在服装上绘制出一个圆形。使用选择工具 选中圆形，在属性栏中将对象大小设置为1.8mm，轮廓宽度设置为0.35pt，在调色板中选择"白色"进行填充，选中该圆形，按住Shift键进行等比例缩小，如图6-152所示，在调色板中选择"深褐"进行填充。

45 使用选择工具 框选中两个圆形图案，按小键盘上的"+"键进行复制，按住Shift键平移至图6-153所示的位置。

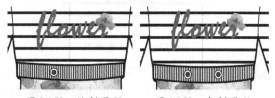

图6-152　绘制图形　图6-153　复制图形

46 使用贝塞尔工具 和形状工具 绘制出图6-154所示的两个闭合图形。使用选择工具 框选中这两个图形，在调色板中选择"黑色"进行填充。

47 使用上述步骤绘制出图6-155所示的闭合图形，使用选择工具 选中该图形，按小键盘上的"+"键进行复制，单击属性栏中的"水平镜像"图标 ，将翻转后的图形放到右边相应的位置。

图6-154 绘制蝴蝶结图形　　图6-155 绘制蝴蝶结图形

48 使用上述步骤绘制出图6-156所示的闭合图形。

49 使用选择工具 框选中整个蝴蝶结，在属性栏中将轮廓宽度设置为0.2pt，在调色板中选择"90%黑"并单击鼠标右键，改变蝴蝶结的轮廓色，得到的效果如图6-157所示。

图6-156 绘制蝴蝶结图形　　　图6-157 效果

50 使用手绘工具 和形状工具 绘制出蝴蝶结的褶皱线。使用选择工具 在属性栏中将褶皱线的轮廓宽度设置为0.1pt，在调色板中将褶皱线的颜色选择为"90%黑"，得到的效果如图6-158所示。

图6-158 效果

51 使用矩形工具 绘制出图6-159所示的一个矩形。使用选择工具 选中该图形，在调色板中选择"深褐"进行填充，用右键单击调色板上方的图标 ，取消轮廓线。

图6-159 绘制阴影图形

52 使用透明度工具 ，单击矩形，在属性栏中单击"均匀透明度"图标 ，得到的效果如图6-160所示。

图6-160 对阴影图形进行透明度调节

53 使用选择工具 选中上一步绘制好的图形，单击鼠标右键，执行"顺序/置于此对象后"命令，将箭头放置在罗纹上并单击鼠标左键，得到效果如图6-161所示。

图6-161 调整阴影图形

54 使用手绘工具 和形状工具 绘制出服装的褶皱线，使用选择工具 将褶皱线的轮廓宽度设置为0.5pt，即完成了套头卫衣的绘制，最后的效果如图6-162所示。

图6-162 最后效果

6.2 夹克款式设计

夹克指衣长较短、胸围宽松、紧袖口克夫、紧下摆克夫式样的上衣。夹克衫原意指前开襟上衣的一种。夹克典型的基本廓形是肩宽的倒梯形服装，有袖口并收缩下摆，在功能上防风防雨，穿脱方便随意，但自上世纪60年代以来日渐趋于紧身。夹克设计因其用途或其设计目的不同，一般可分为运动型夹克、便士夹克和休闲夹克

6.2.1 男款夹克

除了西装，夹克衫也是男人必不可少的服装。与西装相比，夹克衫显得更无拘无束，挥洒自如。线条流畅的夹克衫合身而舒适，穿着夹克衫能给人一种精神饱满，潇洒干练的印象。男夹克整体设计主要是通过一些设计手法如分割、镂空、拼接、线条、不对称、印花等在夹克上大面积使用来实现。细节设计主要体现在领、口袋、袖口、门襟、肩攀等局部处。图6-163所示为男款夹克的CorelDRAW效果图。

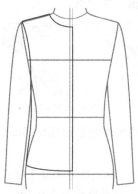

图6-164　绘制左前片

图6-163　男款夹克的CorelDRAW效果图

下面介绍男款夹克的CorelDRAW绘制步骤。

01 执行"文件/导入"命令，导入我们绘制出的男性人体模型。

02 使用贝塞尔工具和形状工具绘制出男夹克的左前片，如图6-164所示。

03 使用选择工具选中左前片，在调色板中选择颜色"20%黑"进行填充，得到的效果如图6-165所示。

04 使用选择工具选中左前片，按小键盘上的"+"键进行复制，单击属性栏中的"水平镜像"图标，将翻转后的衣片放置在图6-166所示的位置。

图6-165　左前片填充颜色

图6-166　复制并翻转左前片

05 使用形状工具，单击右前片进行调改，得到的效果如图6-167所示。

06 使用贝塞尔工具和形状工具绘制出男夹克的后片，如图6-168所示。

图6-167　调整右前片图形

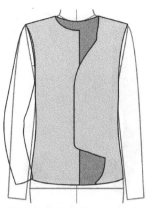

图6-170　绘制袖子

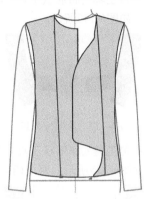

图6-168　绘制后片图形

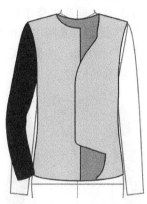

图6-171　袖子填充颜色

07 使用选择工具▷选中后片，在调色板中选择
"40%黑"进行填充。单击鼠标右键，执行
"顺序/到图层后面"命令，得到的效果如
图6-169所示。

11 使用选择工具▷框选中整件夹克，在属性栏
中将轮廓宽度设置为0.75pt。

12 使用贝塞尔工具和形状工具绘制出图
6-172所示的3个闭合图形。

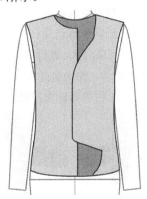

图6-169　后片图形填充颜色

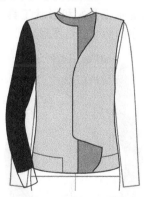

图6-172　绘制袖口和底边

08 使用贝塞尔工具和形状工具绘制出男夹
克的左袖，如图6-170所示。

13 使用选择工具▷在文档调色板中填出一个颜
色（RGB：27、32、38）。

09 使用选择工具▷在文档调色板中填出一个颜
色（RGB：43、49、73）。

14 使用选择工具选中在11步绘制出的图形，
在文档调色板中选择上一步添加的颜色
（RGB：27、32、38）进行填充，得到的
效果如图6-173所示。

10 使用选择工具▷选中左袖，在文档调色板中
选择上一步添加的颜色进行填充，得到的
效果如图6-171所示。

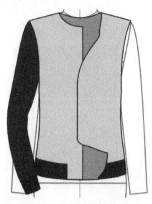

图6-173 袖口和底边填充颜色

15 使用选择工具 ⤡框选中整个袖子,按小键盘上的"+"键进行复制,单击属性栏上的"水平镜像"图标🔲,将翻转后的袖子放置在图6-174所示的位置。

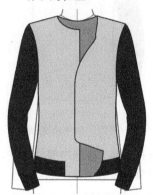

图6-174 复制并翻转图形

16 使用贝塞尔工具 ⬟和形状工具 ⬟绘制出图6-175所示的两个闭合图形。

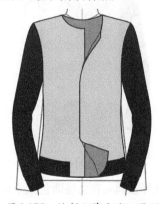

图6-175 绘制右前片反面图形

17 使用选择工具 ⤡框选中上一步绘制出的两个图形,在属性栏中将轮廓宽度设置为0.5pt,在调色板中选择"20%黑"进行填充,得到的效果如图6-176所示。

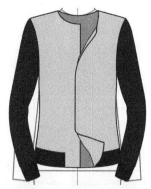

图6-176 反面图形填充颜色

18 使用贝塞尔工具 ⬟和形状工具 ⬟绘制底边的分割线,如图6-177所示。

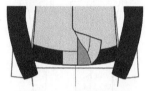

图6-177 绘制分割线

19 使用贝塞尔工具 ⬟和形状工具 ⬟在夹克的底摆处绘制图6-178所示的两个闭合图形。

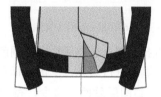

图6-178 绘制反面底边图形

20 使用选择工具 ⤡框选中上一步绘制出的两个图形,在文档调色板选择在13步添加的颜色(RGB:27、32、38)进行填充,得到的效果如图6-179所示。使用选择工具 ⤡框选中整个底边,在属性栏中将轮廓宽度设置为0.5pt。

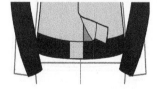

图6-179 反面底边图形填充颜色

21 使用贝塞尔工具 ⬟和形状工具 ⬟在领口处绘制出图6-180所示的3个闭合图形,形成夹克的领子。

22 使用选择工具 ⤡框选中整个领子,在属性栏中将轮廓宽度设置为0.75pt,在文档调色板选择颜色(RGB:27、32、38)进行填充,得到的效果如图6-181所示。

图6-180　绘制衣领

图6-181　衣领填充颜色

23 使用贝塞尔工具 和形状工具 在底边绘制
出两根图6-182所示的曲线。使用选择工具
，在属性栏中将轮廓宽度设置为2.0pt，在
调色板选择"白色"进行填充。

图6-182　绘制曲线

24 使用选择工具 框选中曲线，单击鼠标右
键，执行"Power Clip"命令，将曲线填充
至底边内，得到的效果如图6-183所示。

图6-183　填充曲线图形至底边

25 使用上述步骤，绘制出其他部位的条纹，如
图6-184所示。

图6-184　曲线填充效果

26 使用贝塞尔工具 和形状工具 在领子上绘
制出一根曲线，如图6-185所示。使用选择

工具，选中该曲线，在属性栏中将轮廓宽
度设置为2.0pt。

图6-185　绘制曲线

27 使用选择工具 选中上一步绘制出的曲
线，在菜单栏中执行"对象/将轮廓转换为
对象"命令，使用形状工具对曲线进行调
整，如图6-186所示。

图6-186　调整曲线图形

28 使用上述步骤绘制完整个领子的条纹，执
行"Power Clip"命令，将条纹填充至领子
内，得到的效果如图6-187所示。

图6-187　效果

29 使用矩形工具 在衣片上绘制出一个长
12mm、宽1.5mm的矩形，如图6-188所示。

图6-188　绘制口袋

30 使用选择工具 选中矩形，在属性栏中将轮
廓宽度设置为0.5pt，在文档调色板中选择

颜色（RGB：27、32、38）进行填充。

31 使用椭圆形工具◯,在矩形的中间绘制出一个图6-189所示的椭圆形。

图6-189　绘制口袋开口图形

32 使用选择工具▮,选择椭圆形，在属性栏中将轮廓宽度设置为0.5pt，在调色板中选择"40%黑"进行填充，即完成男夹克口袋的绘制，得到的效果如图6-190所示。

图6-190　口袋开口填充颜色

33 使用选择工具▮框选中口袋，按小键盘上的"+"键进行复制，单击属性栏中的"水平镜像"图标▮▮,按住Shift键，将翻转后的口袋放置平移至在图6-191所示的位置。

图6-191　复制并翻转口袋

34 使用文字工具字,在图6-192所示的位置输入文字"Baseball"，在属性栏中将文字样式设置为 Ⓣ CommercialScript BT，文字大小设置为8pt。

35 使用文字工具字,在图6-193所示的位置输入文字"FIRST"，在属性栏中将文字样式设置为 Ｏ Square721 BT，文字大小设置为3pt。

图6-192　编辑文字

图6-193　编辑文字

36 使用贝塞尔工具▮和形状工具▮绘制出图6-194所示的闭合图形。

37 执行"文件/导入"命令，导入一张服装标示图片，如图6-195所示，将其放置在上一步绘制出的图形内。

图6-194　绘制图形　　　图6-195　填充标识图形

38 使用选择工具▮选中标识图片，单击鼠标右键，执行"Power Clip"命令，将图片填充至在36步绘制出的图形内。将其放置右前片相应的位置，单击鼠标右键，执行"Power Clip"命令将其填充右前片内，得到的效果如图6-196所示。

图6-196　摆放标识图形

39 使用贝塞尔工具▮和形状工具▮绘制出领口、门襟以及底边处的辑明线。使用选择

工具 ✎，在属性栏中将辑明线的轮廓宽度设置为0.35pt，将线条样式设置为"虚线"，得到的效果如图6-197所示。

图6-197　绘制辑明线

40 使用椭圆形工具 ◯ 绘制出一个圆形，在属性栏中将对象大小设置为1.0mm，轮廓宽度样式为"细线"，在调色板中选择"60%黑"进行填充。选中该圆形，按小键盘上的"+"键进行复制，再按住Shift键进行缩小，在属性栏中将对象大小设置为0.35mm，轮廓宽度设置为0.1pt，得到的效果如图6-198所示。

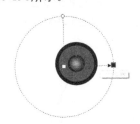

图6-198　绘制图形并进行透明度调节

41 使用选择工具 ✎ 选择缩小的圆形，按Alt+Enter快捷键，在弹出的对象属性窗口中进行各项参数设置，如图6-199所示。

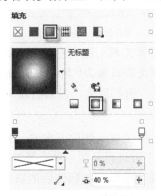

图6-199　设置参数

42 使用选择工具 ✎ 从横纵标尺处拉出数条辅助线，按图6-200所示的状态摆放。

43 使用选择工具 ✎ 框选中在41步绘制完的图形，单击鼠标右键，执行"组合对象"命令，再重复按3次小键盘上的"+"键进行复制。

44 使用选择工具 ✎ 选中组合后的图形，将其靠近辅助线放置，如图6-201所示。

图6-200　拉出复制线　　　图6-201　放置扣子

45 使用椭圆形工具 ◯ 绘制出一个圆形，在属性栏中将对象大小设置为1.2mm，将轮廓宽度设置为"细线"，在调色板中选择"60%黑"进行填充。使用选择工具 ✎ 选中圆形，按小键盘上的"+"键进行复制，按住Shift键进行缩小，选中缩小的圆形，在属性栏中将对象大小设置为0.8mm，将轮廓宽度设置为0.1pt，得到的效果如图6-202所示。

图6-202　绘制图形

提示

第44步，在放置扣子前，需要在标准栏中单击"贴齐"图标，在下拉菜单中选择"辅助线"类型。

46 使用选择工具 ✎ 框选中上一步绘制出的两个圆形，单击鼠标右键执行"组合对象"命令，再重复按3次小键盘上的"+"键进行复制。

47 使用选择工具 ▶ 选中上一步复制出的图形，将其放置在相应的位置，如图6-203所示。

48 使用椭圆形工具 ○ 绘制出图6-204所示的3个圆形。使用选择工具 ▶ ，在属性栏中依次将对象大小设置为1.0mm、0.5mm、0.4mm，在调色板中依次选择颜色"60%黑"、"60%黑"、"80%黑"进行填充。

图6-203　摆放图形　　图6-204　绘制图形

49 使用选择工具 ▶ 框选中上一步绘制出的3个圆形，单击鼠标右键，执行"组合对象"命令。按小键盘上的"+"键进行复制，使用选择工具将其放置在图6-205所示的位置。

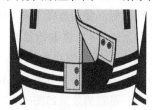

图6-205　摆放图形

50 使用手绘工具 ▶ 和形状工具 ▶ 绘制出男夹克的褶皱线，使用选择工具 ▶ 在属性栏中将褶皱线的轮廓宽度设置为0.4pt，即完成了男夹克的绘制，得到的效果如图6-206所示。

图6-206　最后效果

6.2.2　女款夹克

夹克装饰物有各种金属或塑胶拉链、金属圆扣（四件扣），金属卡子和各式塑料配件的相互搭配运用较多。衣长比一般外衣要稍短，最短长度至腰节处，下摆采用松紧带适度收紧。前后身多采用分割设计线，分割线处缉双明线作为装饰。图6-207所示为女款夹克的CorelDRAW效果图。

图6-207　女款夹克的CorelDRAW效果图

下面介绍女款夹克的CorelDRAW绘制步骤。

01 执行"文件/导入"命令，导入女性人体模型。

02 使用贝塞尔工具 ▶ 和形状工具 ▶ 绘制出女夹克的左前片，如图6-208所示。

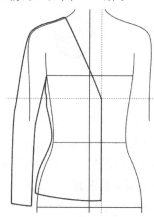

图6-208　绘制左前片

03 使用选择工具 ▶ 选中左前片，在属性栏中将轮廓宽度设置为0.5pt，在调色板中选择"红色"进行填充，得到的效果如图6-209所示。

04 使用选择工具 ▶ 选中左前片，按小键盘上的"+"键进行复制，单击属性栏中的"水平镜像"图标，将翻转后的衣片放置在图6-210所示的位置。

图6-209　左前片填充颜色

图6-210　复制并翻转左前片

05 使用贝塞尔工具 和形状工具 在左前片上绘制出一根图6-211所示的曲线。使用选择工具 在属性栏中将该曲线的轮廓宽度设置为0.4pt。

图6-211　绘制分割线

06 使用形状工具 单击右前片的门襟并进行调整，使其平行于上一步绘制出的曲线，如图6-212所示。

07 使用贝塞尔工具 和形状工具 绘制出袖子的分割线，如图6-213所示。

图6-212　调整右衣片

图6-213　绘制袖子上的分割线

08 使用选择工具 框选中袖子的分割线，在属性栏中将轮廓宽度设置为0.4pt，再按小键盘上的"+"键进行复制，单击属性栏中的"水平镜像"图标 ，将翻转后的分割线放置在右袖上相应的位置，如图6-214所示。

图6-214　复制并翻转图形

09 使用选择工具 从横纵标尺处拉出数条辅助线，按图6-215所示的状态放置。

10 使用手绘工具 依着辅助线绘制出图6-216所示的图形。

11 使用形状工具 ，用鼠标右键单击上一步绘制出的图形，执行"转换为曲线"命令，进行调整，得到的效果如图6-217所示。

图6-215　拉出辅助线

图6-216　绘制图形

图6-217　调整口袋盖图形

12 使用贝塞尔工具 和形状工具 在口袋盖上绘制出一根曲线，使用透明度工具 ，单击曲线进行调节，如图6-218所示。

图6-218　对褶线进行透明度调节

13 使用选择工具 选中上一步绘制好的曲线，按小键盘上的"+"键进行复制，单击属性栏上的"水平镜像"图标 ，将翻转后的曲线放置在右口袋盖上相应的位置，如图6-219所示。

14 使用贝塞尔工具 和形状工具 绘制出服装的翻领，如图6-220所示。

图6-219　效果

图6-220　绘制翻领图形

15 使用选择工具 选中翻领，在属性栏中将轮廓宽度设置为0.5pt，在调色板中选择"红色"进行填充，单击鼠标右键，执行"顺序/至于此对象后"命令，将箭头放置在右前片内，单击鼠标，得到的效果如图6-221所示。

图6-221　翻领图形填充颜色

16 使用选择工具 选中翻领，按小键盘上的"+"键进行复制，单击属性栏中的"水平镜像"图标 ，将翻转后的翻领放置在图6-222所示的位置。

图6-222　复制并翻转翻领

17 使用贝塞尔工具和形状工具绘制出图6-223所示的图形。

18 使用选择工具选中上一步绘制出的图形，在属性栏中将轮廓宽度设置为0.5pt，在调色板中选择"红色"进行填充。单击鼠标右键，执行"顺序/到图层后面"命令，得到的效果如图6-224所示。

图6-223　绘制后领图形　图6-224　后领填充颜色

19 使用贝塞尔工具和形状工具绘制出服装的后片，如图6-225所示。

20 使用选择工具，双击文档调色板中的任意颜色，在弹出的对话框中选择添加颜色（RGB：232、68、31）。

21 使用选择工具选中后片，在文档调色板中选择上一步添加的颜色（RGB：232、68、31）进行填充。单击鼠标右键，执行"顺序/到图层后面"命令，得到的效果如图6-226所示。

图6-225　绘制后片图形　图6-226　后片图形填充颜色

22 使用贝塞尔工具和形状工具在肩上绘制出图6-227所示的一个闭合图形。

23 使用选择工具选中上一步绘制出的图形，在属性栏中将轮廓宽度设置为0.5pt，在调色板中选择"红色"进行填充。单击鼠标右键，执行"顺序/至于此对象后"命令，将箭头放置在左翻领内，单击鼠标，得到的效果如图6-228所示。

24 使用手绘工具在右前片上绘制一根直线，在属性栏中将轮廓宽度设置为2.0pt，如图6-229所示。

图6-227　绘制肩袢　图6-228　肩袢填充颜色

25 使用选择工具选中上一步绘制出的直线，在菜单栏中执行"对象/将轮廓转换为对象"命令，在属性栏中将轮廓宽度设置为0.4pt，单击调色板上方的图标，取消填充色，得到的效果如图6-230所示。

图6-229　绘制口袋廓形　图6-230　调整口袋廓形

26 使用贝塞尔工具和形状工具绘制出拉链的齿轮，如图6-231所示。

27 使用选择工具，双击文档调色板中的任意颜色，在弹出的对话框中选择添加一个颜色（RGB：255、229、224）。

28 使用选择工具选中齿轮，在属性栏中将轮廓宽度设置为0.1pt，在文档调色板中选择上一步添加的颜色（RGB：255、229、224）进行填充。选中齿轮，按小键盘上的"+"键进行复制，单击属性栏中的"水平镜像"图标，将翻转后的齿轮按图6-232所示的状态摆放。

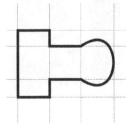 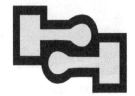

图6-231　绘制拉链齿轮　　　图6-232　效果

29 使用选择工具 ，框选中齿轮，单击鼠标右键，执行"组合对象"命令。

30 使用选择工具 ，选中组合后的齿轮，按小键盘上的"+"复制，按住Shift键，将复制出的齿轮向下移动至长于门襟的位置。使用调和工具进行调和，在这里将调和对象设置为120，得到的效果如图6-233所示。

31 使用手绘工具 ，绘制出一根平行于门襟的直线，在属性栏中将轮廓宽度设置为2.0pt。在菜单栏中执行"对象/将轮廓转换为对象"命令，在属性栏中将轮廓宽度设置为0.4pt，单击调色板上方的图标 取消填充色，得到的效果如图6-234所示。

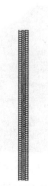 

图6-233　调和拉链齿轮效果　　图6-234　绘制图形

32 使用选择工具 ，选中拉链，在属性栏中设置旋转角度，在这里将旋转角度设置为0.325°，得到效果如图6-235所示。

33 使用选择工具 ，选择拉链，单击鼠标右键，执行"Power Clip内部"命令，将箭头放置在第31步绘制出的图形上，单击鼠标，得到的效果如图6-236所示。

图6-235　摆放拉链　　　　图6-236　填充拉链

34 使用上述步骤，在右胸前以及袖子上填充拉链图形，得到的效果如图6-237所示。

图6-237　效果

35 使用选择工具 ，选择在第26步绘制的齿轮，在图6-238所示的A、B两处各放一个。

36 使用调和工具 ，单击A处齿轮并将其拉向B处，在属性栏中设置调和对象，在这里将其设置为60，得到的效果如图6-239所示。

图6-238　摆放拉链齿轮　　图6-239　调和拉链齿轮

37 使用选择工具 ，用鼠标右键单击齿轮，执行"拆分路径群组上的混合"命令，选中齿轮并进行移动，得到的效果如图6-240所示。

图6-240　效果

38 使用选择工具 ，选中右翻领，按小键盘上的"+"键复制。使用形状工具 ，单击复制出的翻领，在图6-241所示的A、B两处分别双击添加节点，再单击A、B段以外的线段，按Delete键删除。

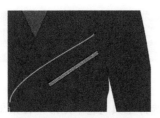

图6-241 绘制AB段曲线

39 使用选择工具⬛选中齿轮，在图6-242所示的A、B处各放一个，选中B处的齿轮，按住Shift键将其缩小，使用调和工具⬛，参考第37步进行调节。

图6-242 在AB段调和拉链齿轮

40 参考上述步骤在图6-243所示的AB处放置齿轮，使用调和工具⬛进行调和，得到的效果如图6-244所示。

图6-243 绘制AB段曲线

图6-244 在AB段调和拉链齿轮

41 使用贝塞尔工具⬛和形状工具⬛绘制出一个图6-245所示的闭合图形。

42 使用矩形工具⬛，在上一步绘制出的图形的中心绘制出一个矩形。使用形状工具，单击矩形图案的节点，向下拉进行调整，得到的效果如图6-246所示。

图6-245 绘制拉链头图形　图6-246 绘制拉链头图形

43 使用贝塞尔工具⬛和形状工具⬛绘制出图6-247所示的图形。

44 使用选择工具⬛框选中上一步绘制出的图形，按小键盘上的"+"键复制，单击属性栏中的"水平镜像"图标，将翻转后的图形放置在图6-248所示的位置。

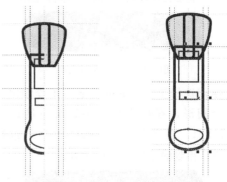

图6-247 绘制拉链头图形　图6-248 合并拉链头图形

45 使用选择工具⬛框选中上一步绘制好的图形，在属性栏中单击"合并"图标⬛。使用形状工具⬛分别框选中该图形中心相交的两个节点，单击属性栏中的"连接两个节点"图标⬛，使用选择工具⬛框选中整个拉链头，在属性栏中将轮廓宽度设置为"细线"，在文档调色板中选择颜色（RGB：255、229、224）进行填充，得到的效果如图6-249所示。

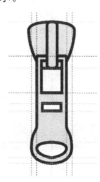

图6-249 拉链头填充颜色

46 使用选择工具⬛框选中整个拉链头，重复按3次小键盘上的"+"键进行复制，将拉链头分别放置在门襟、右胸前以及袖口的拉链处，如图6-250所示。

47 使用选择工具 对右胸前的拉链进行旋转调整，得到的效果如图6-251所示。

图6-250　放置拉链头　　　图6-251　效果

48 使用贝塞尔工具 和形状工具 在服装的底边绘制出图6-252所示的两个闭合图形。

图6-252　绘制腰带图形

49 使用选择工具 框选中上一步绘制出的两个图形，在属性栏中将轮廓宽度设置为0.5pt，在调色板中选择"红色"进行填充，得到的效果如图6-253所示。

图6-253　腰带填充颜色

50 使用贝塞尔工具 和形状工具 在底边处左边的闭合图形上绘制出一个图6-254所示的曲线。

图6-254　绘制图形

51 使用贝塞尔工具 和形状工具 在底边上绘制出两个带子。使用选择工具 框选中这两个带子，在属性栏中将轮廓宽度设置为0.5pt，在调色板中选择"红色"进行填充，得到的效果如图6-255所示。

图6-255　绘制图形

52 使用矩形工具 在图6-256所示的位置绘制一个矩形。使用形状工具 ，单击该矩形节点进行调整，使用选择工具 选中该矩形，在属性栏中将轮廓宽度设置为0.75pt。

图6-256　绘制腰带扣

53 使用选择工具 选中矩形，在菜单栏中执行"对象/将轮廓转换为对象"命令，在属性栏中将轮廓宽度设置为"细线"，在调色板中选择"白色"进行填充，得到的效果如图6-257所示。

图6-257　腰带扣填充颜色

54 使用选择工具 选中矩形，单击鼠标右键，执行"顺序/置于此对象后"命令，将箭头放置在底边的右边闭合图形内，单击左键，得到的效果如图6-258所示。

图6-258　调整腰带扣

55 使用上述步骤绘制出图6-259所示的图形。

图6-259　效果

56 使用贝塞尔工具 和形状工具 在翻领、门襟、袖子以及口袋盖的底边的衣带绘制辑明线。使用选择工具将辑明线的轮廓宽度设置为0.3pt，线条样式设置为"虚线"，得到的效果如图6-260所示。

图6-260　绘制辑明线

57 使用选择工具 ，双击文档调色板中的任意颜色，在弹出的对话框中选择并添加一个颜色（RGB：134、41、10）。

58 使用贝塞尔工具 和形状工具 依着口袋盖的省线，在衣片上绘制出一个内裆。使用选择工具 选中该内裆，在属性栏中将轮廓宽度设置为0.4pt，在文档调色板中选择上一步添加的颜色（RGB：134、41、10），得到的效果如图6-261所示。

59 使用选择工具 选中内裆，按小键盘上的"+"键进行复制。将复制出的内裆进行挪动，框选中这两个内裆，按小键盘上的"+"键进行复制，单击属性栏中的"水平镜像"图标 ，将翻转后的内裆放置在图6-262所示的位置。

图6-261　绘制内裆图形　　图6-262　透明度调节

60 使用透明度工具 ，单击内裆进行调节，如图6-263所示。

图6-263　绘制辑明线

61 使用椭圆形工具 绘制出一个圆形，在属性栏中将对象大小设置为1.2mm，将轮廓宽度设置为0.1pt，在文档调色板中选择颜色（RGB：255、229、224）进行填充。使

用选择工具 选中圆形图案，重复按3次小键盘上的"+"键进行复制，将其放置在翻领上相应的位置，使用选择工具 选中靠后的圆形并进行调节，得到的效果如图6-264所示。

图6-264　摆放扣子

62 使用选择工具 从横纵标尺处拉出数条辅助线，使用手绘工具 依着辅助线绘制出图6-265所示的图形，在属性栏中将轮廓宽度设置为"细线"。

图6-265　拉出辅助线

63 使用矩形工具 在上一步绘制粗的图形内绘制出图6-266所示的两个矩形。使用选择工具 框选中这两个矩形，在调色板中选择"黑色"进行填充，即完成了女款夹克的绘制。

图6-266　最后效果

6.3 西装款式设计

西装按件数分类，可以分为单件西装、两件套西装（包括上衣与裤子成套，其面料、色彩、款式一致，风格相互呼应）、三件套西装（男性三件套则包括一衣，一裤和一件背心。而女性的三件套则包括西装、背心、裙子）；按照上衣的纽扣分类，可以分为单排扣（男装常穿的单排扣西服款式以两粒扣、平驳领、高驳头、圆角下摆款为主。）和双排扣（男子常穿的双排扣西装是六粒扣、枪驳领、方角下摆款）两类。

6.3.1 职业西装

职业西装的面料多采用化学纤维的，下坠性比较好，比较笔挺，款式上会比较简单，不易皱；分为单排扣和双排扣两类。图6-267所示为职业西装的CorelDRAW效果图。

图6-267 职业西装的CorelDRAW效果图

下面介绍职业西装的CorelDRAW绘制步骤。

01 执行"文件/导入"命令，导入女性人体模型。

02 使用贝塞尔工具 和形状工具 绘制出西装的左前片，如图6-268所示。

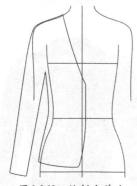

图6-268 绘制左前片

03 使用选择工具 选中左前片，在属性栏中将轮廓宽度设置为0.5pt，在调色板中选择"白色"进行填充，得到的效果如图6-269所示。

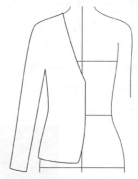

图6-269 左前片填充填充颜色

04 使用选择工具 选中左前片，按小键盘上的"+"键进行复制，单击属性栏中的"水平镜像"图标 ，将翻转后的衣片放置在图6-270所示的位置。

图6-270 复制并翻转左前片

05 使用贝塞尔工具 和形状工具 绘制出西装的领子（青果领），如图6-271所示。

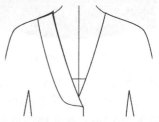

图6-271 绘制衣领

06 使用选择工具 选中领子，在属性栏中将轮廓宽度设置为0.5pt，在调色板中选择"白色"进行填充，得到的效果如图6-272所示。

图6-272　衣领填充颜色

07 使用选择工具 ，选中领子，按小键盘上的"+"键进行复制，单击属性栏中的"水平镜像"图标 ，将翻转后的领子放置在图6-273所示的位置。单击鼠标右键，执行"顺序/到图层后面"命令。

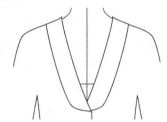

图6-273　复制并翻转衣领

08 使用贝塞尔工具 和形状工具 绘制出西装的后领片，如图6-274所示。

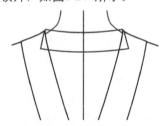

图6-274　绘制后领

09 使用选择工具 选中后领片，在属性栏中将轮廓宽度设置为0.5pt，在调色板中选择"白色"进行填充，得到的效果如图6-275所示。单击鼠标右键，执行"顺序/到图层后面"命令。

图6-275　后领填充颜色

10 使用贝塞尔工具 和形状工具 绘制出西装的分割线，使用选择工具 框选中所有的分割线，在属性栏中将轮廓宽度设置为0.4pt，如图6-276所示。

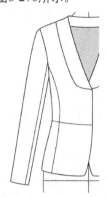

图6-276　绘制分割线

11 使用选择工具 框选中所有的分割线，按小键盘上的"+"键进行复制，单击属性栏中的"水平镜像"图标 ，按住Shift键将翻转后的省线移动至图6-277所示的位置。

图6-277　复制并翻转分割线

12 使用贝塞尔工具 和形状工具 从腰节处向上画一条省线，使用选择工具 选中省线，在属性栏中将轮廓宽度设置为0.4pt。使用透明度工具单击省线并进行调节，如图6-278所示。

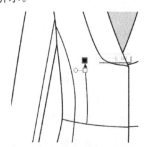

图6-278　对省线进行透明度调节

13 使用选择工具 选中省线，按小键盘上的

"+"键进行复制，单击属性栏中的"水平镜像"图标⇆，按住Shift键，将翻转后的省线移动至图6-279所示的位置。

图6-279 效果

14 使用贝塞尔工具∿和形状工具∿在袖口处绘制一个图6-280所示的闭合图形。使用选择工具∿选中该图形，在属性栏中将轮廓宽度设置为0.4pt。

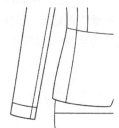

图6-280 绘制袖口

15 使用选择工具∿选中上一步绘制出的图形，在调色板中选择"粉色"（CMYK：0、40、20、0）进行填充，得到的效果如图6-281所示。

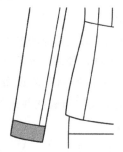

图6-281 袖口填充颜色

16 使用选择工具∿选中上一步绘制出的图形，按小键盘上的"+"键进行复制，单击属性栏中的"水平镜像"图标⇆，将翻转后的图形放置右袖上，如图6-282所示。

17 使用选择工具∿选中领子，在调色板中选择"粉色"进行填充，得到的效果如图6-283所示。

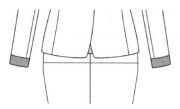

图6-282 复制并翻转袖口

图6-283 衣领填充颜色

18 使用贝塞尔工具∿和形状工具∿在后领上绘制图6-284所示的阴影图形。使用选择工具∿选中阴影图形，在调色板中选择"深红"进行填充，再用鼠标右键单击调色板上方的图标⊠，取消轮廓线。

图6-284 绘制阴影图形

19 使用贝塞尔工具∿和形状工具∿绘制出门襟衣领处的阴影。使用选择工具选中这些阴影，在调色板中选择"40%黑"进行填充，得到的效果如图6-285所示。

图6-285 效果

20 使用椭圆形工具绘制出一个圆形，在属性栏中将对象大小设置为1.8mm，将轮廓宽度设置为0.1pt，在调色板中选择颜色“粉色”进行填充，得到的效果如图6-286所示。

21 使用选择工具选中圆形，按小键盘上的“+”键进行复制，在属性栏中将对象大小设置为1.5mm，在调色板中选择颜色“深红”（CMYK：0、40、20、40）进行填充。用鼠标右键单击调色板上方的图标☒，取消轮廓线，得到的效果如图6-287所示。

图6-286　绘制圆形

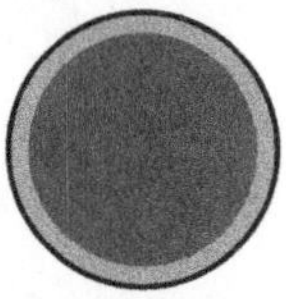

图6-287　绘制圆形

22 使用选择工具选中圆形，按小键盘上的“+”键进行复制，在属性栏中将对象大小设置为0.35mm，将轮廓宽度设置为0.1pt，在调色板中选择颜色“90%黑”进行填充，得到的效果如图6-288所示。

23 使用手绘工具在两个小圆中间绘制一条直线，使用选择工具选中该直线，按Alt+Enter快捷键，在对象属性窗口中将线条设置为“圆形端头”，将轮廓宽度设置为0.75pt，得到的效果如图6-289所示，即完成扣子的绘制。

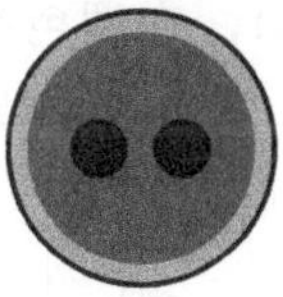

图6-288　绘制圆形

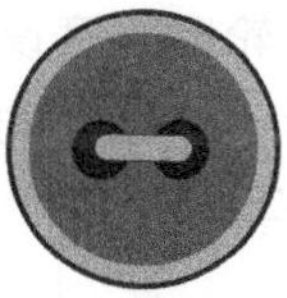

图6-289　绘制图形

24 使用选择工具，从横纵标尺处拉出3条辅助线，如图6-290所示摆放。

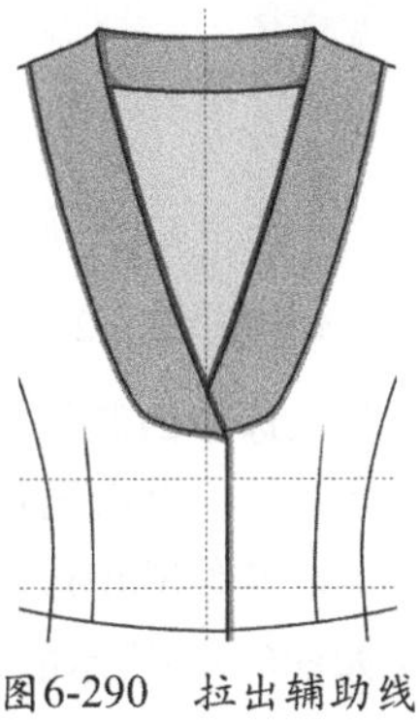

图6-290　拉出辅助线

25 使用选择工具框选中扣子，单击鼠标右键，执行“组合对象”命令。按小键盘上的“+”键进行复制，将扣子依着辅助线放置，即完成了职业西装的绘制，最后的效果如图6-291所示。

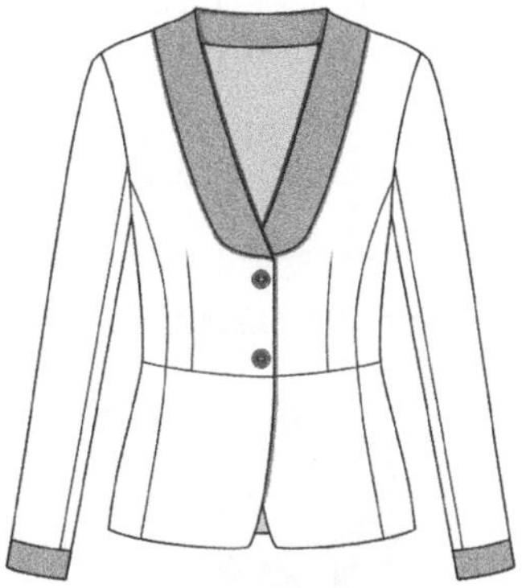

图6-291　最后效果

6.3.2　休闲西装

休闲西装又名休闲西服，面料是比较容易起皱的，一般会采用一些天然纤维（棉、麻、毛、皮）来制作。图6-292所示为休闲西装的CorelDRAW效果图。

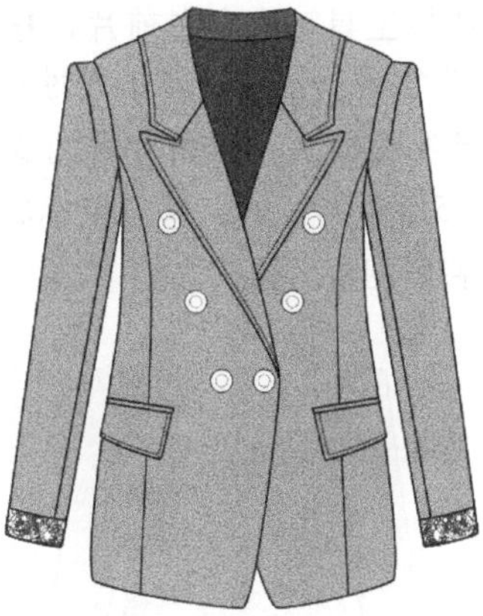

图6-292　休闲西装效果图

下面介绍休闲西装的CorelDRAW绘制步骤。

01 执行“文件/导入”命令，导入女性人体模型。

02 使用贝塞尔工具和形状工具绘制出西装的左前片，如图6-293所示。

03 使用选择工具选中左前片，在属性栏中将轮廓宽度设置为0.5pt，在调色板中选择“冰蓝”（CMYK：40、0、0、0）进行填充，得到的效果如图6-294所示。

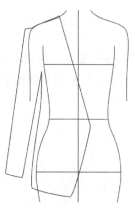

图6-293　绘制左前片

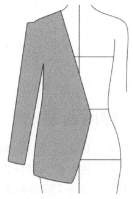

图6-294　左前片填充颜色

04 使用选择工具 选中左前片，按小键盘上的"+"键进行复制，单击属性栏中的"水平镜像"图标 ，将翻转后的衣片放置在图6-295所示的位置。单击鼠标右键，执行"顺序/到图层后面"命令。

图6-295　复制并翻转左前片

05 使用贝塞尔工具 和形状工具 绘制出袖子的分割线，如图6-296所示。使用选择工具 框选中这些分割线，在属性栏中将轮廓宽度设置为0.4pt。

06 使用选择工具 框选中袖子上的分割线，按小键盘上的"+"键进行复制，单击属性栏

中的"水平镜像"图标 ，按住Shift键，将翻转后的结构线平移至图6-297所示的位置。

图6-296　绘制图形袖子上的分割线

图6-297　复制并翻转分割线

07 使用贝塞尔工具 和形状工具 绘制出西装领，如图6-298所示。

08 使用选择工具选中西装领，在属性栏中将轮廓宽度设置为0.5pt，在调色板中选择"冰蓝"进行填充，得到的效果如图6-299所示。

图6-298　绘制翻领图形　　图6-299　翻领填充颜色

09 使用选择工具 选中西装领，按小键盘上的"+"键进行复制，单击属性栏中的"水平镜像"图标 ，按住Shift键，将翻转后的西装领平移至如图6-300所示的位置。

图6-300 复制并翻转翻领

10 执行"文件/导入"命令，导入一张花卉图片，如图6-301所示。

图6-301 导入图片

11 使用贝塞尔工具◇和形状工具↖在袖口处绘制出图6-302所示的一个闭合图形。使用选择工具↖选中该图形，在属性栏中将轮廓宽度设置为0.5pt。

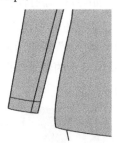

图6-302 绘制卷边图形

12 使用选择工具↖选中花卉图片，单击鼠标右键，执行"Power Clip内部"命令，将箭头放置袖口处的闭合图形内，单击鼠标，得到的效果如图6-303所示。

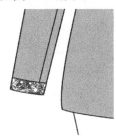

图6-303 填充花卉图片至卷边图形

13 使用选择工具↖选中上一步绘制出的图形，按小键盘上的"+"键进行复制，单击属性栏中的"水平镜像"图标，按住Shift键，将翻转后的图形平移至右袖上相应的位置，如图6-304所示。

图6-304 效果

14 使用选择工具↖从横纵标尺处拉出3条辅助线，如图6-305所示放置。

15 使用手绘工具╲依着辅助线绘制出图6-306所示的一个闭合图形。

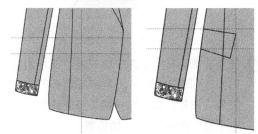

图6-305 拉出辅助线 图6-306 绘制口袋盖图形

16 使用形状工具↖框选中上一步绘制出的图形，单击鼠标右键，执行"转换为曲线"命令，进行调整，得到的效果如图6-307所示。

17 使用选择工具↖选中调整后的口袋盖，在属性栏中将轮廓宽度设置为0.5pt，在调色板中选择"冰蓝"进行填充，得到的效果如图6-308所示。

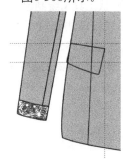 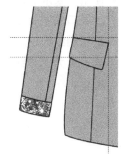

图6-307 调整口袋盖图形 图6-308 口袋盖填充颜色

18 使用手绘工具 在口袋盖上绘制出一条直
线，在属性栏中将轮廓宽度设置为2.0pt，
得到的效果如图6-309所示。

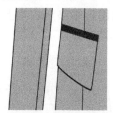

图6-309　绘制图形

19 使用选择工具 选中上一步绘制出的直
线，在菜单栏中执行"对象/将轮廓转换为
对象"命令。在属性栏中将轮廓宽度设置
为0.5pt，在调色板中选择"冰蓝"进行填
充，得到的效果如图6-310所示。

图6-310　填充颜色

20 使用选择工具 框选中口袋盖，按小键盘上
的"+"键进行复制，单击属性栏的"水平
镜像"图标，按住Shift键，将翻转后的口袋
盖平移至图6-311所示的位置。

图6-311　效果

21 使用贝塞尔工具 和形状工具 绘制出领子
以及口袋盖上的辑明线。使用选择工具，
将辑明线的轮廓宽度设置为0.35pt，线条样
式设置为"虚线"，得到的效果如图6-312
所示。

图6-312　绘制辑明线

22 使用椭圆形工具 绘制出一个圆形，在属性
栏中将对象大小设置为3.0mm，在调色板
中选择"白色"进行填充。使用选择工具
选中圆形，按小键盘上的"+"键进行复
制，在属性栏中将对象大小设置为1.5mm，
在调色板中用右键单击颜色"50%黑"，改
变轮廓线颜色，得到的效果如图6-313所示。

图6-313　绘制扣子

23 使用选择工具 框选中两个圆形，重复按5
次小键盘上的"+"键进行复制，再将其放
置在图6-314所示的位置，即完成了休闲西
装的绘制。

图6-314　最后效果

6.4 大衣款式设计

现代男式大衣大多为直形的宽腰式。款式主要在领、袖、门襟、口袋等部位发生变化。女式大衣一般随流行趋势不断变换式样，无固定格局，如有的采用多块衣片组合成衣身，有的下摆呈波浪形，有的还配以腰带等附件。

6.4.1 传统大衣

传统的大衣，其款式多为大翻领，单、双排扣，一般在腰部横向剪接，以贴袋为主，多用粗呢面料制作。图6-315所示为传统大衣的CorelDRAW效果图。

图6-315 传统大衣的CorelDRAW效果图

下面介绍传统大衣的CorelDRAW绘制步骤。

01 执行"文件/导入"命令，导入女性人体模型。

02 使用贝塞尔工具 和形状工具 绘制出大衣的左前片，如图6-316所示。

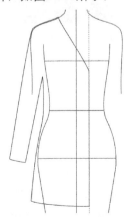

图6-316 绘制左前片

03 使用选择工具 在文档调色板中添加颜色（RGB：32、37、56）。

04 使用选择工具 选中左前片，在属性栏中将轮廓宽度设置为1.0pt，在文档调色板中选择颜色（RGB：32、37、56）进行填充，得到的效果如图6-317所示。

05 使用选择工具 选中左前片，按小键盘上的"+"键进行复制，单击属性栏中的"水平镜像"图标 ，将翻转后的衣片放置在图6-318所示的位置。选中左前片并单击鼠标右键，执行"顺序/到图层前面"命令。

图6-317 左前片填充颜色　图6-318 复制并翻转左前片

06 使用贝塞尔工具 和形状工具 绘制出大衣的左边衣领，如图6-319所示。

图6-319 绘制翻领

07 使用选择工具 选中左边衣领，在属性栏中将轮廓宽度设置为1.0pt，在文档调色板中选择颜色（RGB：32、37、56）进行填充，得到的效果如图6-320所示。

08 使用选择工具 选中左边衣领，按小键盘上的"+"键进行复制，单击属性栏中的"水平镜像"图标 ，将翻转后的衣片放置在图6-321所示的位置。选中右边衣领并单击鼠标右键，执行"顺序/至于此对象后"命令，然后单击左前片。

图6-320 翻领填充颜色 图6-321 复制并翻转翻领

09 使用贝塞尔工具 和形状工具 绘制出大衣的后领，如图6-322所示。

10 使用选择工具 选中后领，在属性栏中将轮廓宽度设置为1.0pt，在文档调色板中选择颜色（RGB：32、37、56）进行填充。用右键单击后片，执行"顺序/到图层后面"命令，得到的效果如图6-323所示。

图6-322 绘制后领 图6-323 后领填充颜色

11 使用手绘工具 在领口绘制出图6-324所示的一个闭合图形。

12 使用选择工具 在文档调色板中添加一个颜色（RGB：29、32、49）。

13 使用选择工具 选中上一步绘制出的图形，在文档调色板中选择颜色（RGB：29、32、49）进行填充。用右键单击后片，执行"顺序/到图层后面"命令，得到的效果如图6-325所示。

图6-324 绘制后片图形 图6-325 后片填充颜色

14 使用贝塞尔工具 和形状工具 绘制出大衣后裾面，如图6-326所示。

15 使用选择工具 选中后裾面，在属性栏中将轮廓宽度设置为1.0pt，在文档调色板中选择颜色（RGB：32、37、56）进行填充。用右键单击颜色"深绿"，改变轮廓线颜色，用右键单击后裾面，执行"顺序/至于此对象后"命令，单击后领，得到的效果如图6-327所示。

图6-326 绘制后裾面 图6-327 效果

16 使用贝塞尔工具 和形状工具 绘制出袖子的分割线和袖窿线，如图6-328所示。使用选择工具 框选中这两根线，在属性栏中将轮廓宽度设置为0.75pt。

图6-328 绘制袖子的分割线

17 使用选择工具 框选中上一步绘制出的两个线，按小键盘上的"+"键进行复制，单击属性栏中的"水平镜像"图标 ，将翻转后的线放置在右袖上，如图6-329所示。

18 使用贝塞尔工具 和形状工具 绘制出大衣的刀背缝缝，使用选择工具在属性栏中将刀背缝缝的轮廓宽度设置为0.75pt，得到的效果如图6-330所示。

图6-329 复制并翻转分割线

图6-330 拉出辅助线

19 使用选择工具 ▶ 选中人体模型，单击鼠标右键，执行"顺序/到图层前面"命令。使用贝塞尔工具 ✎ 和形状工具 ➤ 依着模型的腰节线绘制出一条腰节分割线，如图6-331所示。使用选择工具 ▶ 选中该线，在属性栏中将轮廓宽度设置为2.5pt。

图6-331 绘制腰节分割线

20 使用贝塞尔工具 ✎ 和形状工具 ➤ 在腰节线上绘制一条曲线，如图6-332所示。

21 执行"文件/导入"命令，导入我们之前绘

制的女夹克，使用选择工具 ▶ 选中拉链，单击鼠标右键，执行"提取内容"命令，单击鼠标右键，执行"取消组合对象"命令，从拉链中选中图6-333所示的图形。

图6-332 绘制图形　　　　图6-333 效果

22 使用选择工具 ▶ 选中拉链齿轮，按小键盘上的"+"键进行复制，将这两个齿轮图形放置在腰节的A、B两端点处，如图6-334所示。

图6-334 放置拉链齿轮

23 使用调和工具 ▧，单击A处齿轮并将其拉向B处齿轮，然后松开鼠标。在属性栏中单击"路径属相"图标 ➤，选择"新路径"，单击腰节上的红色曲线，将调和对象设置为88，得到的效果如图6-335所示。

图6-335 调和拉链齿轮

24 使用选择工具 ▶ 选中拉链，单击鼠标右键，执行"拆分路径群组上的混合"命令，单击红色曲线，按Delete键删除。单击鼠标右键，执行"Power Clip内部"命令，单击腰节分割线，使用选择工具选中拉链，按小键盘上的"+"键进行复制，单击属性栏上的"水平镜像"图标，选中翻转后的拉链，按住Shift键，平移至右衣片上，得到的效果如图6-336所示。

25 使用选择工具 ▶ 选中在第21步导入的女夹克中的拉链头，将其放置在图6-337所示的位置。

图6-336　效果

图6-337　放置拉链头

26 使用手绘工具[图]，从腰节向上绘制出大衣的腰节省，如图6-338所示。使用选择工具[图]在属性栏中将腰节省的轮廓宽度设置为0.75pt。

图6-338　绘制腰省

27 使用贝塞尔工具[图]和形状工具[图]绘制出大衣的袖搭子，如图6-339所示。

图6-339　绘制袖搭子

28 使用选择工具[图]选中袖搭子，在属性栏中将轮廓宽度设置为0.75pt，在文档调色板中选择颜色（RGB：32、37、56）进行填充，得到的效果如图6-340所示。

29 使用选择工具[图]选中袖搭子，按小键盘上的"+"键进行复制，单击属性栏上的"水平镜像"图标[图]，按住Shift键，将翻转后的袖搭子平移至右袖上，如图6-341所示。

图6-340　袖搭子填充填充颜色

图6-341　复制并翻转袖搭子

30 使用贝塞尔工具[图]和形状工具[图]绘制出大衣的肩袢，如图6-342所示。

31 使用选择工具[图]选中肩袢，在属性栏中将轮廓宽度设置为0.75pt，在文档调色板中选择颜色（RGB：32、37、56）进行填充。单击鼠标右键，执行"顺序/至于此对象后"命令，单击左衣领，得到的效果如图6-343所示。

图6-342　绘制肩袢　　　图6-343　肩袢填充颜色

32 使用选择工具[图]框选中肩袢，按小键盘上的"+"键进行复制，单击属性栏中的"水平镜像"图标[图]，按住Shift键，将翻转后的肩袢平移至右前片上，如图6-344所示。

图6-344　复制并翻转肩袢

33 使用选择工具[图]从横纵标尺处拉出数条辅助线，按图6-345所示的状态摆放。双击纵辅助线进行旋转使其平行于刀背缝，横辅助线旋转至平行于底边的状态。

34 使用手绘工具 依着辅助线绘制出图6-346 所示的口袋盖。

图6-345 拉出辅助线 图6-346 绘制口袋盖图形

35 使用选择工具 选中口袋盖，在属性栏中将轮廓宽度设置为0.75pt，在文档调色板中选择颜色（RGB：32、37、56）进行填充。按小键盘上的"+"键进行复制，单击属性栏中的"水平镜像"图标，选中翻转的口袋盖，按住Shift键，将其平移至图6-347所示的位置。

图6-347 复制并翻转口袋盖

36 使用贝塞尔工具 和形状工具 在领子、肩袢、门襟、刀背缝以及口袋盖袖搭子上绘制辑明线。使用选择工具在属性栏中将辑明线的轮廓宽度设置为0.5pt，线条样式设置为"虚线"，得到的效果如图6-348所示。

图6-348 绘制辑明线

37 使用选择工具 在文档调色板添加两个颜色，一个为（RGB：255、229、224），另一个为（RGB：255、221、215）。

38 使用椭圆形工具 绘制出一个圆形，在属性栏中将对象大小设置为2.0mm，将轮廓样式设置为"细线"，在调色板中选择颜色（RGB：255、229、224）进行填充，得到的效果如图6-349所示。

39 使用选择工具 选中上一步绘制出的圆形，按小键盘上的"+"键复制，在属性栏中将复制的圆形对象大小设置为1.5mm，将轮廓宽度设置为0.1pt，在调色板中选择颜色（RGB：255、221、215）进行填充。得到的效果如图6-350所示。

图6-349 绘制图形 图6-350 绘制图形

40 使用贝塞尔工具 和形状工具 在大圆上绘制出图6-351所示的高光图形。

41 使用选择工具 选中任意圆形，按小键盘上的"+"键复制，在属性栏中将对象大小设置为0.35mm，在调色板中选择颜色"黑"单击左右键改变其填充色和外轮廓颜色，使用选择工具选中黑色圆形，按小键盘上的"+"键复制，再将其按图6-352所示的状态摆放，即完成一颗扣子的绘制。

图6-351 绘制图形 图6-352 绘制图形

42 使用选择工具 从横纵标尺处拉出数条辅助线，按图6-353所示的状态摆放，其中红色辅助线为止口线位置。

43 使用选择工具 框选中扣子，单击鼠标右键，执行"组合对象"命令，再重复按9次小键盘上的"+"键进行复制，将这些扣子依着辅助线放置，即完成了传统大衣的绘制，最后的效果如图6-354所示。

图6-353　摆放辅助线

图6-354　最后效果

6.4.2　无领大衣

无领大衣是指没有领子的大衣，图6-355所示为无领大衣的CorelDRAW效果图。

图6-355　无领大衣的CorelDRAW效果图

下面介绍无领大衣的CorelDRAW绘制步骤。

01 执行"文件/导入"命令，导入女性人体模型。

02 使用贝塞尔工具和形状工具绘制出大衣的左前片，如图6-356所示。

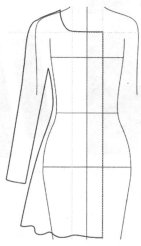

图6-356　绘制图形

03 使用选择工具在文档调色板中添加一个颜色（RGB：186、68、61）。

04 使用选择工具选中左前片，在属性栏中将轮廓宽度设置为0.75pt，在文档调色板中选择颜色（RGB：186、68、61）进行填充，得到的效果如图6-357所示。

图6-357　填充颜色

05 使用选择工具选中左前片，按小键盘上的"+"键进行复制，单击属性栏中的"水平镜像"图标，将翻转后的衣片放置在图6-358所示的位置。选中左前片，单击鼠标右键，执行"顺序/到图层前面"命令。

06 使用贝塞尔工具和形状工具在领口处绘制出大衣的后衣片，如图6-359所示。

图6-358　复制并翻转图形

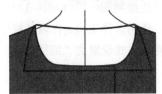

图6-359　绘制后片图形

07 使用选择工具 ，选中后衣片，在属性栏中将轮廓宽度设置为0.75pt，在文档调色板中选择颜色（RGB：186、68、61）进行填充。单击右键，对后片执行"顺序/到图层后面"命令，得到的效果如图6-360所示。

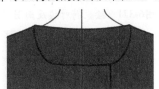

图6-360　后片填充颜色

08 使用贝塞尔工具 和形状工具 ，在底摆处绘制出大衣的后衣片，如图6-361所示。

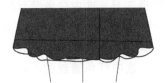

图6-361　绘制后片图形

09 使用选择工具 ，在文档调色板中添加一个颜色（RGB：109、37、15）。

10 使用选择工具 ，选中后衣片，在属性栏中将轮廓宽度设置为0.75pt，在文档调色板中选择颜色（RGB：109、37、15）进行填充。单击鼠标右键，对后片执行"顺序/到图层后面"命令，得到的效果如图6-362所示。

图6-362　填充后片颜色

11 使用选择工具 ，选中人体模型，单击鼠标右键，执行"顺序/到图层前面"命令。

12 使用贝塞尔工具 和形状工具 ，在人体模型的基础上绘制出大衣的分割线，得到的效果如图6-363所示。

图6-363　绘制分割线

13 使用选择工具 ，框选中分割线，按小键盘上的"+"键进行复制，单击属性栏中的"水平镜像"图标 ，将翻转后的分割线放置在图6-364所示的位置。

图6-364　复制并翻转图形

14 使用贝塞尔工具 和形状工具 ，在大衣的领口以及腰节处绘制出图6-365所示的两个闭合图形。

15 执行"文件/导入"命令，导入一张蕾丝面料图片，如图6-366所示。

16 执行"文件/导入"命令，导入另一张蕾丝面料图片，如图6-367所示。

图6-365 绘制图形

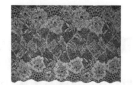

图6-366 导入图片

图6-367 导入图片

17 使用选择工具 ▶，选中白色蕾丝面料，单击鼠标右键，执行"Power Clip内部"命令，将箭头放置在领口处的图形轮廓线上，单击鼠标，得到的效果如图6-368所示。

图6-368 填充图片

18 使用上述步骤将另一张蕾丝面料图片填充至腰节处的图形内，得到的效果如图6-369所示。

图6-369 填充图片

19 使用选择工具 ▶，选中两个蕾丝图形，按小键盘上的"+"键进行复制，单击属性栏中的"水平镜像"图标 ，将翻转后的图形放置在右衣片相应的位置。单击鼠标右键，执行"顺序/至于此对象后"命令，将箭头放置在左前片内，最后单击鼠标，得到的效果如图6-370所示。

图6-370 效果

20 使用贝塞尔工具 ▶ 和形状工具 ▶，在蕾丝图形的翻折处绘制图6-371和图6-372所示的闭合图形。使用选择工具 ▶ 在属性栏中将这些图形的轮廓样式设置为"细线"。

图6-371 绘制荷叶边反面图形

图6-372 绘制荷叶边反面图形

21 使用选择工具 ▶ 选中白色蕾丝图片，单击鼠标右键，执行"Power Clip内部"命令，将箭头放置在领口处的图形轮廓线上，单击鼠标。选中红色蕾丝图片，单击鼠标右键，执行"Power Clip内部"命令，将箭头放置在腰节处的图形轮廓线上，单击鼠标，得到的效果如图6-373所示。

22 使用选择工具 ▶ 选择翻折处绘制的图形，按小键盘上的"+"键进行复制，单击属性栏中的"水平镜像"图标 ，将翻转后的图形放置在右衣片上，如图6-374所示。

图6-373 填充图片至反面图形

图6-374 效果

23 使用贝塞尔工具 和形状工具 绘制出蕾丝图形上的褶皱线。使用选择工具 在属性栏中将褶皱线的轮廓样式设置为"细线"，得到的效果如图6-375所示。

图6-375 绘制褶皱线

24 使用选择工具 在文档调色板中添加一个颜色（RGB：152、45、37）。

25 使用贝塞尔工具 和形状工具 绘制出领口处的阴影图形。使用选择工具选中阴影图像，在属性栏中将轮廓宽度设置为"无"，在文档调色板中选择颜色（RGB：152、45、37）进行填充。单击鼠标右键，执行"顺序/置于此对象后"命令，将箭头放置在蕾丝图形上，单击鼠标，得到的效果如图6-376所示。

图6-376 绘制阴影图形

26 使用贝塞尔工具 和形状工具 绘制完整件大衣的阴影，得到的效果如图6-377所示。

图6-377 阴影效果

27 使用贝塞尔工具 和形状工具 在腰节上绘制出辑明线。使用选择工具 选中辑明线，在属性栏中将轮廓宽度设置为0.4pt，线条样式设置为"虚线"，得到的效果如图6-378所示。

图6-378 绘制辑明线

28 使用椭圆形工具 绘制出一个圆形，在属性栏中将对象大小设置为1.6mm，轮廓宽度设置为0.1pt，在调色板中选择"白色"进行填充。使用选择工具选中该圆形，按小键盘上的"+"键进行复制，在调色板中选择"深红"进行填充，得到的效果如图6-379所示。

29 使用透明度工具 ，在属性栏中单击"渐变透明"图标 ，单击"椭圆形渐变透明度"图标 ，再对圆形进行调节，如图6-380所示，即完成扣子的绘制。

30 使用选择工具 框选中扣子，单击鼠标右键，执行"组合对象"命令。

图6-379 绘制图形

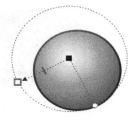

图6-380 透明度调节

31 使用选择工具 ，从横纵标尺处拉出数条辅助线，按图6-381所示的状态摆放。

图6-381 摆放辅助线

32 使用选择工具 ，选中扣子，重复按5次小键盘上的 "+" 键进行复制。将这些扣子依着辅助线放置，即完成了无领大衣的绘制，最后的效果如图6-382所示。

图6-382 最后效果

6.4.3 斗篷型大衣

斗篷型大衣形似斗篷，其款式帅气、优雅。图6-383所示为斗篷型大衣的CorelDRAW效果图。

下面介绍斗篷型大衣的CorelDRAW绘制步骤。

01 执行 "文件/导入" 命令，导入女性人体模型。

图6-383 斗篷型大衣的CorelDRAW效果图

02 使用贝塞尔工具 和形状工具 绘制出大衣的左前片，如图6-384所示。

图6-384 绘制图形

03 使用选择工具 ，在文档调色板中添加一个颜色（RGB：32、37、56）。

04 使用选择工具 选中左前片，在属性栏中将轮廓宽度设置为1.0pt，在文档调色板中选择颜色（RGB：32、37、56）进行填充，得到的效果如图6-385所示。

05 使用选择工具 选中左前片，按小键盘上的 "+" 键进行复制，单击属性栏中的 "水平镜像" 图标 ，将翻转后的衣片放置在图6-386所示的位置。选中左前片，单击鼠标右键，执行 "顺序/到图层前面" 命令。

06 使用贝塞尔工具 和形状工具 绘制出大衣的袖窿线、刀背缝以及腰节线。使用选择工具 框选中这些线，在属性栏中将轮廓宽度设置为0.75pt，得到的效果如图6-387所示。

图6-385 填充颜色

图6-386 复制并翻转图形

图6-387 绘制分割线

07 使用选择工具，框选中上一步绘制出的线，按小键盘中的"+"键进行复制，单击属性栏中的"水平镜像"图标，按住Shift键，将翻转后的线平移至右片，如图6-388所示。

08 使用贝塞尔工具和形状工具绘制出大衣的后片，如图6-389所示。

图6-388 复制并翻转图形

图6-389 绘制后片图形

09 使用选择工具，在文档调色板中添加一个颜色（RGB：27、32、38）。

10 使用选择工具，选中后片，在属性栏中将轮廓宽度设置为1.0pt，在文档调色板中选择颜色（RGB：27、32、38）进行填充。单击鼠标右键，执行"顺序/到图层后面"命令，得到的效果如图6-390所示。

图6-390 后片填充颜色

11 使用贝塞尔工具和形状工具绘制出大衣的领座，使用选择工具选中领座，将其轮廓宽度设置为1.0pt。选择颜色（RGB：32、37、56）进行填充，得到的效果如图6-391所示。

图6-391 绘制领座图形

12 使用选择工具，选中领座，按小键盘上的"+"键进行复制，单击属性栏中的"水平镜像"图标⚏，按住Shift键，将翻转后的领座平移至右边相应的位置，如图6-392所示。

图6-392　复制并翻转图形

13 使用贝塞尔工具☝和形状工具☝绘制出大衣的后领座，如图6-393所示。

图6-393　绘制领座图形

14 使用选择工具☝选中后领座，在属性栏中将轮廓宽度设置为1.0pt，在文档调色板中选择颜色（RGB：32、37、56）进行填充。单击鼠标右键，执行"顺序/到图层后面"命令，得到的效果如图6-394所示。

图6-394　填充颜色

15 使用贝塞尔工具☝和形状工具☝在肩部绘制出图6-395所示的一个闭合图形。

图6-395　绘制图形

16 使用选择工具☝选中上一步绘制出的图形，在属性栏中将轮廓宽度设置为1.0pt，在文档调色板中选择颜色（RGB：32、37、

56）进行填充。用鼠标右键单击左领座，执行"顺序/到图层前面"命令，得到的效果如图6-396所示。

图6-396　填充颜色

17 使用贝塞尔工具☝和形状工具☝绘制出大衣的领子，如图6-397所示。

图6-397　绘制翻领图形

18 使用选择工具☝选中领子，在属性栏中将轮廓宽度设置为1.0pt，在文档调色板中选择颜色（RGB：32、37、56）进行填充，得到的效果如图6-398所示。

图6-398　翻领填充颜色

19 使用选择工具☝选中腰节线，按小键盘上的"+"键进行复制，在属性栏中将轮廓宽度设置为8.0pt，得到的效果如图6-399所示。

20 使用选择工具☝选中腰节线，在菜单栏中执行"对象/将轮廓转换为对象"命令。在属性栏中将轮廓宽度设置为0.75pt，在文档调色板中选择颜色（RGB：32、37、56）进行填充，得到的效果如图6-400所示。

图6-399 绘制图形

图6-400 填充颜色

21 使用贝塞尔工具 和形状工具 到腰带上绘制出图6-401所示的两个闭合图形。

图6-401 绘制反面图形

22 使用选择工具 框选中腰带上的两个闭合图形，在属性栏中将轮廓宽度设置为0.5pt，在文档调色板中选择颜色（RGB：32、37、56）进行填充。用鼠标右键单击腰带左端的闭合的图形，执行"顺序/到图层后面"命令，用鼠标右键单击腰带右端的图形，执行"顺序/置于此对象后"命令，单击腰带即可，得到的效果如图6-402所示。

图6-402 反面图形填充颜色

23 使用选择工具 框选中整个腰带，按小键盘上的"+"键进行复制，单击属性栏中的"水平镜像"图标 ，按住Shift键，将翻转后的腰带平移至右片相应的位置。

24 使用矩形工具 在两个腰带间绘制出一个矩形。使用形状工具 ，单击矩形的节点并进行调节，得到的效果如图6-403所示。

图6-403 绘制矩形图形

25 使用选择工具 在文档调色板中添加一个颜色（RGB：255、229、224）。

26 使用选择工具 选中矩形，在属性栏中将轮廓宽度设置为0.5pt，在菜单栏中执行"对象/将轮廓转换为对象"命令，在属性栏中将轮廓样式设置为"细线"，在文档调色板中选择颜色（RGB：255、229、224）进行填充。用鼠标右键单击矩形，执行"顺序/置于此对象后"命令，单击腰带重复该步骤，单击另一片腰带，得到的效果如图6-404所示。

图6-404 填充颜色

27 使用矩形工具 在腰带间绘制一个矩形，使用形状工具 框选中该矩形，单击鼠标右键，执行"转换为曲线"命令进行调节，得到的效果如图6-405所示。

28 使用选择工具 选中上一步绘制出的图形，在属性栏中将轮廓宽度设置为"细线"，在文档调色板中选择颜色（RGB：255、229、224）进行填充，得到的效果如图6-406所示。

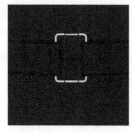

| 图6-405 绘制图形 | 图6-406 填充颜色 |

29 使用贝塞尔工具 和形状工具 在上一步绘制出的图形上绘制高光图形,如图6-407所示。使用选择工具 框选中这两个图形,在调色板中选择"白色"进行填充。

30 使用手绘工具 绘制出图6-408所示的袖搭子。

| 图6-407 绘制高光图形 | 图6-408 绘制袖搭子 |

31 使用选择工具 选中袖搭子,在属性栏中将轮廓宽度设置为0.75pt,在文档调色板中选择颜色(RGB:32、37、56)进行填充,得到的效果如图6-409所示。

32 使用选择工具 选中袖搭子,按小键盘上的"+"键进行复制,单击属性栏中的"水平镜像"图标 ,按住Shift键,将翻转后的袖搭子平移至右袖相应的位置。

33 使用上述步骤绘制出肩祥,得到的效果如图6-410所示。

| 图6-409 袖搭子填充颜色 | 图6-410 绘制肩祥 |

34 使用手绘工具 在袖搭子上绘制一根直线,在属性栏中将该直线的轮廓宽度设置为

3.0pt,如图6-411所示。

35 使用选择工具 选择上一步绘制出的直线,在菜单栏中执行"对象/将轮廓转换为对象"命令,在属性栏中将轮廓宽度设置为"细线",在文档调色板中选择颜色(RGB:32、37、56)进行填充,得到的效果如图6-412所示。

| 图6-411 绘制图形 | 图6-412 填充图形 |

36 使用上述步骤在肩祥上绘制出上一步绘制出的图形,得到的效果如图6-413所示。

图6-413 效果

37 使用贝塞尔工具 和形状工具 绘制出图6-414所示腰带两端的图形。

图6-414 效果

38 使用贝塞尔工具 和形状工具 ,绘制出大衣的阴影部分。使用选择工具将阴影图形,在文档调色板中选择颜色(RGB:27、32、38)进行填充,得到的效果如图6-415所示。

39 使用赛尔工具 和形状工具 在大衣的下摆上绘制褶皱线,如图6-416所示。使用选择工具框选中这些褶皱线,在属性栏中将轮廓宽度设置为"细线"。

图6-415　绘制阴影图形

图6-416　绘制褶皱线

40 使用贝塞尔工具❧和形状工具❧依着褶皱线绘制下摆处的暗部图形，使用选择工具❧框选中阴影图形，在文档调色板中选择颜色（RGB：27、32、38）进行填充，得到的效果如图6-417所示。

图6-417　绘制阴影图形

41 使用贝塞尔工具❧和形状工具❧在大衣的下摆处绘制出图6-418所示的一个闭合图形。

图6-418　绘制图形

42 使用选择工具❧选中上一步绘制出的闭合图形，在文档调色板中选择颜色（RGB：27、32、38）进行填充。使用透明度工具❧进行透明度调节，如图6-419所示。

图6-419　透明度调节

43 使用选择工具❧从横纵标尺处拉出数条辅助线，双击辅助线进行旋转，再将其按图6-420所示的状态摆放。

图6-420　拉出并旋转辅助线

44 使用手绘工具❧依着辅助线绘制出图6-421所示的口袋盖。

图6-421　绘制口袋盖

45 使用选择工具❧选中口袋盖，将其轮廓宽度设置为0.75pt，在文档调色板中选择颜色（RGB：32、37、56）进行填充，得到的效果如图6-422所示。

图6-422　口袋盖填充颜色

46 使用贝塞尔工具和形状工具绘制出大衣上的辑明线。使用选择工具选中辑明线，将其轮廓宽度设置为035pt，线条样式设置为"虚线"，得到的效果如图6-423所示。

图6-423　绘制辑明线

47 使用选择工具从横纵标尺处拉出数条辅助线，如图6-424所示的状态摆放，其中红色线为止口线。

图6-424　拉出辅助线

48 使用选择工具在文档调色板中添加一个颜色（RGB：190、173、130）。

49 使用椭圆形工具绘制出一个圆形，在属性栏中将对象大小设置为2.2mm，将轮廓宽度设置为"细线"，在调色板中选择颜色（RGB：255、229、224）进行填充。使用选择工具选中该圆形，按小键盘上的"+"键进行复制，在属性栏中将对象大小设置为1.6mm。在调色板中选择颜色（RGB值为190、173、130）进行填充，得到的效果如图6-425所示。

图6-425　绘制扣子

50 使用选择工具框选中两个圆形，按小键盘上的"+"键复制出6个，再将其依着辅助线放置，如图6-426所示。

图6-426　摆放扣子

51 使用选择工具选中第一排的扣子，单击鼠标右键，执行"顺序/置于此对象后"命令，用左键单击扣子下的图形轮廓线。使用相同步骤将第一排另一颗扣子也置于此对象后，得到的效果如图6-427所示。

图6-427　调整扣子顺序

52 使用选择工具选中扣子并对其进行压缩变形，如图6-428所示。

图6-428 调整扣子

53 使用选择工具▷选中压缩后的扣子,按小键盘上的"+"键再复制5颗,将其放置在袖搭子以及口袋盖相应的位置,即完成了斗篷大衣的绘制,最后的效果如图6-429所示。

图6-429 最后效果

6.5 马甲款式设计

马甲的穿着不论男女、不分老少、便于穿脱、保暖实用。无论是其广泛的阶层适用性,还是方便的保暖实用性,或是其无与伦比的装饰性,都在无形之中构成了支撑马甲得以流传千年的坚实骨架。时至今日,服装的审美性成为了最重要的衡量指标,标新立异成为了吸引人们眼球的最佳手段。马甲仍可适应这样的时代潮流,看似简单的外形为设计师们天马行空的想象力留足了空间,可性感、可帅气、可甜美、可俏皮、可庄重、可怪异。

现代马甲款式按穿法有套头式、开襟式(包括前开襟、后开襟、侧开襟或半襟等)类型;按衣身外形有收腰式、直腰式等类型;按领式有无领、立领、翻领、驳领等类型。马甲长度通常在腰以下、臀以上,但女式马甲中有少数长度不到腰部的紧身小马甲,或超过臀部的长马甲。一般的话,女式马甲为紧身形两袖口至腋窝,男士多为宽大形。

▌6.5.1 西装马甲

西装马甲最开始的外形是"V"型领口、单排五粒扣、四开袋、后中做背缝、前后收腰省和前身下摆呈尖角状。图6-430所示为西装马甲的CorelDRAW效果图。

下面介绍西装马甲的CorelDRAW绘制步骤。

01 执行"文件/导入"命令,导入女性人体模型,再次执行"文件/导入"命令,导入之前绘制出的休闲西装,将其放置在人体模型上,如图6-431所示。

图6-430 西装马甲的CorelDRAW效果图

图6-431 导入图形

02 使用选择工具 ▣ 进行删除，得到的效果如图
6-432所示。

图6-432 删除图形

03 使用形状工具 ▣ 进行调改，得到的效果如图
6-433所示。

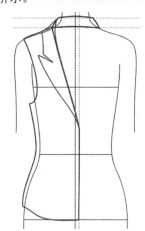

图6-433 调整图形

04 使用选择工具 ▣ 在文档调色板中添加3个颜
色，一个RGB值为（40、44、79），一个
RGB值为（31、35、60），最后一个RGB
值为（23、22、38）。

05 使用选择工具 ▣ 框选中整个图形，在属性栏
中将轮廓宽度设置为0.75pt，在文档调色板
中选择颜色（RGB：40、44、79）进行填
充，得到的效果如图6-434所示。

06 使用贝塞尔工具 ▣ 和形状工具 ▣ 在袖窿处绘
制出马甲的后片，如图6-435所示。

07 使用选择工具 ▣ 选中后片，在属性栏中将轮
廓宽度设置为0.75pt，在文档调色板中选择
颜色（RGB：31、35、60）进行填充。单
击鼠标右键，执行"顺序/到图层后面"命
令，得到的效果如图6-436所示。

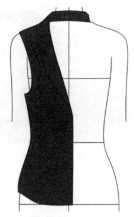

图6-434 填充颜色

图6-435 绘制后片

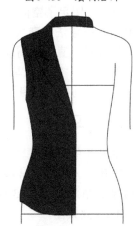

图6-436 后片填充颜色

08 使用贝塞尔工具 ▣ 和形状工具 ▣ 绘制出马甲
的分割线，如图6-437所示。使用选择工具
▣ 框选中分割线，在属性栏中将轮廓宽度设
置为0.5pt。

09 使用选择工具 ▣ 从横标尺处拉出一条辅助
线，双击辅助线进行旋转，直至平行于底
边为止，如图6-438所示。

10 使用手绘工具 ▣ 依着辅助线绘制一条直线，
在属性栏中将轮廓宽度设置为3.0pt，将对
象的大小设置为9.0mm，得到的效果如图
6-439所示。

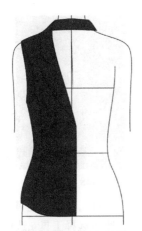

图6-437　绘制分割线

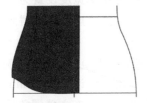

图6-438　拉出并选择辅助线

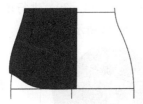

图6-439　绘制直线

11　使用选择工具选中上一步绘制出直线，在菜单栏中执行"对象/将轮廓转换为对象"命令，在属性栏中将轮廓宽度设置为0.5pt，在文档调色板中选择颜色（RGB：40、44、79）进行填充，得到的效果如图6-440所示。

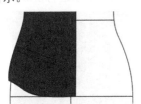

图6-440　调整直线

12　使用手绘工具在口袋的中间绘制一条直线，在属性栏中将轮廓宽度设置为"细线"，得到的效果如图6-441所示。

13　使用贝塞尔工具和形状工具从口袋处向上绘制出一条腰省。使用选择工具在属性栏中将其轮廓宽度设置为0.5pt，得到的效果如图6-442所示。

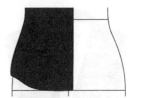

图6-441　绘制口袋开口线

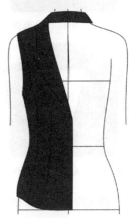

图6-442　绘制腰省

14　使用选择工具框选中整个左片，按小键盘上的"+"键进行复制，单击属性栏中的"水平镜像"图标，单击翻转后的衣片，按住Shift键，将其平移右边相应的位置。框选中整个左片并单击鼠标右键，执行"顺序/到图层前面"命令，得到的效果如图6-443所示。

图6-443　复制并水平镜像

15　使用贝塞尔工具和形状工具绘制出马甲的后裆面，如图6-444所示。

16　使用选择工具选中后裆面，在属性栏中将轮廓宽度设置为0.5pt，在文档调色板中选择颜色（RGB：40、44、79）进行填充。单击鼠标右键，执行"顺序/到图层后面"命令，得到的效果如图6-445所示。

图6-444 绘制后裀面图形

图6-445 后裀面填充颜色

17 使用手绘工具绘制出马甲的后片里子，如图6-446所示。

图6-446 绘制后片

18 使用选择工具选中后片里子，在属性栏中将轮廓宽度设置为0.5pt，在文档调色板中选择颜色（RGB：23、22、38）进行填充。单击鼠标右键，执行"顺序/到图层后面"命令，得到的效果如图6-447所示。

图6-447 后片填充颜色

19 使用手绘工具在后片里子的中心处绘制一条直线（在后背中心处打一个褶，从而增加后背活动量）。使用透明度工具，单击直线进行调节，如图6-448所示。

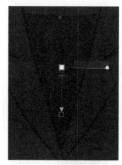

图6-448 绘制直线

20 使用贝塞尔工具和形状工具绘制出领子的辑明线。使用选择工具选中辑明线，在属性栏中将轮廓宽度设置为"细线"，线条样式设置为"虚线"，得到的效果如图6-449所示。

21 使用椭圆形工具绘制出一个圆形，在属性栏中将对象大小设置为1.6mm，将轮廓宽度设置为0.1pt，在文档调色板中选择颜色（RGB：40、44、79）进行填充，得到的效果如图6-450所示。

图6-449 绘制辑明线　　图6-450 绘制扣子

22 使用选择工具从横纵标尺处拉出数条辅助线，如图6-451所示进行摆放。

图6-451 拉出辅助线

23 使用选择工具选中扣子，重复按2次小键盘上的"+"键进行复制，然后将其依着辅助线放置，得到的效果如图6-452所示。

图6-452　摆放扣子

24 使用选择工具 选中人体模型，按Delete键删除，即完成了西装马甲的绘制，最后的效果如图6-453所示。

图6-452　最后效果

6.5.2　牛仔马甲

牛仔马甲是指用牛仔布制作而成的、一种用于保护躯干或者保暖的服饰。牛仔马甲硬朗的质地和百搭的特点，在和其他单品混搭时，更能轻松展现不同的气质。图6-454所示为牛仔马甲的CorelDRAW效果图。

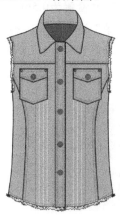

图6-454　牛仔马甲的CorelDRAW效果图

下面介绍牛仔马甲的CorelDRAW绘制步骤。

01 执行"文件/导入"命令，导入女性人体模型。

02 使用贝塞尔工具 和形状工具 绘制出牛仔马甲的左前片，如图6-455所示。

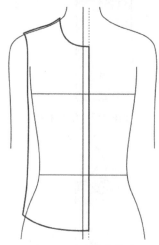

图6-455　绘制左前片

03 使用选择工具 选中左前片，在属性栏中将轮廓宽度设置为0.5pt，在调色板中选择颜色"浅蓝绿"进行填充，得到的效果如图6-456所示。

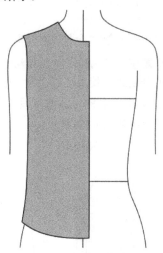

图6-456　左前片填充颜色

04 使用贝塞尔工具 和形状工具 绘制出牛仔马甲的左衣领，如图6-457所示。

05 使用选择工具 选中左衣领，在属性栏中将轮廓宽度设置为0.5pt，在调色板中选择颜色"浅蓝绿"进行填充，得到的效果如图6-458所示。

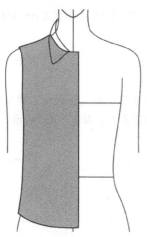

图6-457 绘制衣领

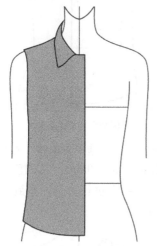

图6-458 前片和衣领填充颜色

06 使用贝塞尔工具 和形状工具 绘制出牛仔马甲的分割线。使用选择工具 框选中分割线，在属性栏中将轮廓宽度设置为0.5pt，得到的效果如图6-459所示。

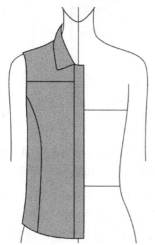

图6-459 绘制分割线

07 使用选择工具 从横纵标尺处拉出数条辅助线，按图6-460所示的状态摆放。

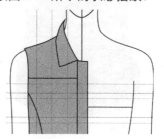

图6-460 拉出辅助线

08 使用手绘工具 依着辅助线绘制出口袋，如图6-461所示。

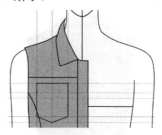

图6-461 绘制口袋

09 使用手绘工具 依着辅助线绘制出口袋盖，如图6-462所示。

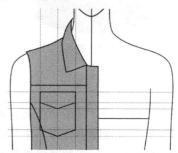

图6-462 绘制口袋盖

10 使用选择工具 框选中整个口袋，在属性栏中将轮廓宽度设置为0.5pt，在调色板中选择"浅蓝绿"进行填充，得到的效果如图6-463所示。

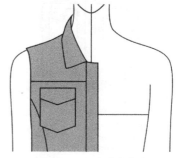

图6-463 口袋填充颜色

11 使用手绘工具 ，按住Shift键，从口袋的底边向马甲的底边绘制一条直线。使用选择工具 选择该直线，在属性栏中将轮廓宽度设置为0.5pt，在调色板中选择"朦胧绿"进行填充，按小键盘上的"+"键复制2条直线，如图6-464所示进行摆放。

12 使用选择工具 框选中3条直线，单击鼠标右键，执行"Power Clip内部"命令，单击左前片，得到的效果如图6-465所示。

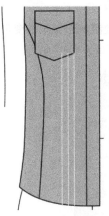 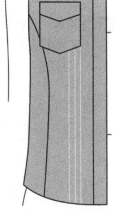

图6-464 绘制直线 　　图6-465 填充直线至左前片

13 使用贝塞尔工具 和形状工具 绘制出衣领、门襟、分割线以及袖窿和底边处的辑明线。使用选择工具 在属性栏中将其轮廓宽度设置为0.4pt，在调色板中选择颜色"褐"（CMYK：0、20、40、40），然后单击鼠标右键改变辑明线颜色，得到的效果如图6-466所示。

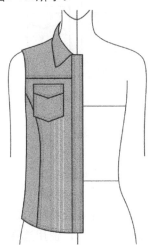

图6-466 绘制辑明线

14 使用选择工具 框选中整个左片，按小键盘上的"+"键进行复制，单击属性栏中的

"水平镜像"图标 ，按住Shift键，将翻转后的图形平移至右边相应的位置，如图6-467所示。

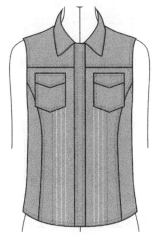

图6-467 复制并翻转整个衣片

15 使用贝塞尔工具 和形状工具 绘制出马甲的后领，如图6-468所示。

图6-468 绘制领座图形

16 使用选择工具 选中后领，在属性栏中将轮廓宽度设置为0.5pt，在调色板中选择"浅蓝绿"进行填充。单击鼠标右键，执行"顺序/到图层后面"命令，得到的效果如图6-469所示。

图6-469 领座填充颜色

17 使用贝塞尔工具 和形状工具 绘制出马甲的后片，如图6-470所示。

18 使用选择工具 选中后片，在调色板中选择"苔绿"（CMYK：20、0、0、60）进行填充。单击鼠标右键，执行"顺序/到图层后面"命令，得到的效果如图6-471所示。

图6-470　绘制后片图形

图6-471　后片填充颜色

19 使用贝塞尔工具 和形状工具 绘制出后领上的辑明线。使用选择工具在属性栏中将其轮廓宽度设置为0.4pt，在调色板中选择颜色"褐"，然后单击鼠标右键改变辑明线颜色，得到的效果如图6-472所示。

图6-472　绘制辑明线

20 使用贝塞尔工具 和形状工具 在底边绘制出一个任意的闭合图像，在属性栏中将其轮廓宽度设置为0.01pt，在调色板中选择颜色"朦胧绿"进行填充，得到的效果如图6-473所示。

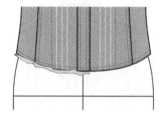

图6-473　底边绘制任意图形

21 使用变形工具 ，单击上一步绘制出的图形，在属性栏中进行各项参数设置，如图6-474所示，最后得到的效果如图6-475所示。

图6-474　设置参数

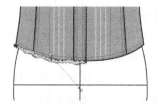

图6-475　变形图形

22 使用选择工具 选择变形后的图形，按小键盘上的"+"键进行复制，单击属性栏中的"水平镜像"图标 ，按住Shift键，将其平移至右衣片相应的位置。

23 使用上述步骤在袖窿处绘制出相同的变形图形，最后得到的效果如图6-476所示。

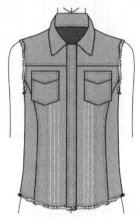

图6-476　效果

24 使用选择工具 从横纵标尺处拉出数条辅助线，如图6-477所示摆放。

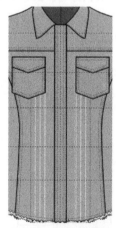

图6-477　拉出辅助线

25 使用贝塞尔工具 和形状工具 绘制出扣眼，如图6-478所示。使用选择工具选中扣眼，在属性栏中将轮廓宽度设置为0.35pt，在调色板中选择"褐"单击鼠标右键。

26 使用选择工具 选中扣眼，按小键盘上的

"+"键复制出4个，将其依着辅助线放置，如图6-479所示。

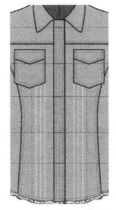

图6-478　绘制扣眼　　　图6-479　拉出辅助线

27 使用椭圆形工具◯绘制一个圆形，在属性栏中将对象大小设置为1.4mm，将轮廓宽度设置为0.1pt，在调色板中选择"褐"进行填充，得到的效果如图6-480所示。

28 使用选择工具选中圆形，按小键盘上的"+"键进行复制，在属性栏中将对象大小设置为0.8mm，在调色板中选择"栗"进行填充。用右键单击调色板上方的图标，得到的效果如图6-481所示。

图6-480　绘制图形　　图6-481　绘制图形

29 使用选择工具选择圆形，按小键盘上的"+"键进行复制，在属性栏中将对象大小设置为0.45mm，在调色板中选择"褐"进行填充。用右键单击调色板上方的图标⊠，得到的效果如图6-482所示。

30 使用选择工具框选中所有圆形，单击鼠标右键，执行"组合对象"命令。按小键盘上的"+"键复制4个，并将其依着扣眼按图6-483所示的状态摆放。

31 使用选择工具选中扣眼，按小键盘上的"+"键复制，在属性栏中将旋转角度设置为270°，将其放置在口袋盖上。使用选择工具选中旋转后的扣眼，按小键盘上的"+"键复制后，再平移至另一边口袋盖上，得到的效果如图6-484所示。

 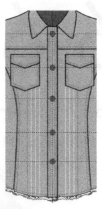

图6-482　绘制图形　　　图6-483　摆放扣子

图6-484　摆放扣眼

32 使用选择工具选中扣子，按小键盘上的"+"键复制出2颗。将其放置在口袋盖上，选中扣子，按小键盘上的"+"键复制，在属性栏中将其对象大小设置为0.6mm，再按小键盘上的"+"键复制3颗，将其按图6-485所示的状态放置。

图6-485　摆放扣子

33 使用选择工具选中人体模型，按Delete键删除，即完成牛仔马甲的绘制，得到最后效果，如图6-486所示。

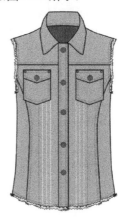

图6-486　最后效果

6.6 课后练习

6.6.1 练习一：绘制牛仔夹克

该练习为绘制牛仔夹克，如图6-487所示。

图6-487 牛仔夹克

步骤提示：

01 使用贝塞尔工具和形状工具绘制出服装的基本轮廓。

02 使用选择工具填充颜色。

03 使用贝塞尔工具和形状工具绘制出服装分割线。

04 使用贝塞尔工具和形状工具绘制帽子的轮廓。

05 使用选择工具填充颜色。

06 使用贝塞尔工具和形状工具绘制服装的辑明线和褶皱线。

07 使用贝塞尔工具和形状工具绘制拉链齿轮图形。

08 使用调和工具调和拉链图形，并放置在服装上。

6.6.2 练习二：绘制风衣

该练习为绘制风衣，如图6-488所示。

图6-488 风衣

步骤提示：

01 使用贝塞尔工具和形状工具绘制出服装的基本廓形。

02 使用选择工具填充颜色。

03 使用贝塞尔工具和形状工具绘制服装中的袖搭子和肩祥。

04 使用选择工具填充颜色。

05 使用椭圆形工具绘制扣子。

06 使用贝塞尔工具和形状工具绘制服装的辑明线和褶皱线。

第7课
裙子款式设计

裙装是一种围于下体的服装，广义的裙子还包括连衣裙、衬裙、腰裙。裙一般由裙腰和裙体构成，有的只有裙体而无裙腰，它是人类最早的服装。因其通风散热性能好、穿着方便、行动自如、美观、样式变化多端等诸多优点而为人们所广泛接受，其中以女性和儿童穿着较多。

本课知识要点

- 贝塞尔工具和形状工具的使用（绘制裙子的基本廓形）
- 调和工具的使用（裙子图样的表现）
- 变形工具的使用（腰头松紧的表现）
- 透明度工具的使用（阴影图形的表现）
- 将轮廓转换为对象命令（旗袍的滚条工艺表现）
- 各个款式的细节处理

7.1 半身裙设计

所有穿着在下装的单独的裙装样式都叫做半身裙，其中包括长裙、短裙、铅笔裙、百褶裙、包臀裙、A字裙等，以下以百褶裙、A字裙、包臀裙为例进行绘制。

▌7.1.1 百褶裙

百褶裙，现代也称"百裥裙"、"密裥裙"或"碎折裙"，它是指裙身由许多细密、垂直的皱褶构成的裙子。该裙的每只裥距，约在2～4厘米之间，少则数百褶，多则上千褶。图7-1所示为百褶裙的CorelDRAW效果图。

图7-1 百褶裙的CorelDRAW效果图

下面介绍百褶裙的CorelDRAW绘制步骤。

01 执行"文件/导入"命令，导入女性人体模型。

02 使用贝塞尔工具和形状工具在人体模型的腰部绘制出图7-2所示的一个闭合图形。

图7-2 绘制裙身图形

03 使用贝塞尔工具和形状工具绘制出百褶裙的外廓形，如图7-3所示。

图7-3 绘制裙摆

04 使用选择工具框选中整个百褶裙，在属性栏中将轮廓宽度设置为0.75pt，在调色板中选择"蓝"（CMYK：100、100、0、0）进行填充，得到的效果如图7-4所示。

图7-4 裙子填充颜色

05 使用贝塞尔工具和形状工具在百褶裙的底摆褶皱处绘制图7-5所示的闭合图形。

图7-5 绘制反面图形

06 使用选择工具，在文档调色板中添加一个颜色（RGB：0、6、43）。

07 使用选择工具框选中在第5步绘制的底摆图形，在属性栏中将轮廓宽度设置为0.75pt，在文档调色板中选择颜色（RGB：0、6、43）进行填充。单击鼠标右键，执行"顺序/到图层后面"命令，得到的效果如图7-6所示。

图7-6 反面图形填充颜色

08 使用贝塞尔工具和形状工具绘制出图7-7所示的花朵图形。

图7-7 绘制花朵图形

09 使用选择工具 ▶，在文档调色板中添加两个颜色（RGB：124、182、134）、（RGB：252、145、99）。

10 使用选择工具 ▶选中花朵图形，在调色板中选择"红"、"粉"以及上一步添加的两个颜色对该图形进行任意填充。使用椭圆形工具 ○绘制出任意大小的圆形并放置在花朵中，得到的效果如图7-8所示。

图7-8　花朵填充颜色

11 使用选择工具 ▶框选中花朵图形，按小键盘上的"+"键复制，然后再进行组合、摆放，得到的效果如图7-9所示。

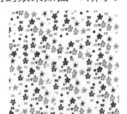

图7-9　随意组合花朵

12 使用选择工具 ▶框选中所有花朵，单击鼠标右键，执行"组合对象"命令，单击鼠标右键，执行"Power Clip内部"命令，单击第2步绘制出的图形，得到的效果如图7-10所示。

图7-10　填充花朵图形至裙身

13 使用上述步骤将裙摆也填充花朵图形，得到的效果如图7-11所示。

图7-11　效果

14 使用贝塞尔工具 ✎和形状工具 ▶在腰头部位绘制出腰头的分割线，如图7-12所示。

图7-12　绘制腰头分割线

15 使用变形工具 ▨，单击腰节分割线，在属性栏中设置各项参数，如图7-13所示。

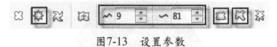

图7-13　设置参数

16 使用选择工具 ▶选中变形后的腰节分割线，在属性栏中将轮廓宽度设置为0.5pt，得到的效果如图7-14所示。

图7-14　变形曲线

17 使用选择工具 ▶选中腰节分割线，按小键盘上的"+"键进行复制，将其放置在腰节中间，使用变形工具 ▨，在属性栏中设置各项参数，如图7-15所示。

图7-15　设置参数

18 使用选择工具 ▶选中变形后的腰节分割线，在属性栏中将轮廓宽度设置为"细线"，得到的效果如图7-16所示。

图7-16　变形曲线

19 使用手绘工具 ✎在腰头下绘制出褶皱线，如图7-17所示。使用选择工具 ▶框选中褶皱线，在属性栏中将轮廓宽度设置为"细线"。

图7-17　绘制褶皱线

20 使用手绘工具依着百褶裙的底摆绘制出裙子的褶皱线。使用选择工具选中褶皱线，在属性栏中将轮廓宽度设置为"细线"，得到的效果如图7-18所示。

图7-18　绘制褶线

21 使用贝塞尔工具和形状工具，在百褶裙的褶处绘制出图7-19所示的阴影图形。

22 使用选择工具在文档调色板中选择颜色（RGB：0、6、43）进行填充，用鼠标右键单击调色板上方的图标⊠，得到的效果如图7-20所示。

图7-19　绘制阴影图形　　　图7-20　阴影图形填充颜色

23 使用透明度工具，单击绘制出的阴影图形，在属性栏中单击"均匀透明度"图标，再单击"透明度挑选器"按钮，在弹出的窗口中选择第二排的第一个透明度样式，具体如图7-21所示，最后得到的效果如图7-22所示。

图7-21　选择透明度调节

24 使用与上述相同的方法绘制完其他褶皱处的阴影，得到的效果如图7-23所示。

图7-22　透明度调节效果

图7-23　阴影效果

25 使用贝塞尔工具和形状工具，在百褶裙的底摆绘制辑明线。使用选择工具框选中辑明线，在属性栏中将轮廓宽度设置为0.4pt，将线条样式设置为"虚线"，使用选择工具选中人体模型，按Delete键删除，即完成了百褶裙的绘制，得到最后的效果如图7-24所示。

图7-24　最后效果

7.1.2　包臀裙

包臀裙是塑造气场十足的"I线条"和"Y线条"的不能忽视的单品，束出腰线并且令臀部看起来更加完美，绝对要依赖于包臀裙的修身功能。包臀裙的CorelDRAW效果图，如图7-25所示。

图7-25　包臀裙的CorelDRAW效果图

下面介绍包臀裙的CorelDRAW绘制步骤。

01 执行"文件/导入"命令，导入女性人体模型。

02 使用选择工具，从横标尺处拉出两条辅助线，放置在图7-26所示的位置。

03 使用贝塞尔工具和形状工具，依着辅助线绘制出图7-27所示的闭合图形。

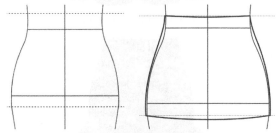

图7-26 拉出辅助线　　图7-27 绘制裙身图形

04 使用贝塞尔工具和形状工具绘制出包臀裙的裙摆图形，如图7-28所示。

图7-28 绘制裙摆图形

05 使用选择工具，双击文档调色板添加一个颜色（RGB：25、47、88）。

06 使用选择工具框选中包臀裙，在属性栏中将轮廓宽度设置为0.75pt，在文档调色板中选择颜色（RGB：25、47、88）进行填充。用鼠标右键单击在第3步绘制出的图形，执行"顺序/到图层前面"命令，得到的效果如图7-29所示。

图7-29 裙子填充颜色

07 使用3点曲线工具绘制出腰头的分割线，如图7-30所示。使用选择工具选中分割线，在属性栏中将轮廓宽度设置为0.5pt。

图7-30 绘制分割线

08 使用选择工具从纵标尺处拉出5条辅助线，摆放在图7-31所示的位置。

图7-31 拉出辅助线

09 使用贝塞尔工具和形状工具依着辅助线，绘制出图7-32所示的一个闭合图形。

图7-32 绘制图形

10 使用选择工具选中上一步绘制出的图形，在属性栏中将轮廓宽度设置为0.5pt，在文档调色板中选择颜色（RGB：25、47、88）进行填充，得到的效果如图7-33所示。

图7-33 填充颜色

11 使用贝塞尔工具和形状工具绘制出包臀裙上的分割线，如图7-34所示。使用选择工具选中分割线，在属性栏中将轮廓宽度设置为0.5pt。

图7-34 绘制分割线

12 使用选择工具 ，框选中裙身上的所有分割线，按小键盘上的"+"键进行复制。在属性栏中将其轮廓宽度设置为"细线"，在调色板中选择"荒原蓝"并单击鼠标右键，按图7-35所示的状态放置。

图7-35 绘制图形

13 使用贝塞尔工具 和形状工具 绘制出包臀裙上的辑明线。使用选择工具将其轮廓宽度设置为0.4pt，将线条样式设置为"虚线"，得到的效果如图7-36所示。

图7-36 绘制辑明线

14 使用选择工具 选中包臀裙的裙摆，按小键盘上的"+"键进行复制。使用形状工具 单击底边以外的线，按Delete键删除，得到的效果如图7-37所示。

15 使用选择工具 选中上一步复制出的底边弧线，在属性栏中将轮廓宽度设置为0.4pt，将线条样式设置为"虚线"，按小键盘上的"+"键复制，将其按图7-38所示的状态摆放。

图7-37 绘制底边曲线

图7-38 效果

16 使用手绘工具 ，在裙摆上绘制出图7-39所示的褶皱线。使用选择工具 框选中褶皱线，在属性栏中将轮廓宽度设置为"细线"。

图7-39 绘制褶皱线

17 使用选择工具选中人体模型，按Delete键删除，即完成了包臀裙的绘制，得到最后的效果，如图7-40所示。

图7-40 最后效果

7.1.3 A字裙

A字裙，通常指的是外形像"A"字那样的半截裙或连衣裙，穿上使人显得很阳光。图7-41所示为A字裙的CorelDRAW效果图。

图7-41 A字裙的CorelDRAW效果图

下面介绍A字裙的CorelDRAW绘制步骤。

01 执行"文件/导入"命令，导入女性人体模型。

02 使用贝塞尔工具 和形状工具 绘制出图7-42所示的图形。

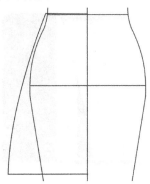

图7-42 绘制左前片

03 使用选择工具 选中上一步绘制出的图形，按小键盘上的"+"键进行复制，单击属性栏中的"水平镜像"图标 ，按住Shift键，将其平移至右边相应的位置，如图7-43所示。使用选择工具 框选中整个裙子，单击属性栏中的"合并"图标 ，使用形状工具框选中腰头中心处的两个节点，单击属性栏中"连接两个节点"图标 ，使用相同步骤连接底摆中心处的两个节点。

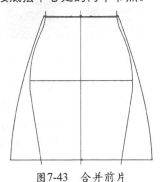

图7-43 合并前片

04 使用选择工具 选中A字裙，在属性栏中将轮廓宽度设置为0.5pt，在调色板中选择"黑"进行填充，得到的效果如图7-44所示。

图7-44 裙子填充颜色

05 使用选择工具 从纵标尺处拉出数条辅助线，并按图7-45所示的位置进行摆放。

图7-45 拉出辅助线

06 使用选择工具 选中A字裙，按小键盘上的"+"键进行复制。

07 使用形状工具 ，分别双击图7-46所示的A、B两点来添加节点，框选中A、B两点右边的节点，按Delete键删除，进行调节，得到图7-47所示的一个闭合图形。

图7-46 调整图形

08 使用选择工具 选中上一步绘制出的图形，将其轮廓宽度设置为0.5pt，在调色板中选择"白色"进行填充，得到的效果如图7-48所示。

图7-47 效果

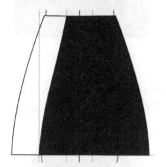

图7-48 填充颜色

09 使用选择工具 ，将辅助线进行移动，按图7-49所示的状态放置。

图7-49 摆放辅助线

10 使用矩形工具 □ 依着辅助线绘制出一个如图7-50所示的矩形。

图7-50 绘制图形

11 使用选择工具 ，选中矩形，在调色板中选择"白色"进行填充。选中第8步绘制好的图

形，单击鼠标右键，执行"顺序/到图层前面"命令，得到的效果如图7-51所示。

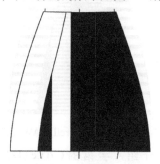

图7-51 填充颜色

12 使用手绘工具 ，按住Shift键绘制出一条直线，在属性栏中将其轮廓宽度设置为3.0pt。按小键盘上的"+"键进行复制，向下移动至A字裙底边，如图7-52所示。

图7-52 绘制直线图形

13 使用调和工具 ，单击其中一根直线并将其拉向另一根，然后松开鼠标，在属性栏中将调和对象设置为14，得到的效果如图7-53所示。

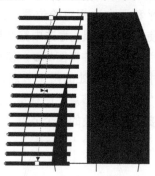

图7-53 调和直线图形

14 使用选择工具 ，选中直线图形，单击鼠标右键，执行"组合对象"命令，再单击鼠标右键，执行"Power Clip内部"命令，单击第8步绘制好的图形，得到的效果如图7-54所示。

图7-54　填充直线图形

15 按上述步骤绘制出图7-55所示直线图形，其轮廓宽度设置为1.5pt，调和对象设置为38。

图7-55　效果

16 使用选择工具 选择上一步绘制出的直线图形，单击鼠标右键，执行"Power Clip内部"命令，单击第11步绘制好的图形，得到的效果如图7-56所示。

图7-56　填充图形

17 使用选择工具 框选中A字裙上的两个直线图形，按小键盘上的"+"键进行复制，单击属性栏中的"水平镜像"图标 ，按住Shift键，将其平移至右边相应的位置，得到的效果如图7-57所示。

18 使用3点曲线工具 依着腰头绘制出一根曲线，在属性栏中将其轮廓宽度设置为5.0pt，得到的效果如图7-58所示。

图7-57　复制并翻转直线图形

图7-58　绘制腰头

19 使用选择工具 选中上一步绘制出的曲线，在菜单栏中执行"对象/将轮廓转换为对象"命令，在调色板中选择"黑"进行填充。再使用形状工具 进行调改，得到的效果如图7-59所示。

图7-59　腰头填充颜色

20 使用矩形工具 绘制出图7-60所示的一个矩形，在调色板中选择"90%黑"进行填充。

图7-60　绘制并填充图形

21 使用透明度工具🖌，在属性栏中单击"渐变透明度"图标▣，再单击"矩形渐变透明度"图标▣进行调节，如图7-61所示。

图7-61　透明度调节

22 使用上述步骤绘制完其他部位的高光，得到的效果如图7-62所示。

23 使用选择工具🖌选中人体模型，按Delete键删除，即完成A字裙的绘制，得到最后的效果如图7-63所示。

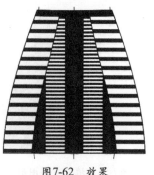

图7-62　效果

图7-63　最后效果

7.2 连衣裙设计

连衣裙是指上衣和裙子连在一起的服装。连衣裙在各种款式造型中被誉为"款式皇后"，是变化莫测、种类最多、最受青睐的款式，有长袖的、短袖的、无袖的，有领式的和无领式的各种式样变化。连衣裙具有简洁清凉的特点，而且穿着起来使人更有淑女风范。

▌7.2.1　有袖连衣裙

有袖连衣裙的袖子是进行设计时的重点之一，袖子的种类包括有长袖、中袖、短袖、泡泡袖、灯笼袖、喇叭袖和蝙蝠袖等，图7-64所示为有袖连衣裙的CorelDRAW效果图。

图7-64　有袖连衣裙的CorelDRAW效果图

下面介绍有袖连衣裙的CorelDRAW绘制步骤。

01 执行"文件/导入"命令，导入女性人体模型。

02 使用贝塞尔工具🖌和形状工具🖌绘制出图7-65所示的左前片。

03 使用选择工具🖌选中左前片，按小键盘上的"+"键进行复制，单击"水平镜像"图标🖼，按住Shift键，将其平移至右边相应的位置，如图7-66所示。

04 使用选择工具🖌框选中左右前片，单击"合并"图标🖣。用形状工具🖌框选中领子中心处的两个节点，单击"连接两个节点"图标🖇连接这两个节点。使用相同步骤连接底摆中心处的两个节点，得到的效果如图7-67所示。

7-68所示。

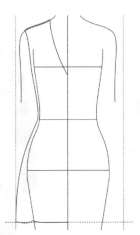

图7-65 绘制左前片

图7-66 合并前片

图7-67 连接节点

05 使用选择工具选中前片，在属性栏中将轮廓宽度设置为0.75pt，在调色板中选择"白"进行填充，得到的效果如图

图7-68 裙子填充颜色

06 使用贝塞尔工具和形状工具绘制出有袖连衣裙的袖子，如图7-69所示。

图7-69 绘制袖子

07 使用选择工具选中袖子，在属性栏将轮廓宽度设置为0.75pt，在调色板中选择"黑"进行填充。单击鼠标右键，执行"顺序/带图层后面"命令，得到的效果如图7-70所示。

图7-70 袖子填充颜色

08 使用手绘工具绘制出有袖连衣裙的袖口，

如图7-71所示。

09 使用选择工具 🔓 选中袖口，在属性栏中将轮廓宽度设置为0.75pt，在调色板中选择"白"进行填充。单击鼠标右键，执行"顺序/带图层后面"命令，得到的效果如图7-72所示。

图7-71　绘制袖口　　　　图7-72　袖口填充颜色

10 使用选择工具 🔓 选中整个袖子，按小键盘上的"+"键复制，单击"水平镜像"图标，按住Shift键，将其平移至右边相应的位置，如图7-73所示。

图7-73　复制并翻转袖口

11 使用贝塞尔工具 ✏ 和形状工具 🔧 绘制出图7-74所示的一个闭合图形。

12 使用选择工具 🔓，双击文档调色板中的任意颜色进行颜色添加，添加一个颜色的值为（RGB：200、26、82）。

13 使用选择工具 🔓 选中上一步绘制出的图形，在文档调色板中选择颜色（RGB：200、26、82）进行填充。用鼠标右键单击调色板上方的图标⊠，取消轮廓线，得到的效果

如图7-75所示。

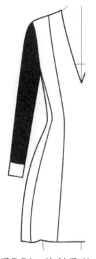 

图7-74　绘制图形　　　　图7-75　填充颜色

14 使用贝塞尔工具 ✏ 和形状工具 🔧 绘制出图7-76所示的一个闭合图形。

15 使用选择工具 🔓 选中上一步绘制出的图形，在调色板中选择颜色"红"进行填充，用鼠标右键单击调色板上方的图标⊠，取消轮廓线，单击鼠标右键，执行"顺序/至于此对象后"命令，单击第10步绘制出的图形，得到的效果如图7-77所示。

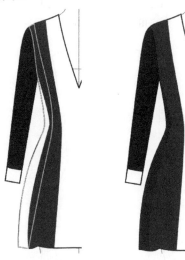

图7-76　绘制图形　　　　图7-77　填充颜色

16 使用贝塞尔工具 ✏ 和形状工具 🔧 在袖子上绘制出图7-78所示的一个闭合图形。

17 使用选择工具 🔓 选中上一步绘制出的图形，在调色板中选择颜色"白"进行填充，单击调色板上方的图标⊠，取消轮廓线，得到

的效果如图7-79所示。

图案。

图7-78 绘制图形　　图7-79 填充颜色

图7-82 调整圆形　　图7-83 效果

18 使用椭圆形工具 ◯，在图7-80所示的部位各绘制出两个正圆形，其对象大小分别设置为5.0mm、10.0mm，在调色板中选择颜色"黑"进行填充。

19 使用调和工具 🖉，单击小圆并将其拉向大圆，然后松开鼠标，在属性栏中将调和对象设置为6。单击"路径属相"图标 🦢，选择"新路径"，将箭头指向第10步绘制出的图形的右边轮廓，得到的效果如图7-81所示。

22 使用椭圆形工具 ◯，在图7-84所示的部位绘制出两个正圆形，其对象大小分别设置为3.0mm、6.5mm，在调色板中选择颜色"白"进行填充，用鼠标右键单击调色板上方的图标。

23 使用调和工具 🖉进行调和，在属性栏中将调和对象设置为6，单击"路径属相"图标 🦢，选择"新路径"，将箭头指向第10步绘制出的图形的右边轮廓。使用选择工具 ▸，用鼠标右键单击圆形图案，执行"取消路径群组上的混合"命令，进行相应移动，再单击鼠标右键，执行"Power Clip内部"命令，单击第10步绘制出的图形，得到的效果如图7-85所示。

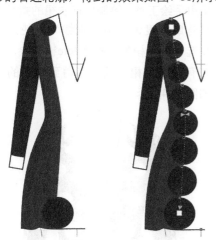

图7-80 绘制圆形　　图7-81 调和圆形

20 使用选择工具 ▸，用鼠标右键单击圆形图案，执行"取消路径群组上的混合"命令。再用鼠标右键单击圆形图案，执行"顺序/至于此对象后"命令，将箭头指向第10步绘制出的图形单击，得到的效果如图7-82所示。

21 使用上述步骤绘制出图7-83所示的圆形

图7-84 绘制圆形　　图7-85 调和圆形

24 使用上述步骤在袖子上填充大小为3.0mm、颜色为"红"的圆形图案，得到的效果如

图7-86所示。

25 使用选择工具 ⬚ 框选中所有圆形图案，按小键盘上的 "+" 键进行复制，单击 "水平镜像" 图标 ⬚，按住Shift键，将其平移至右边相应的位置，得到的效果如图7-87所示。

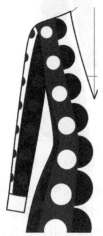

图7-86 效果　　　图7-87 复制并翻转图形

26 使用贝塞尔工具 ⬚ 和形状工具 ⬚ 绘制出连衣裙的后片，如图7-88所示。

27 使用选择工具 ⬚ 选中后片，将其轮廓宽度设置为0.75pt，选择颜色 "20%黑" 进行填充。单击鼠标右键，执行 "顺序/至于图层后面" 命令，得到的效果如图7-89所示。

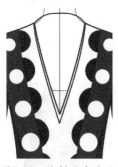

图7-88 绘制后片图形　　图7-89 后片填充颜色

28 使用贝塞尔工具 ⬚ 和形状工具 ⬚ 绘制出连衣裙的领子，如图7-90所示。

29 使用选择工具 ⬚ 选中领子，按小键盘上的 "+" 键复制，单击 "水平镜像" 图标 ⬚，按住Shift键，将其平移至相应的位置，得到的效果如图7-91所示。

30 使用选择工具 ⬚ 框选中整个领子，单击 "合并" 图标 ⬚。使用形状工具 ⬚ 对中心处的两个节点进行连接，得到的效果如图7-92

所示。

31 使用选择工具 ⬚ 选中领子，将其轮廓宽度设置为0.75pt，选择颜色 "白" 进行填充，得到的效果如图7-93所示。

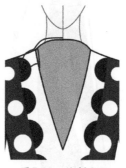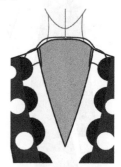

图7-90 绘制衣领　　图7-91 复制并翻转衣领

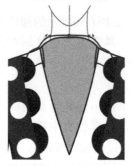

图7-92 合并衣领　　图7-93 衣领填充颜色

32 使用手绘工具 ⬚ 绘制出连衣裙的褶皱线，将其轮廓宽度设置为 "细线"。使用选择工具选中人体模型，按Delete键删除，即完成了有袖连衣裙的绘制，得到最后的效果，如图7-94所示。

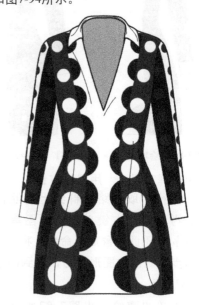

图7-94 最后效果

7.2.2 无袖连衣裙

无袖连衣裙即是没有袖子的连衣裙，其款式具有简洁、清凉的特点。图7-95所示为无袖连衣裙的CorelDRAW效果图。

图7-95 无袖连衣裙的CorelDRAW效果图

下面介绍无袖连衣裙的CorelDRAW绘制步骤。

01 执行"文件/导入"命令，导入女性人体模型。

02 使用贝赛尔工具和形状工具绘制出无袖连衣裙左前片，如图7-96所示。

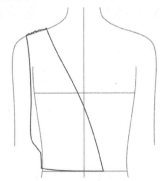

图7-96 绘制上身左前片

03 使用选择工具选中左前片，在属性栏中将其轮廓宽度设置为0.5pt，在调色板中选择颜色"海洋绿"进行填充，得到的效果如图7-97所示。

04 使用选择工具选中左前片，按小键盘上的"+"键复制，单击"水平镜像"图标，按住Shift键，将其平移至右边相应的位置。用鼠标右键单击左前片，执行"顺序/到图

层前面"命令，得到的效果如图7-98所示。

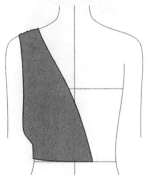

图7-97 左前片填充颜色

图7-98 复制并翻转左前片

05 使用贝塞尔工具和形状工具绘制出无袖连衣裙的裙摆外廓形，如图7-99所示。

图7-99 绘制裙摆

06 使用选择工具选中外廓型，在属性栏中将其轮廓宽度设置为0.5pt，在调色板中选择颜色"海洋绿"进行填充。单击鼠标右键，执行"顺序/到图层后面"命令，得到的效果如图7-100所示。

07 使用贝塞尔工具和形状工具，在腰节处绘制出图7-101所示的一个闭合图形。

08 使用选择工具选中上一步绘制出的图形，在属性栏中将其轮廓宽度设置为0.5pt，在调色板中选择颜色"海洋绿"进行填充，得到的效果如图7-102所示。

图7-100　填充颜色

图7-101　绘制腰头

图7-102　腰头填充颜色

09 使用贝塞尔工具和形状工具绘制出无袖连衣裙的后片，如图7-103所示。

图7-103　绘制后片图形

10 使用选择工具选中后片，在属性栏中将其轮廓宽度设置为0.35pt，在调色板中选择颜色"深绿"进行填充，得到的效果如图7-104所示。

图7-104　后片填充颜色

11 使用贝塞尔工具和形状工具绘制出图7-105所示的两根曲线段，在属性栏中将其轮廓宽度设置为1.5pt。

12 使用选择工具框选中两根曲线，在菜单栏中执行"对象/将轮廓转换为对象"命令。将其轮廓宽度设置为"细线"，选择颜色"海洋绿"进行填充。使用形状工具进行调改，得到的效果如图7-106所示。

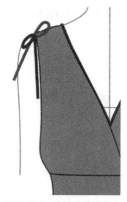

图7-105　绘制蝴蝶结　　　图7-106　填充颜色

13 使用与上述步骤相同的操作将蝴蝶结绘制完，得到的效果如图7-107所示。

图7-107　效果

14 使用选择工具框选中蝴蝶结，按小键盘上的"+"键复制，单击"水平镜像"图标，按住Shift键，将其平移至右边相应的位置，使用形状工具 🔧 稍作调改，得到的效果如图7-108所示。

图7-108 复制并翻转蝴蝶结

15 使用3点曲线工具 🖊 绘制出曲线，在属性栏中将其轮廓宽度设置为0.35pt，在调色板中选择"深绿"，然后单击鼠标右键。使用选择工具 🔧 选中曲线，按小键盘上的"+"键复制，将其按图7-109所示的状态摆放。

16 使用选择工具 🔧 框选中所有曲线，单击鼠标右键，执行"Power Clip内部"命令，单击腰节，得到的效果如图7-110所示。

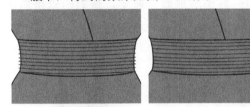

图7-109 绘制曲线图形　　图7-110 填充曲线图形

17 使用贝塞尔工具 ✒ 和形状工具 🔧 绘制出领口以及底摆的辑明线，在属性栏中将其轮廓宽度设置为0.35pt，线条样式设置为"虚线"，得到的效果如图7-111所示。

图7-111 绘制辑明线

18 使用手绘工具 ✏ 绘制出无袖连衣裙的褶皱线。使用选择工具 🔧，在属性栏中将其轮廓宽度设置为0.35pt、线条样式设置为"细线"。选中人体模型，按Delete键删除，即完成无袖连衣裙的绘制，得到最后的效果，如图7-112所示。

图7-112 最后效果

7.3 礼服设计

现代礼服设计个性多变，在材料、款式上追求新奇，造型上以X型和A型为主，运用夸张的对比的手法，强调艺术性和装饰性。

随着潮流的变化，礼服的设计大胆，对人体、对性感的表达也更加的直白，在款式上各种奇特的造型和装饰显现新时代礼服的概念。

7.3.1 礼服设计

礼服是指在某些重大场合上参与者所穿着的庄重而且正式的服装，根据礼服的款式可以分为抹胸礼服、吊带礼服、含披肩礼服、露背礼服、拖尾礼服、短款礼服以及鱼尾礼服等。图7-113所示为礼服的CorelDRAW效果图。

图7-113 礼服的CorelDRAW效果图

下面介绍礼服的CorelDRAW绘制步骤。

01 执行"文件/导入"命令，导入女性人体模型。

02 使用贝塞尔工具和形状工具绘制出礼服的左前片，如图7-114所示。

03 使用选择工具选中左前片，按小键盘上的"+"键复制，单击属性栏中的"水平镜像"图标，按住Shift键，将其平移至右边相应的位置，如图7-115所示。

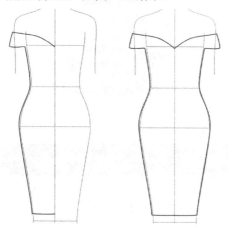

图7-114 绘制左前片　图7-115 合并前片

04 使用选择工具框选中左右衣片，单击属性栏中的"合并"图标。使用形状工具分别框选中左右衣片领口中心以及底摆中心相交的两个节点，单击属性栏中的"连接两个节点"图标，得到的效果如图7-116所示。

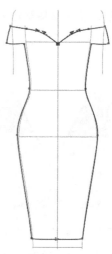

图7-116 连接节点

05 使用贝塞尔工具和形状工具绘制图7-117所示的6个闭合图形。

06 使用选择工具框选中绘制出的所有图形，在属性栏中将其轮廓宽度设置为0.75pt，在调色板中选择颜色"红"进行填充。选中蓝色闭合图形，单击鼠标右键，执行"顺序/到图层前面"命令，得到的效果如图7-118所示。

图7-117 绘制图形　图7-118 礼服填充颜色

07 使用贝塞尔工具和形状工具在袖子处绘制出图7-119所示的两个闭合图形。

08 使用选择工具，双击文档调色板中的任意颜色，在弹出的窗口中添加3个颜色，分别为（RGB：92、6、5）、（RGB：149、11、8）、（RGB：121、8、0）。

图7-119 绘制反面图形

09 使用选择工具框选中上一步绘制出的两个闭合图形，在属性栏中将其轮廓宽度设置为0.75pt，在文档调色板中选择颜色（RGB：92、6、5）进行填充。单击鼠标右键，执行"顺序/到图层后面"命令，得到的效果如图7-120所示。

图7-120 反面图形填充颜色

10 使用贝塞尔工具和形状工具绘制出礼服的后片，如图7-121所示。

图7-121 绘制后片图形

11 使用选择工具选中后片，在属性栏中将其轮廓宽度设置为0.75pt，在文档调色板中选择颜色（RGB：149、11、8）进行填充。单击鼠标右键，执行"顺序/到图层后面"命令，得到的效果如图7-122所示。

图7-122 后片填充颜色

12 使用贝塞尔工具和形状工具绘制出上身的分割线，如图7-123所示。使用选择工具将其轮廓宽度设置为0.5pt。

图7-123 绘制分割线

13 使用手绘工具和形状工具绘制出礼服的褶皱线，如图7-124所示。使用选择工具将其轮廓宽度设置为0.5pt。

图7-124 绘制褶皱线

14 使用贝塞尔工具和形状工具绘制出礼服的阴影部位图形。使用选择工具将阴影图形在文档调色板中选择颜色（RGB：121、8、0），单击左右键进行填充，得到的效果如图7-125所示。

图7-125 绘制阴影图形

15 使用透明度工具，单击胸前的阴影图形并将其拉向左边进行透明度调节，如图7-126所示。

图7-126 对阴影进行透明度调节

16 使用上述步骤对其他阴影图形进行透明度调节，使用选择工具选中人体模型，按Delete键删除，即完成了礼服的绘制，得到最后的效果，如图7-127所示。

图7-127 最后效果

▌7.3.2 婚纱设计

婚纱是西方结婚典礼及婚宴的时侯新娘穿着的服饰，可单指身上穿的服饰配件，也可以包括头纱、捧花等部分，其款式上的分类主要有公主型婚纱、蓬型婚纱、贴身型婚纱、高腰线型婚纱等。图7-128所示为婚纱的CorelDRAW效果图。

下面介绍婚纱的CorelDRAW绘制步骤。

01 执行"文件/导入"明林，导入女性人体模型。

02 使用贝塞尔工具和形状工具绘制出婚纱

的外轮廓形，如图7-129所示。

图7-128 婚纱的CorelDRAW效果图

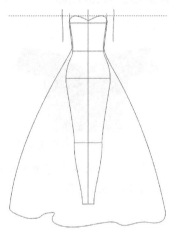

图7-129 绘制婚纱轮廓形

03 使用选择工具选中婚纱外廓形，在属性栏中将轮廓宽度设置为1.0pt，在调色板中选择颜色"白"进行填充，得到的效果如图7-130所示。

图7-130 婚纱填充颜色

04 使用贝塞尔工具和形状工具绘制出图7-131所示的一个图形。

图7-131 绘制图形

05 参考7.3.1小节礼服的第2、3步绘制步骤，得到的效果如图7-132所示。

图7-132 合并图形

06 使用选择工具 ▷ 选中上一步绘制出的图形，将其轮廓宽度设置为"细线"，选择颜色"白"进行填充，再单击鼠标右键，执行"顺序/到图层后面"命令，得到的效果如图7-133所示。

图7-133 填充颜色

07 使用透明度工具 ▧ ，在属性栏中单击"均匀透明度"图标 ▣ ，再单击"透明度挑选器"按钮，选择第一排最后一个透明度，得到的效果如图7-134所示。

图7-134 透明度调节

08 使用贝塞尔工具 ↘ 和形状工具 ↳ 绘制出图7-135所示的一个闭合图形。

图7-135 绘制图形

09 使用选择工具 ▷ 选中上一步绘制出的图形，将其轮廓宽度设置为1.0pt，选择颜色"白"进行填充，得到的效果如图7-136所示。

图7-136 填充颜色

10 使用贝塞尔工具 ↘ 和形状工具 ↳ 绘制出婚纱上的褶皱线，使用选择工具 ▷ 将其轮廓宽度设置为0.35pt，得到的效果如图7-137所示。

图7-137 绘制褶皱线

11 使用透明度工具 对褶皱线进行透明度调节，如图7-138所示。

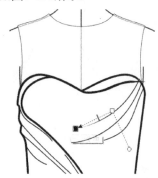

图7-138 对褶皱线进行透明度调节

12 使用上述相同方法对其他褶皱线均进行透明度调节，得到的效果如图7-139所示。

图7-139 褶皱线透明度效果

13 使用多边形工具 绘制出一个多边形，在属性栏中将"点数或边数"设置为6。使用形状工具 选中多边形，单击鼠标右键，执行"转换为曲线"命令，然后进行调节，得到的效果如图7-140所示。

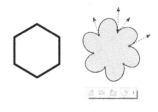

图7-140 绘制花朵

14 使用选择工具 选中上一步绘制出的花朵图形，按小键盘上的"+"键复制，按住Shift键将其缩小。在调色板中分别选择颜色"10%黑"和"白"对大小花朵进行填充，

在属性栏中将其轮廓宽度设置为0.05pt，得到的效果如图7-141所示。

图7-141 花朵填充颜色

15 执行"文件/导入"命令，导入一张钻石图片，将其放置在花朵中间，得到的效果如图7-142所示。

图7-142 填充钻石图片至花朵中

16 使用选择工具 框选中花朵，单击鼠标右键，执行"组合对象"命令，按小键盘上的"+"键复制花朵，再将花朵在婚纱上随意摆放，如图7-143所示。

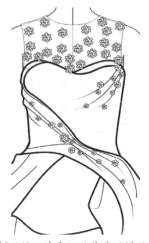

图7-143 随意摆放花朵至婚纱上

17 使用选择工具 选中人体模型，按Delete键删除，使用3点曲线工具 绘制出后领弧线。使用选择工具 将其轮廓宽度设置为"细线"，选择颜色"80%黑"进行填充，即完成婚纱绘制，得到最后的效果，如图7-144所示。

图7-144　最后效果

7.3.3　旗袍设计

　　旗袍，是中国的传统服饰，是最为当今世人所认可和推崇的中国服饰之代表，是中国灿烂辉煌的服饰的代表作之一。旗袍的样式很多，其主要是袖子和襟形的变化，其中襟有圆襟、方襟、长襟等，领有上海领、元宝领、低领等；袖子有长袖、短袖，有挽大袖、套花袖，还有喇叭形的倒大袖，在袖口镶、绣、滚、荡各种纹样。旗袍用料则一般采用丝绸，色彩鲜艳、色泽华贵，多有精美的花纹，旗袍只有在款式上不断创新，不断融入潮流元素，才可以在时尚舞台上永葆青春、大放异彩。图7-145所示为旗袍的CorelDRAW效果图。

图7-145　旗袍的CorelDRAW效果图

　　下面介绍旗袍的CorelDRAW绘制步骤。

01　执行"文件/导入"命令，导入女性人体模型。

02　使用贝塞尔工具 和形状工具 绘制出旗袍的左前片，如图7-146所示。

03　参考7.3.1小节礼服绘制的第2、3步，得到的效果如图7-147所示。

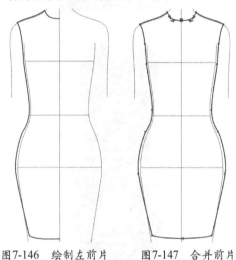

图7-146　绘制左前片　　　图7-147　合并前片

04　使用贝塞尔工具 和形状工具 绘制出旗袍的袖子，如图7-148所示。

图7-148　绘制袖子

05　使用选择工具 选中袖子，按小键盘上的"＋"键复制，单击属性栏中的"水平镜像"图标 ，按住Shift键，将其平移至右边相应的位置。

06　执行"文件/导入"命令，导入一张花卉图案，如图7-149所示。

07　使用选择工具 选中花卉图片，单击鼠标右键，执行"Power Clip内部"命令，单击旗袍前片，得到的效果如图7-150所示。使用选择工具 框选中前片和袖子，在属性栏中将其轮廓宽度设置为0.75pt。

图7-149　导入花卉图片

图7-150　填充花卉图片至前片

08 使用贝塞尔工具和形状工具绘制出图7-151所示的3个闭合图形，组成旗袍的领子。

图7-151　绘制衣领

09 使用选择工具，双击文档调色板中的任意颜色，在弹出的窗口中添加一个颜色（CMYK：95、84、53、23）。

10 使用选择工具框选中整个领子，将其轮廓宽度设置为0.75pt，在文档调色板中选择颜色（CMYK：95、84、53、23）进行填充。用鼠标右键单击领后片，执行"顺序/到图层后面"命令，再用鼠标右键单击前片，执行"顺序/到图层前面"，得到的效果如图7-152所示。

图7-152　衣领填充颜色

11 使用贝塞尔工具和形状工具绘制出如图7-153所示的4个闭合图形。

12 使用选择工具框选中整件旗袍，在文档调色板中选择颜色（CMYK：95、84、53、23）进行填充。框选中上一步绘制出的4个图形，将其轮廓宽度设置为0.5pt，得到的效果如图7-154所示。

图7-153　绘制门襟图形　　图7-154　门襟填充颜色

13 使用贝塞尔工具和形状工具绘制出旗袍的后片，如图7-155所示。

14 使用选择工具选中后片，将其轮廓宽度设置为0.75pt，选择颜色"苔绿"进行填充，单击鼠标右键，执行"顺序/到图层后面"命令，得到的效果如图7-156所示。

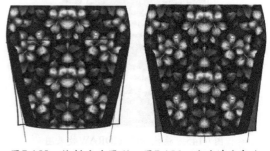

图7-155　绘制后片图形　　图7-156　后片填充颜色

15 使用贝塞尔工具 和形状工具 绘制出旗袍的后领弧线和腰省。使用选择工具将其轮廓宽度设置为0.5pt，得到的效果如图7-157所示。

图7-157 绘制腰省

16 使用贝塞尔工具 和形状工具 在领口处绘制出图7-158所示的4根曲线，使用选择工具 将其轮廓宽度设置为1.5pt，分别选择颜色"浅蓝绿"和"洋红"进行填充。

图7-158 在门襟上绘制图形

17 使用选择工具 ，执行"Power Clip内部"命令，将上一步绘制的曲线填充至曲线下的门襟图形内，得到的效果如图7-159所示。

18 使用上述相同方法分别在领口、袖口和底边处绘制相同图形，得到的效果如图7-160所示。

图7-159 填充图形至门襟

图7-160 效果

19 使用贝塞尔工具 和形状工具 绘制出图7-161所示的一个闭合图形。

20 使用手绘工具 ，在上一步绘制出的图形中间绘制一根中线。使用选择工具 框选中该图形，单击鼠标右键执行"组合对象"命令，在属性栏中将其旋转角度设置为8.0°，得到的效果如图7-162所示。

图7-161 绘制图形　　图7-162 绘制图形

21 使用贝塞尔工具 和形状工具 绘制出图7-163所示的一个花骨朵图形。使用选择工具 框选中花骨朵，单击鼠标右键，执行"组合对象"命令。

图7-163 绘制图形

22 使用选择工具 将上两步绘制出的图形进行组合，得到的效果如图7-164所示。框选中盘扣并按小键盘上的"+"键复制，将两颗盘扣分别选择颜色"浅蓝绿"和"洋红"进行填充。

图7-164 组合、填充颜色

23 使用选择工具 ▷，将两颗盘扣放置在图
7-165所示的位置上。

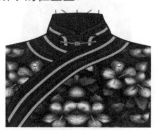

图7-165　摆放扣子

24 使用选择工具 ▷选中人体模型，按Delete键
删除，即完成了旗袍的绘制，得到最后的
效果，如图7-166所示。

图7-166　最后效果

7.4　课后练习

▌7.4.1　练习一：绘制吊带裙

该练习为绘制吊带裙，如图7-167所示。

图7-167　吊带裙

步骤提示：
01 使用贝塞尔工具 ▷和形状工具 ▷绘制出服装
的基本廓形。
02 使用选择工具 ▷填充颜色。
03 使用椭圆形工具 ○绘制圆形图案，使用调和
工具 ▷进行调和。
04 执行"Power Clip内部"命令，将波点图形
填充至裙子内。
05 使用贝塞尔工具 ▷和形状工具 ▷绘制服装的
分割线和褶皱线。

▌7.4.2　练习二：绘制小礼服

该练习为绘制小礼服，如图7-168所示。

图7-168　小礼服

步骤提示：
01 使用贝塞尔工具 ▷和形状工具 ▷绘制出服装

的基本廓形。
02 使用选择工具 ▷填充颜色。
03 使用贝塞尔工具 ▷和形状工具 ▷绘制出裙身
上的荷叶边。
04 使用选择工具 ▷填充不同颜色。
05 使用透明度工具 ▷对荷叶边进行透明度调节。
06 使用贝塞尔工具 ▷和形状工具 ▷绘制出服装
上的蝴蝶结。
07 使用贝塞尔工具 ▷和形状工具 ▷绘制出服装
上的辑明线和褶皱线。

第8课
裤子款式设计

裤子泛指穿在腰部以下的服装，其款式种类繁多，从形状上大体可以分为筒裤、紧身裤、宽松裤、喇叭裤。裤子的种类还可以分为牛仔裤、西裤、裙裤、工装裤、铅笔裤、哈伦裤、连体裤等。裤子的设计重点主要在腰臀部位，以下介绍5种不同款式裤子的设计方法。

本课知识要点

- 贝塞尔工具和形状工具的使用（绘制裤子的基本廓形）
- 交互式填充工具的使用（两种颜色渐变的表现）
- 变形工具的使用（腰头松紧和毛边的表现）
- 调和工具的使用（牛仔面料的效果表现）
- 各个款式的细节处理

8.1 长裤设计

长裤是指由腰及踝，包覆全腿的裤子，其长度要刚好到鞋跟的上方，这样才能露出鞋子，并可将身材比例拉长。

8.1.1 牛仔裤

牛仔裤可谓是一年四季永不凋零的明星，被誉为"百搭服装之一"，是一种紧身便裤。前身裤片无裥，后身裤片无省，门里襟装拉链，前身裤片左右各设有一只斜袋，后片有尖形贴腰的两个贴袋，袋口接缝处钉有金属铆钉并压有明线装饰。具有耐磨、耐脏，穿着贴身、舒适等特点。一般采用劳动布、牛筋劳动布等靛蓝色水磨面料，也有用仿麂皮、灯芯绒、平绒等其他面料制成的。图8-1所示为牛仔裤的CorelDRAW效果图。

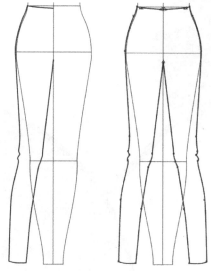

图8-2　绘制左前片　　图8-3　合并前片

04 使用交互式填充工具 单击裤子，在属性栏中单击"双色图样填充"图标 ，分别选择"前景颜色"和"背景颜色"，输入RGB值（36、74、145）、（148、184、216）。单击"渐变填充"进行调节，如图8-4所示。

图8-1　牛仔裤的CorelDRAW效果图

下面介绍牛仔裤的CorelDRAW绘制步骤。

01 执行"文件/导入"命令，导入女性人体模型。

02 使用贝塞尔工具 和形状工具 绘制出牛仔裤的左前片，如图8-2所示。

03 参考7.3.1小节礼服绘制的第2、3步，得到的效果如图8-3所示。使用选择工具 选中裤子，在属性栏中将其轮廓宽度设置为1.0pt。

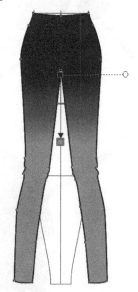

图8-4　交互式填充颜色

05 使用选择工具 ▯，双击文档调色板中的任意颜色，在弹出的窗口中添加两个颜色，其RGB值分别为（36、74、145）、（148、184、216）。

06 使用手绘工具 ▯ 绘制出两根直线，在属性栏中将其旋转角度设置为45°，轮廓宽度设置为0.1pt，选择颜色（RGB：36、74、145），单击鼠标右键。将两根直线分别放置在腰头边和裤脚边，使用调和工具 ▯，在属性栏中将调和对象设置为320，得到的效果如图8-5所示。

图8-5 绘制直线图形

07 使用选择工具 ▯ 选中调和出的直线图形，单击鼠标右键，执行"组合对象"命令，再单击鼠标右键，执行"Power Clip内部"命令。单击裤子，得到的效果如图8-6所示。

图8-6 填充直线图形至前片

08 使用贝塞尔工具 ▯ 和形状工具 ▯ 绘制出裤子的后片，如图8-7所示。

09 使用选择工具 ▯ 选中后片，将其轮廓宽度设置为1.0pt，选择颜色（RGB：36、74、145）进行填充。单击鼠标右键，执行"顺序/到图层后面"命令，得到的效果如图8-8所示。

图8-7 绘制后片图形　　图8-8 填充后片颜色

10 使用贝塞尔工具 ▯ 和形状工具 ▯ 绘制出裤子的分割线，如图8-9所示。使用选择工具将其轮廓宽度设置为0.75pt。

11 使用手绘工具 ▯ 绘制出牛仔裤的马王带。使用选择工具 ▯ 将其轮廓宽度设置为0.75pt，选择颜色（RGB：36、74、145）进行填充，得到的效果如图8-10所示。

图8-9 绘制分割线　　图8-10 绘制马王带

12 使用贝塞尔工具 ▯ 和形状工具 ▯ 依着牛仔裤上的分割线绘制出轮廓宽度为0.2pt的线，选择颜色（RGB：148、184、216），单击鼠标右键，得到的效果如图8-11所示。

图8-11 绘制图形

13 使用贝塞尔工具 ▯ 和形状工具 ▯ 绘制出牛仔裤上的辑明线。使用选择工具将其轮廓宽度设置为0.5pt，线条样式设置为"虚线"，得到的效果如图8-12所示。

14 使用贝塞尔工具 和形状工具 在腰头上绘制出牛仔裤的扣眼。使用选择工具将其轮廓宽度设置为0.5pt，得到的效果如图8-13所示。

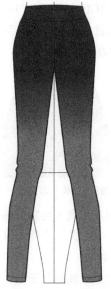

图8-12　绘制辑明线　　图8-13　绘制扣眼

15 使用椭圆形工具 绘制出牛仔裤的扣子。使用选择工具 将其轮廓宽度设置为0.35pt，对象大小分别设置为8.0mm和5.0mm，选择颜色"沙黄"进行填充，再将扣子放置在扣眼上，如图8-14所示。

16 使用椭圆形工具 绘制出两个圆形，使用选择工具 将大、小圆形对象大小分别设置为1.0mm和0.6mm，颜色分别选择"沙黄"和"栗"进行填充。使用透明度工具对小圆进行透明度调节，如图8-15所示。

图8-14　摆放扣子　　图8-15　绘制并填充图形

17 使用选择工具 框选中上一步绘制出的图形，单击鼠标右键，执行"组合对象"命令。按小键盘上的"+"键复制，再将其按图8-16所示的状态放置。

18 使用贝塞尔工具 和形状工具 绘制出牛仔裤的褶皱线，如图8-17所示。使用选择工具 将其轮廓宽度设置为0.5pt。

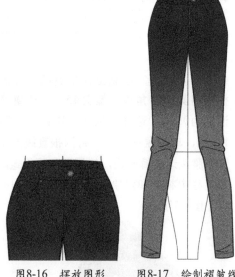

图8-16　摆放图形　　图8-17　绘制褶皱线

19 使用透明度工具 对褶皱线进行透明度调节，如图8-18所示。

图8-18　对褶皱线进行透明度调节

20 使用上述步骤将所有的褶皱线进行透明度调节，使用选择工具 选中人体模型，按Delete键删除，即完成了牛仔裤的绘制，得到最后的效果，如图8-19所示。

图8-19　最后效果

8.1.2 哈伦裤

哈伦裤，也叫垮裆裤、掉裆裤、吊裆裤，其特点是裤裆宽松，大多会比较低，为了整体线条和谐，又不显得矮，裤裆不太低却宽松得明显，裤管比较窄，系绳为闭襟型的。图8-20所示为哈伦裤的CorelDRAW效果图。

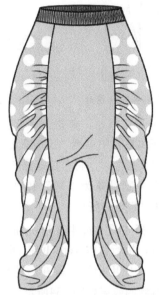

图8-20 哈伦裤的CorelDRAW效果图

下面介绍哈伦裤的CorelDRAW绘制步骤。

01 执行"文件/导入"命令，导入人体模型。

02 使用贝塞尔工具 和形状工具 绘制出哈伦裤的左前片，如图8-21所示。

03 参考7.3.1小节礼服绘制的第2、3步绘制，得到的效果如图8-22所示。

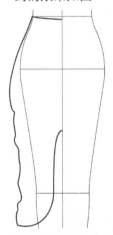

图8-21 绘制左前片　　图8-22 合并前片

04 使用选择工具 选中裤子，在属性栏中将轮廓宽度设置为0.75pt，在调色板中选择颜色

"20%黑"进行填充，得到的效果如图8-23所示。

05 使用3点曲线 调整，得到的效果如图8-24所示。

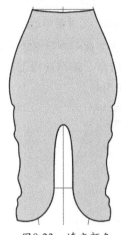
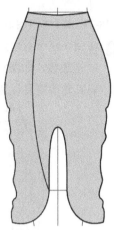

图8-23 填充颜色　　图8-24 绘制图形

06 使用椭圆形工具 绘制圆形，在属性栏中将其对象大小设置为3.0mm，按小键盘上的"+"键复制，将其按图8-25所示的状态摆放。使用选择工具 框选中所有圆形，单击鼠标右键，执行"组合对象"命令。

07 使用选择工具 选中圆形图案，单击鼠标右键，执行"Power Clip内部"命令。单击裤子，得到的效果如图8-26所示。

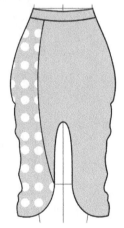

图8-25 绘制波点图形　　图8-26 填充波点图形

08 使用椭圆形工具 在腰节上绘制出图8-27所示的一个椭圆形。

09 使用选择工具 选中椭圆形，将其轮廓宽度设置为0.75pt，选择颜色"40%黑"进行填充。单击鼠标右键，执行"顺序/到图层后面"命令，得到的效果如图8-28所示。

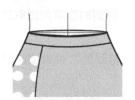 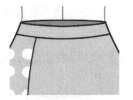

图8-27 绘制后片图形 图8-28 后片图形填充颜色

10 使用手绘工具🖌和形状工具🖋绘制出哈伦裤的褶皱线，如图8-29所示。使用选择工具🖈将其轮廓宽度设置为0.5pt。

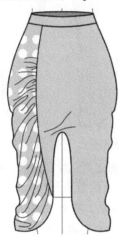

图8-29 绘制褶皱线

11 使用透明度工具🖋对所有褶皱线进行透明度调节，得到的效果如图8-30所示。

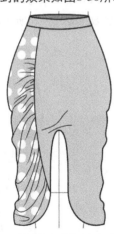

图8-30 对褶皱线进行用透明度调节

12 使用选择工具🖈框选中整个波点闭合图形，按"+"键复制，单击"水平镜像"图标🖭，按住Shift键，将其平移至右边相应的位置，如图8-31所示。

13 使用3点曲线工具🖌在腰头的中间绘制一根曲线，如图8-32所示。使用选择工具将其轮廓宽度设置为"细线"。

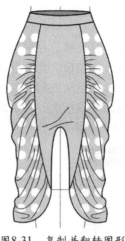

图8-31 复制并翻转图形 图8-32 绘制曲线

14 使用变形工具😊，单击上一步绘制出的曲线，在属性栏中单击"拉链变形"⚙，单击"平滑变形"🖾，将"拉链振幅"和"拉链频率"分别设置为"34"和"99"，得到的效果如图8-33所示。

15 使用选择工具🖈选中变形的曲线，单击鼠标右键，执行"Power Clip内部"命令。单击裤子，使用相同步骤在后片绘制相同图案，得到的效果如图8-34所示。

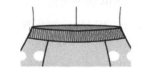 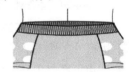

图8-33 变形曲线 图8-34 效果

16 使用选择工具🖈选中人体模型，按Delete键删除，即完成了哈伦裤的绘制，得到最后的效果，如图8-35所示。

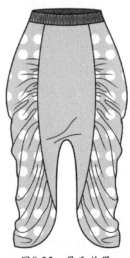

图8-35 最后效果

8.1.3 连体裤

连体裤指上衣与裤子连为一体的服装,它分为接腰型和连腰型两类。其中接腰型中包括低腰型(腰位在腰围线以下)、高腰型(腰位在腰围线以上)和标准型;连腰型包括衬衫型、紧身型、带公主线型(有从肩部到下摆的竖破缝线)和帐篷型(上部就直接开始宽松)等类型图8-36所示为连体裤的CorelDRAW效果图。

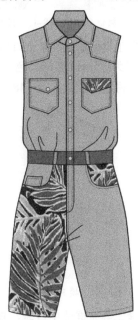

图8-36 连体裤的CorelDRAW效果图

下面介绍连体裤的CorelDRAW绘制步骤。

01 执行"文件/导入"命令,导入人体模型。

02 使用贝塞尔工具 和形状工具 绘制出连体裤的左前片,如图8-37所示。

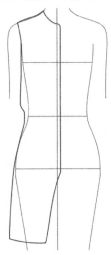

图8-37 绘制左前片

03 使用选择工具 选中左前片,在属性栏中将轮廓宽度设置为0.75pt,在调色板中选择颜色"浅蓝绿"进行填充,得到的效果如图8-38所示。

04 使用选择工具 选中左前片,按下小键盘的"+"键进行复制。单击属性栏中的"水平镜像"图标 ,按住Shift键,将其平移至右边相应的位置,如图8-39所示。

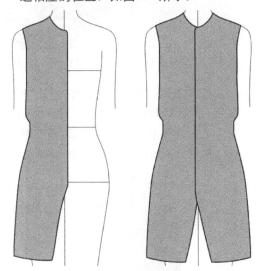

图8-38 左前片填充颜色　　图8-39 复制并翻转左前片

05 使用三点曲线工具 在腰节处绘制出一根曲线,在属性栏中将其轮廓宽度设置为10.0pt,如图8-40所示。

06 使用选择工具 选中上一步绘制出的曲线,在菜单栏中执行"对象/将轮廓转换为对象"命令。将其轮廓宽度设置为0.5pt,选择颜色"橘红"进行填充,得到的效果如图8-41所示。

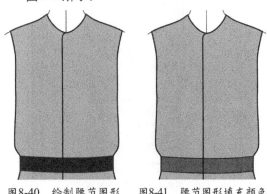

图8-40 绘制腰节图形　　图8-41 腰节图形填充颜色

07 使用贝塞尔工具 和形状工具 绘制出图8-42所示的两个闭合图形。

08 执行"文件/导入"命令，导入一张印花图片，如图8-43所示。

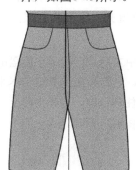
图8-42　绘制图形

图8-43　导入图形

09 使用选择工具 ▶ 选中印花图片，按"+"键复制。单击鼠标右键，执行"Power Clip内部"命令，将其分别填充至第7步绘制出的两个图形内，得到的效果如图8-44所示。

图8-44　填充花卉图形

10 使用贝塞尔工具 ▶ 和形状工具 ▶ 绘制出连体裤上的分割线，如图8-45所示。使用选择工具 ▶ 将其轮廓宽度设置为0.5pt。

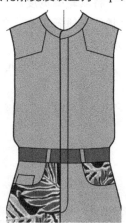
图8-45　绘制分割线

11 使用手绘工具 ▶ 依着辅助线绘制出口袋的外轮廓，如图8-46所示。

12 使用上述步骤绘制出口袋盖，如图8-47所示。

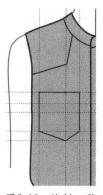
图8-46　绘制口袋

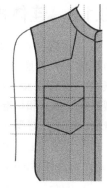
图8-47　绘制口袋盖

13 使用选择工具 ▶ 框选中整个口袋，将其轮廓宽度设置为0.5pt，选择颜色"浅蓝绿"进行填充，得到的效果如图8-48所示。

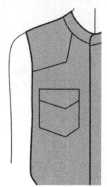
图8-48　填充口袋颜色

14 使用选择工具 ▶ 框选中口袋，按"+"键复制，单击"水平镜像"图标 ▥，按住Shift键，将其平移至右边相应的位置，如图8-49所示。

图8-49　复制并翻转图形

15 使用选择工具 ▶ 选中印花图片，执行"Power Clip内部"命令。将其填充至右边口袋盖内，得到的效果如图8-50所示。

16 使用贝塞尔工具 ▶ 和形状工具 ▶ 绘制出翻领和领座，如图8-51所示。

图8-50 填充花卉图形

图8-51 绘制衣领

17 使用选择工具 🔖 框选中整个领子，将其轮廓宽度设置为0.75pt，选择颜色"浅蓝绿"进行填充。选中领座，单击鼠标右键，执行"顺序/到图层后面"命令，得到的效果如图8-52所示。

图8-52 填充衣领颜色

18 使用手绘工具 🔖 在领口处绘制出后片，选择颜色"荒原蓝"进行填充。单击鼠标右键，执行"到图层后面"命令，得到的效果如图8-53所示。

图8-53 绘制后片图形并填充颜色

19 使用贝塞尔工具 🔖 和形状工具 🔖 绘制出连体裤的辑明线。使用选择工具 🔖 将其轮廓宽度设置为0.4pt，线条样式设置为"虚线"，选择颜色"荒原蓝"并单击鼠标右键，得到的效果如图8-54所示。

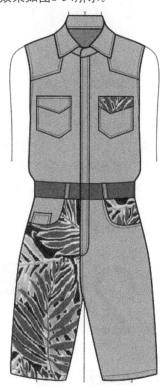

图8-54 绘制辑明线

20 使用贝塞尔工具 🔖 和形状工具 🔖 在领子的边角处绘制出图8-55所示的图形。使用选择工具 🔖 将其轮廓宽度设置为"细线"，选择颜色"沙黄"进行填充。

图8-55 绘制图形并填充颜色

21 使用椭圆形工具 ○ 绘制出圆形，将其对象大小设置为1.0mm，轮廓宽度设置为0.2pt。选择颜色"沙黄"进行填充，按"+"键复制，再将其按图8-56所示的状态摆放。

图8-56　摆放扣子

22 使用手绘工具 ![工具] 和形状工具 ![工具] 绘制出连体裤的褶皱线。使用选择工具 ![工具] 将其轮廓宽度设置为0.5pt，选中人体模型，按Delete键删除，即完成了连体裤的绘制，得到最后的效果，如图8-57所示。

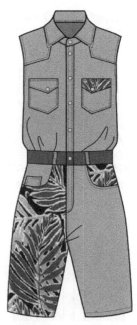

图8-57　最后效果

8.2 短裤设计

■ 8.2.1　超短裤

超短裤拥有鲜艳的色彩、酷酷的款型、低腰的设计，而牛仔短裤永远是超短裤中的保留节目，毛边、补丁、钉珠更成为重要的添加物。图8-58所示为超短裤的CorelDRAW效果图。

图8-58　超短裤的CorelDRAW效果图

下面介绍超短裤的CorelDRAW绘制步骤。

01 执行"文件/导入"命令，导入人体模型。

02 使用贝塞尔工具 ![工具] 和形状工具 ![工具] 绘制出超短裤左前片，如图8-59所示。

03 参考7.3.1小节礼服绘制的第2、3步，得到的效果如图8-60所示。

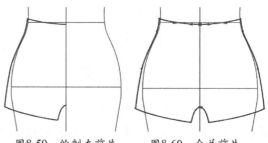

图8-59　绘制左前片　　图8-60　合并前片

04 使用选择工具 ![工具] 选中裤子，在属性栏中将轮廓宽度设置为0.75pt，在调色板中选择颜色"白"进行填充。

05 使用椭圆形工具 ![工具] 和形状工具 ![工具] 绘制出图8-61所示的一个闭合图形。

06 使用选择工具 ![工具] 选中上一步绘制出的图形，将其轮廓宽度设置为0.75pt，选择颜色"40%黑"进行填充。单击鼠标右键，执行"顺序/到图层后面"命令，得到的效果如图8-62所示。

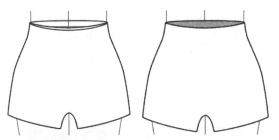

图8-61 绘制后片图形 图8-62 后片图形填充颜色

07 使用手绘工具 ✎ 和形状工具 ⬚ 绘制出短裤的腰头，如图8-63所示。使用选择工具 ▣ 选中腰头，将其轮廓宽度设置为0.75pt，选择颜色"白"进行填充。

08 使用贝塞尔工具 ✎ 和形状工具 ⬚ 绘制出短裤上的分割线、轮廓线以及马王带。使用选择工具 ▣ ，将其轮廓宽度设置为0.5pt，得到的效果如图8-64所示。

图8-63 绘制腰头 图8-64 绘制分割线和马王带

09 使用形状工具 ⬚ 分别框选中图8-65所示的A、B两处节点，单击属性栏中的"断开曲线"图标 ⬚ 。使用选择工具 ▣ 选中短裤的轮廓线，单击属性栏中的"拆分"图标 ⬚ ，选中AB线段，将其轮廓宽度设置为"细线"。

10 使用变形工具 ⬚ ，单击选中AB线段，单击"拉链变形"图标 ⬚ ，单击"随机变形"图标 ⬚ ，将"拉链振幅"和"拉链频率"分别设置为50和80，得到的效果如图8-66所示。

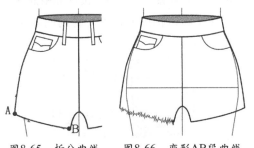

图8-65 拆分曲线 图8-66 变形AB段曲线

11 使用选择工具 ▣ 选中上一步变形后的裤脚边，按小键盘上的"+"键复制。单击属性栏中的"水平镜像"图标 ⬚ ，按住Shift键，将

其平移至右边相应的位置，如图8-67所示。

12 使用贝塞尔工具 ✎ 和形状工具 ⬚ 绘制出短裤的辑明线。使用选择工具 ▣ 将其轮廓宽度设置为"细线"，线条样式设置为"虚线"，得到的效果如图8-68所示。

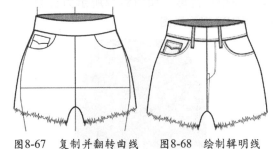

图8-67 复制并翻转曲线 图8-68 绘制辑明线

13 执行"文件/导入"命令，导入4张钻石图片，如图8-69所示。

图8-69 导入钻石图片

14 使用选择工具 ▣ 将钻石图片缩放成不同大小，按"+"键进行复制。将其按图8-70所示的状态随意放置在口袋边。

图8-70 随意摆放钻石

15 使用贝塞尔工具 ✎ 和形状工具 ⬚ 绘制出短裤的褶皱线。使用选择工具 ▣ 将其轮廓宽度设置为0.5pt，使用透明度工具 ⬚ 对其进行透明度调节，即完成了短裤的绘制，得到最后的效果，如图8-71所示。

图8-71 最后效果

8.2.2 五分裤

五分裤的裤长是长裤的一半，所以也可称之为半裤，大约在膝盖部位，一般不过膝盖。五分裤无论搭配长靴还是高跟鞋、平底鞋都相得益彰。如图8-72所示为五分裤的CorelDRAW效果图。

图8-72 五分裤的CorelDRAW效果图

下面介绍五分裤的CorelDRAW绘制步骤。

01 执行"文件/导入"命令，导入人体模型。

02 使用贝塞尔工具和形状工具绘制出五分裤左前片，如图8-73所示。

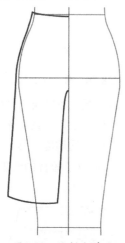

图8-73 绘制左前片

03 参考7.3.1小节礼服绘制的第2、3步，得到的效果如图8-74所示。

04 使用交互式填充工具单击五分裤，单击属性栏中的"双色图样填充"，分别单击"前景颜色"和"背景颜色"。在弹出

的面板中单击"显示调色板"图标，单击面板右上角的图标，在弹出的菜单中执行"查找颜色"命令，分别输入"海军蓝"和"海洋绿"。单击"渐变填充"图标进行调节，如图8-75所示。

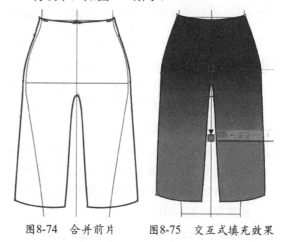

图8-74 合并前片   图8-75 交互式填充效果

05 使用贝塞尔工具和形状工具绘制出裤脚的卷边和裤袢，如图8-76所示。

图8-76 绘制卷边和裤袢图形

06 使用选择工具框选中上一步绘制出的图形，将其轮廓宽度设置为0.5pt，选择颜色"荒原蓝"进行填充。按"+"键复制，单击"水平镜像"图标，按住Shift键，将其平移至右边相应的位置，得到的效果如图8-77所示。

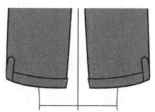

图8-77 填充、复制、翻转图形

07 使用贝塞尔工具和形状工具绘制出五分裤的分割线，如图8-78所示。使用选择工具

将其轮廓宽度设置为0.5pt。

图8-78 绘制结构、分割线

08 使用椭圆形工具○和形状工具↖，绘制出图8-79所示的一个图形。

09 使用选择工具↖选中上一步绘制出的图形，将其轮廓宽度设置为0.75pt，选择颜色"深绿"进行填充。单击鼠标右键，执行"顺序/置于图层后面"命令，得到的效果如图8-80所示。

图8-79 绘制后片图形 图8-80 填充后片颜色

10 使用贝塞尔工具↖和形状工具↖绘制出五分裤的辑明线。使用选择工具将其轮廓宽度设置为0.4pt，线条样式设置为"虚线"，得到的效果如图8-81所示。

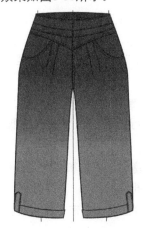

图8-81 绘制辑明线

11 使用贝塞尔工具↖和形状工具↖绘制出五分裤的扣眼，使用选择工具将其轮廓宽度设置为0.5pt，选择颜色"荒原蓝"并单击鼠标右键，选中扣眼按"+"键复制，再进行缩小，将两个扣眼按图8-82所示的状态放置。

图8-82 绘制扣眼

12 使用椭圆形工具○绘制出图8-83所示的3个圆形，其对象大小分别为1.7mm、1.5mm和0.6mm，轮廓宽度分别设置为0.35pt、0.2pt、0.1pt。

13 使用"文件/导入"命令，导入一张钻石图片。单击鼠标右键，执行"Power Clip内部"命令，将钻石图片填充至最小的圆形内，得到的效果如图8-84所示。

图8-83 绘制扣子 图8-84 填充钻石图片

14 使用选择工具↖框选中扣子，单击鼠标右键，执行"组合对象"命令。

15 使用椭圆形工具○绘制出图8-85所示的圆形图案。

16 使用选择工具↖，将扣子分别放置在图8-86所示的位置。

图8-85 绘制图形 图8-86 摆放扣子

17 使用手绘工具和形状工具绘制出五分裤的褶皱线。使用选择工具，将其轮廓宽度设置为0.5pt，得到的效果如图8-87所示。

18 使用透明度工具，对褶皱线和褶线进行透明度调节。使用选择工具选中人体模型，按Delete键删除，即完成五分裤的绘制，得到最后的效果，如图8-88所示。

图8-87 绘制褶皱线　　图8-88 最后效果

8.3 课后练习

▮8.3.1 练习一：绘制牛仔背带裤

该练习为绘制牛仔背带裤，如图8-89所示。

图8-89 牛仔背带裤

步骤提示：

01 使用贝塞尔工具和形状工具绘制出背带裤的基本廓形。

02 使用选择工具填充颜色。

03 使用椭圆形工具在大腿部位绘制一个椭圆形，填充为白色。使用透明度度工具进行调节。

04 使用贝塞尔工具和形状工具绘制背带裤的分割线和辑明线。

05 使用椭圆形工具绘制扣子。

06 使用贝塞尔工具和形状工具绘制背带上的金属扣。

▮8.3.2 练习二：绘制哈伦裤

该练习为绘制哈伦裤，如图8-90所示。

图8-90 哈伦裤

步骤提示：

01 使用贝塞尔工具和形状工具绘制哈伦裤的基本廓形和裤子上的分割面。

02 使用椭圆形工具绘制圆形。

03 复制圆形，填充不同颜色。执行"Power Clip内部"命令，将其填充至裤子上的分割面中。

04 使用贝塞尔工具绘制直线，使用调和工具进行调和，在腰头和裤脚边绘制罗纹效果。

05 使用贝塞尔工具和形状工具绘制腰头上的带子和辑明线。

06 使用选择工具将带子填充颜色。

第9课
内衣和睡衣款式设计

现代内衣越来越多地承担起了修饰和塑造形体的重任，故而内衣也不再是闺房中的私密物品。随着潮流的变化，内衣也从保暖的角色中走出来，成为时尚的风向标，为众多女性所追逐。无论是色彩、材质和造型都打破常规，空前展现特有的魅力，不仅是视觉美而且肤感好，随着现代人对青春和健美的追求，各种功能材料相继问世，内衣既能塑造优美的体形，又能起到保健功效。由于内衣紧贴人体皮肤，因此面料的选择尤为重要。目前，传统的内衣面料多采用棉、丝、麻、粘胶、涤纶、尼龙等。

本课知识要点

- 贝塞尔工具和形状工具的使用（绘制服装的基本廓形）
- 调和工具的使用（文胸中面料的表现）
- 变形工具的使用（腰头松紧和打褶表现）
- 图样填充命令的使用（服装图样的表现）
- 各个服装细节的表现

9.1 内衣设计

内衣设计的构思就是寻找突破口的过程，可以从宏观的角度入手，也可从具体的细节进行。可以借题发挥，也可以是客观想象。内衣构成的三大要素是面料、色彩和款式。内衣造型原则是依据人体特征，运用面料、色彩将点、线、面、体等要素对款式进行整体和局部组合造型，不同年龄阶段的人，色彩和款式则不同。最好要多了解纸样及工艺的制作，既要美观，又要实际，不能凭空想象，要考虑纸样与工艺是否可行。

9.1.1 文胸设计

文胸的款式主要包括普通式文胸、连身式文胸、背心式文胸、前扣式文胸、一片式文胸等，款式不同就会对文胸的风格产生一定的影响。图9-1所示为文胸的CorelDRAW效果图。

图9-1　文胸的CorelDRAW效果图

下面介绍文胸的CorelDRAW绘制步骤。

01 执行"文件/导入"命令，导入女性人体模型。

02 使用贝塞尔工具和形状工具绘制出文胸的外廓形，如图9-2所示。使用选择工具在属性栏中将其轮廓宽度设置为1.0pt。

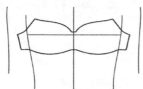

图9-2　绘制文胸外廓形

03 使用贝塞尔工具和形状工具在文胸内绘制出图9-3所示的两个闭合图形。

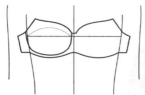

图9-3　绘制罩杯图形

04 使用选择工具框选中上一步绘制出的两个图形，将其轮廓宽度设置为0.75pt，在调色板中选择颜色"洋红"进行填充。按小键

盘上的"+"键复制，单击属性栏中的"水平镜像"图标，按住Shift键，将其平移至右边相应的位置，得到的效果如图9-4所示。

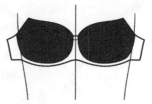

图9-4　填充罩杯颜色

05 使用贝塞尔工具和形状工具绘制出文胸的肩带，如图9-5所示。

图9-5　绘制肩带

06 使用选择工具框选中肩带，将其轮廓宽度设置为0.1pt，选择颜色"黑"进行填充，选择颜色"80%黑"，单击鼠标右键。

07 使用椭圆形工具绘制出在后肩带上绘制出一个椭圆形，使用选择工具选中椭圆形，在菜单栏中执行"对象/将轮廓转换为对象"命令。将其轮廓宽度设置为0.1pt，选择颜色"白"进行填充。单击鼠标右键，执行"顺序/到图层后面"命令，得到的效果如图9-6所示。

08 使用选择工具框选中肩带，按"+"键复制，单击"水平镜像"图标，按住Shift键，将其平移至右边相应的位置，得到的效果如图9-7所示。

图9-6 填充肩带颜色

图9-7 复制并翻转肩带

09 使用手绘工具绘制出一根直线，使用选择工具，在属性栏中将其旋转角度设置为30°，轮廓宽度设置为0.01pt。按"+"键对其进行复制，按住Shift键，将其向下移动至长于文胸长度的位置，如图9-8所示。

10 使用调和工具对上一步绘制出的直线进行调和，在这里将调和对象设置为150。使用选择工具选中调和出的直线图形，单击鼠标右键，执行"组合对象"命令。按"+"键对其进行复制，单击"水平镜像"图标，得到的效果如图9-9所示。

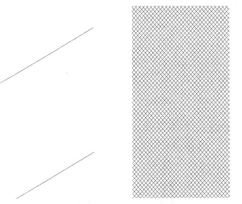

图9-8 绘制直线图形 图9-9 调和、复制、翻转图形

11 使用选择工具框选中上一步调和出的直线图形，单击鼠标右键，执行"组合对象"命令。按"+"键进行复制，再次单击鼠标右键，执行"Power Clip内部"命令，将图形分别填充至图9-10所示的两个图形内。

图9-10 填充图形

12 参照第8、9步，绘制出直线图形，这里将调和对象设置为110，旋转角度设置为45°。使用相同步骤调和一个轮廓宽度为0.3pt，调和对象为22的直线图形，得到的效果如图9-11所示。

13 使用矩形工具，在图9-12所示直线相交的位置绘制出矩形，选择颜色"黑"进行填充。

图9-11 绘制直线图形 图9-12 绘制矩形图形

14 使用选择工具框选中上一步绘制出的图形，单击鼠标右键，执行"组合对象"命令。按"+"键对其进行复制，单击鼠标右键，执行"Power Clip内部"命令，将图形分别填充至图9-13所示的3个图形内。

图9-13 填充图形

15 使用多边形工具绘制出一个多边形，在属性栏中将"边数和点数"设置为6。使用形状工具，单击鼠标右键，执行"到曲线"命令，进行调改。将其轮廓宽度设置

为0.1pt，选择颜色"粉"进行填充，得到的效果如图9-14所示。

16 使用贝塞尔工具和形状工具依着花朵绘制出图9-15所示的一个图形。使用选择工具框选该图形，单击鼠标右键，执行"组合对象"命令。

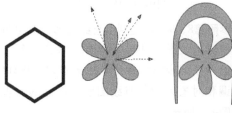

图9-14　绘制花朵图形　　图9-15　填充颜色

17 使用贝塞尔工具和形状工具绘制出图9-16所示的一根曲线。使用选择工具将其轮廓宽度设置为0.5pt，选择颜色"粉"，单击鼠标右键。

图9-16　绘制曲线图形

18 使用艺术笔工具选中花朵图形，参考6.1.1小节连帽卫衣的第39、40步的操作，得到的效果如图9-17所示。

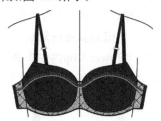

图9-17　花朵图形艺术笔效果

19 使用上述步骤，在文胸的外轮廓边上绘制出花边，得到的效果如图9-18所示。

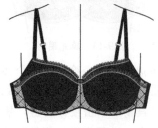

图9-18　效果

20 使用贝塞尔工具和形状工具绘制出图9-19所示的3个图形。

21 使用选择工具框选中上一步绘制出的3个图形，将其轮廓宽度设置为0.1pt，选择颜色"黑"进行填充，选择颜色"80%黑"，单击鼠标右键，得到的效果如图9-20所示。

图9-19　绘制蝴蝶结　　图9-20　填充蝴蝶结颜色

22 使用贝塞尔工具和形状工具绘制文胸上的辑明线和分割线。使用选择工具将其轮廓宽度设置为0.35pt，将辑明线的线条样式设置为"虚线"，得到的效果如图9-21所示。

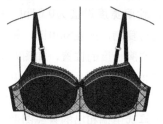

图9-21　绘制辑明线

23 使用贝塞尔工具绘制如图9-22所示的一个图形。使用选择工具将其轮廓宽度设置为0.35pt，线条样式设置为"虚线"。

图9-22　绘制图形

24 使用艺术笔工具选中上一步绘制出的图形，再参考6.1.1小节连帽卫衣的第39、40步的操作，得到的效果如图9-23所示。

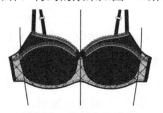

图9-23　绘制曲线图形

25 使用上述步骤在文胸的上边也绘制出相同的辑明线，得到的效果如图9-24所示。

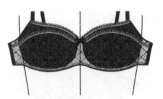

图9-24 辑明线艺术笔效果

26 使用上述步骤绘制，得到效果如图9-25所示。

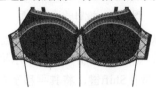

图9-25 效果

27 使用选择工具 选中人体模型，按Delete键删除，即完成文胸的绘制，得到最后的效果，如图9-26所示。

图9-26 最后效果

提示

第（26）步中，单击"旋转"图标，将旋转角度设置为90°。

9.1.2 女内裤设计

内裤可分为低腰型、中腰型、高腰型、比基尼型、丁字型、性感型。面料一般使用纯棉、竹纤维、Coolmax（杜邦公司研制的一种高科技吸湿透气涤纶纤维）、混纺和莫代尔棉等面料。图9-27所示为女内裤的CorelDRAW效果图。

图9-27 女内裤的CorelDRAW效果图

下面介绍女内裤的CorelDRAW绘制步骤。

01 执行"文件/导入"命令，导入女性人体模型。

02 使用贝塞尔工具 和形状工具 绘制出女内裤的轮廓形，如图9-28所示。使用选择工具选中该图形，在属性栏中将轮廓宽度设置为0.75pt。

图9-28 绘制女内裤外轮廓

03 使用选择工具 选中上一步绘制出的图形，按小键盘上的"+"键复制，在属性栏中将其轮廓宽度设置为0.5pt。使用形状工具在A、B、C、D四个点处双击添加节点，单击属性栏中的"断开曲线"图标 ，再单击节点进行调整，得到的效果如图9-29所示。

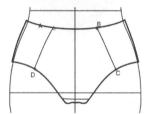

图9-29 绘制图形

04 使用选择工具 框选中女内裤，在调色板中选择颜色"粉"进行填充，得到的效果如图9-30所示。

图9-30 填充颜色

05 执行"文件/导入"命令，导入之前绘制出的文胸，选中图9-31所示的图形。

图9-31 选出图形

06 使用选择工具 ，选中上一步选出的图形，单击鼠标右键，执行"Power Clip内部"命令，单击第2步绘制出的图形，得到的效果如图9-32所示。

图9-32 填充图形

07 使用贝塞尔工具 和形状工具 绘制出女内裤的分割线，如图9-33所示。使用选择工具 将其轮廓宽度设置为0.5pt。

图9-33 绘制分割线

08 使用选择工具 ，将在第4步导入的文胸图案中的花朵图形选中，如图9-34所示。

09 使用选择工具 ，选择花朵图形，单击属性栏中的"垂直镜像"图标 。将其放置在第2步绘制的图形内，使用调和工具 对花朵图形进行调和，这里将调和对象设置为11。在属性栏中单击"路径属性"图标 ，选择"新路径"选项，单击花朵图形下的曲线。使用选择工具，右击花朵，执行"拆分路径群组上的混合"命令，再进行相应的调节，得到的效果如图9-35所示。

图9-34 选出图形　　图9-35 调和花朵效果

10 使用手绘工具 绘制出图9-36所示的图形，将其轮廓宽度设置为1.5pt，在菜单栏中执行"对象/将轮廓转换为对象"命令，使用

形状工具 进行调整。

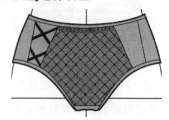

图9-36 绘制并填充图形

11 使用选择工具 ，框选中上一步绘制出的图形，按"+"键复制，单击"水平镜像"图标 ，按住Shift键，将其平移至右边相应的位置，得到的效果如图9-37所示。

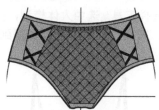

图9-37 复制并翻转图形

12 使用贝塞尔工具 和形状工具 绘制出图9-38所示的图形。将其轮廓宽度设置为0.5pt。在菜单栏中执行"对象/将轮廓转换为对象"命令，将其轮廓宽度设置为0.1pt，选择颜色"粉"进行填充。

图9-38 绘制花边图形

13 使用3点曲线工具 在内裤的腰节处绘制一根曲线，参考6.1.1小节的连帽卫衣的第39、40步操作，得到的效果如图9-39所示。

图9-39 花边图形艺术笔效果

14 使用上述步骤绘制，得到的效果如图9-40所示。

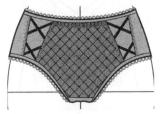

图9-40 效果

15 使用贝塞尔工具和形状工具绘制出图9-41所示的3根曲线。

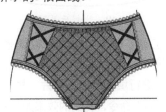

图9-41 绘制曲线

16 参考9.1.1小节文胸绘制的第22、23步操作，得到的效果如图9-42所示。

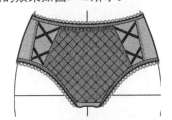

图9-42 辑明线图形艺术笔效果

17 使用贝塞尔工具和形状工具绘制出图9-43所示的3个闭合图形。

18 使用选择工具框选中上一步绘制出的3个图形，将其轮廓宽度设置为"细线"，选择颜色"黑"进行填充，选择颜色"80%黑"单击鼠标右键，得到的效果如图9-44所示。

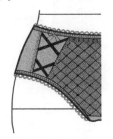

图9-43 绘制蝴蝶结

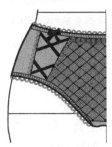

图9-44 填充效果

19 使用选择工具框选中蝴蝶结，按"+"键复制，单击"水平镜像"图标，按住Shift键将其平移至右边相应的位置。选中人体模型，按Delete键删除，即完成女内裤的绘制，得到最后的效果，如图9-45所示。

图9-45 最后效果

9.2 睡衣设计

睡衣作为睡觉时穿着的服装，款式分类基本以裙装式、袍式、上下分体式为主。

9.2.1 睡衣套装

套装睡衣的最大优点是穿着舒适、行动方便，颇受居家女人的青睐。套装睡衣的款式主要体现在领型上的变化，小西装领式是最常见的一种领型，款式的设计，加上两个大贴袋充分体现了使用的价值。图9-46所示为睡衣套装的CorelDRAW效果图。

图9-46　睡衣套装的CorelDRAW效果图

下面介绍睡衣套装的CorelDRAW绘制步骤。

01 执行"文件/导入"命令，导入女性人体模型。

02 使用贝塞尔工具 和形状工具 绘制出睡衣的左前片，如图9-47所示。

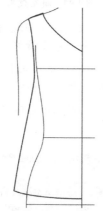

图9-47　绘制左前片

03 参考7.3.1小节礼服绘制的第2、3步绘制，得到的效果如图9-48所示。

图9-48　合并前片

04 使用贝塞尔工具 和形状工具 绘制出睡衣的后片图形，如图9-49所示。

图9-49　绘制后片图形

05 选择工具 框选中睡衣，在属性栏中将轮廓宽度设置为0.75pt。在调色板中选择颜色"粉"进行填充。右击前片，执行"顺序/到图层前面"命令，得到的效果如图9-50所示。

图9-50　填充效果

06 使用贝塞尔工具 和形状工具 绘制出图9-51所示的3个闭合图层。

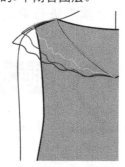

图9-51　绘制荷叶边

07 使用选择工具 框选中上一步绘制出的3个图形，将其轮廓宽度设置为0.5pt，选择颜色"粉"进行填充，得到效果如图9-52所示。

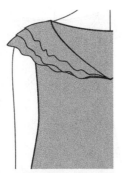

图9-52 填充颜荷叶边色

08 使用选择工具 ，从横纵标尺处拉出数条辅助线，使用贝塞尔工具 和形状工具 依着辅助线绘制出图9-53所示的心形。

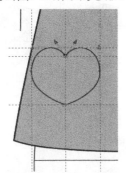

图9-53 绘制心形图形

09 使用选择工具 选中心形，按小键盘上的"+"键复制，按住Shift键将其缩小，如图9-54所示。

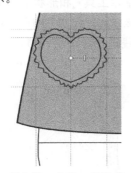

图9-54 变形心形图形

10 使用变形工具 选中大的心形图案，在属性栏中单击"拉链变形"图标 ，单击"随机变形"图标 和"平滑变形"图标 ，再将"拉链振幅"、"拉链频率"设置为"19"、"17"，得到的效果如图9-54所示。

11 使用选择工具 框选中整个口袋，选择颜色"粉"进行填充。再选中变形后的心形，将其轮廓宽度设置为0.35pt，得到的效果如图9-55所示。

图9-55 填充心形图形颜色

12 使用手绘工具 和形状工具 ，绘制出睡衣上的褶皱线，如图9-56所示。使用选择工具 将其轮廓宽度设置为"细线"。

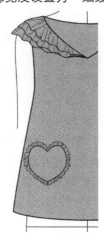

图9-56 绘制褶皱线

13 使用选择工具 框选中睡衣上的荷叶边以及口袋，按"+"键复制，单击"水平镜像"图标 ，按住Shift键将其平移至相应的位置，得到的效果如图9-57所示。

图9-57 复制并翻转图形

14 使用贝塞尔工具 和形状工具 在领口处绘制出图9-58所示的两根曲线。使用选择工具 将其轮廓宽度设置为2.0pt。

图9-58　绘制领口包边图形

15 使用选择工具 ，分别选中上一步绘制的曲
线，在菜单栏中执行"对象/将轮廓转换为
对象"命令，将轮廓宽度设置为0.35pt，选
择颜色"粉"进行填充，得到的效果如图
9-59所示。

图9-59　填充领口包边图形颜色

16 使用贝塞尔工具 和形状工具 绘制出图
9-60所示的3个图形。使用选择工具 将其
轮廓宽度设置为0.35pt，选择颜色"粉"进
行填充。

17 参考8.1.2小节哈伦裤绘制的第5步（在这里
将圆形对象的大小设置为0.3mm），得到的
效果如图9-61所示。

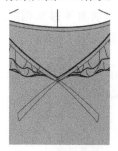 

图9-60　绘制蝴蝶结　　图9-61　绘制波点图形

18 使用选择工具 框选中上一步绘制出圆形图
案，单击鼠标右键，执行"组合对象"命
令。按"+"键复制。单击鼠标右键，执行
"Power Clip内部"命令，将其分别填充至
图9-62所示的几个图形内。

19 使用3点曲线工具 在底边绘制出辑明
线，使用选择工具 将其轮廓宽度设置为
0.35pt，线条样式设置为"虚线"，得到的
效果如图9-63所示。

图9-62　填充波点图形至领口包边、蝴蝶结、心形图形

图9-63　绘制辑明线

20 使用贝塞尔工具 和形状工具 绘制出睡衣
上的褶皱线。再使用透明度工具 对睡衣上
的褶皱线进行透明度调节，即完成了睡衣
的绘制，得到的效果如图9-64所示。

图9-64　最后效果

21 使用选择工具 框选中整件睡衣，单击鼠标
右键，执行"组合对象"命令，再将其拖
离人体模型，如图9-65所示。

图9-65 拖离人体模型

22 使用贝塞尔工具 和形状工具 绘制出睡裤的左前片，如图9-66所示。

23 参考7.3.1小节礼服绘制的第2、3步骤的操作方法，得到的效果如图9-67所示。

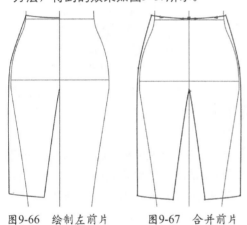

图9-66 绘制左前片　　图9-67 合并前片

24 使用选择工具 选中睡裤，将其轮廓宽度设置为0.75pt，在调色板中选择颜色"粉"进行填充，得到的效果如图9-68所示。

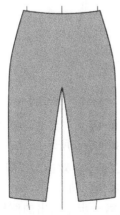

图9-68 填充颜色

25 使用3点曲线工具 在腰头处绘制出图9-69所示的两根曲线。

26 使用变形工具 选中中间的曲线，在属性栏中单击"拉链变形"图标 ，单击"平滑变形"图标 ，再将"拉链振幅"和"拉链频率"分别设置为42、100，得到的效果如图9-70所示。

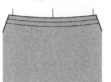 

图9-69 绘制曲线　　图9-70 变形曲线

27 使用贝塞尔工具 和形状工具 在裤脚处绘制出图9-71所示的两个图形。

图9-71 绘制荷叶边

28 使用选择工具 框选中上一步绘制出的图形，将其轮廓宽度设置为0.5pt，选择颜色"粉"进行填充。右击裤前片，执行"顺序/到图层前面"命令，得到的效果如图9-72所示。

图9-72 填充荷叶边图形颜色

29 使用贝塞尔工具 和形状工具 绘制出睡裤上的褶皱线。使用选择工具将其轮廓宽度设置为"细线"，得到的效果如图9-73所示。

30 使用选择工具 框选中裤脚上的荷叶边图形，按"+"键复制。单击"水平镜像"图标 ，按住Shift键将其平移至另一只裤脚上，即完成了睡裤的绘制，得到的效果如图9-74所示。

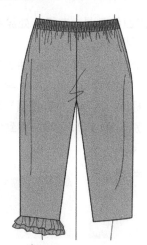

图9-73　绘制褶皱线

图9-74　复制并翻转荷叶边图形

31 使用选择工具，框选中睡裤，单击鼠标右键，执行"组合对象"命令。将其拖放至人体模型，单击鼠标右键，执行"顺序/到图层后面"命令，即完成了睡衣套装的绘制，得到最后的效果，如图9-75所示。

图9-75　最后效果

9.2.2　睡裙设计

睡裙既解决了汗湿的问题，又具有美观性。睡裙的质地主要有真丝、绢丝、棉麻混纺机纯棉几种。这些材质制成的睡裙，既吸汗又不贴身，图9-76所示为睡裙的CorelDRAW效果图。

图9-76　睡裙的CorelDRAW效果图

下面介绍睡裙的CorelDRAW绘制步骤。

01 执行"文件/导入"命令，导入女性人体模型。

02 使用贝塞尔工具和形状工具，绘制出图9-77所示的图形。使用选择工具选中该图形，在属性栏中将轮廓宽度设置为"细线"。

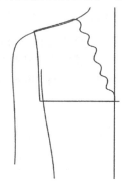

图9-77　绘制图形

03 执行"文件/导入"命令，导入一张蕾丝面料图片，如图9-78所示。

04 使用选择工具，双击蕾丝图片进行旋转，单击鼠标右键，执行"Power Clip内部"命令，单击第一步绘制出的图形，得到的效果如图9-79所示。

图9-78 导入蕾丝图片
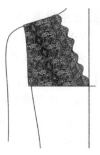
图9-79 填充蕾丝图片

图9-82 导入花卉图形

05 使用选择工具，选中蕾丝图形，按小键盘上的"+"键复制，单击属性栏中的"水平镜像"图标，按住Shift键将其平移至图9-80所示的位置。

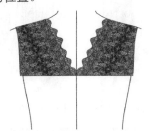
图9-80 复制并翻转图形

06 使用贝塞尔工具和形状工具绘制图9-81所示的两个闭合图形。使用选择工具，将其轮廓宽度设置为0.5pt。

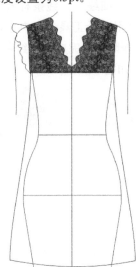
图9-81 绘制裙摆和荷叶边图形

07 执行"文件/导入"命令，导入一张花卉图片，如图9-82所示。

08 使用选择工具，选中花卉图片，按"+"键复制，再参考第3步将花卉图片填充至在第5步绘制的两个图形内，得到的效果如图9-83所示。

图9-83 填充花卉图形至裙摆和荷叶边

09 使用贝塞尔工具和形状工具绘制出睡裙上的褶皱线。使用选择工具，框选中褶皱线，将其轮廓宽度设置为"细线"，得到的效果如图9-84所示。

图9-84 绘制褶皱线

10 使用选择工具，框选中袖窿处的荷叶边图形，按"+"键复制。单击"水平镜像"图标，按住Shift键将其平移至右边袖窿处，如图9-85所示。

图9-85　复制并翻转荷叶边图形

11 使用矩形工具□，在胸围线处绘制出一个矩形。使用形状工具，选中该矩形，单击鼠标右键，执行"转换为曲线"命令，进行调整，得到的效果如图9-86所示。

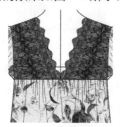

图9-86　绘制图形

12 使用选择工具，在文档调色板中单击"添加颜色到调色板"图标，将图标放置在花卉图片的底色（CMYK：0、11、14、0）上单击即可。

13 使用选择工具选中第10步绘制出的图形，将其轮廓宽度设置为0.5pt。在文档调色板中选择上一步添加的颜色，得到的效果如图9-87所示。

14 使用手绘工具，在如图9-88所示的位置绘制出4根直线。使用选择工具，将其轮廓宽度设置为"细线"。

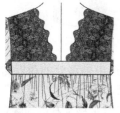

图9-87　填充颜色

图9-88　绘制直线图形

15 使用贝塞尔工具和形状工具绘制出图9-89所示的3根曲线。使用选择工具将其轮廓宽度设置为1.5pt。

16 使用选择工具分别选中上一步绘制出的曲线，在菜单栏中执行"对象/将轮廓转换为对象"命令，将其轮廓宽度设置为0.35pt，选择颜色（CMYK：0、11、14、0）进行填充，得到的效果如图9-90所示。

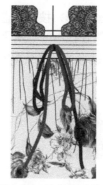

图9-89　绘制蝴蝶结　　　图9-90　填充蝴蝶结颜色

17 使用透明度工具对睡裙上的褶皱线进行透明度调节，得到的效果如图9-91所示。

18 使用贝塞尔工具和形状工具绘制出睡裙上的辑明线。使用选择工具将其轮廓宽度设置为"细线"，线条样式设置为"虚线"。使用选择工具选中人体模型，按Delete键删除，即完成睡裙绘制，得到最后的效果，如图9-92所示。

图9-91　褶皱线透明度效果　　　图9-92　最后效果

9.3 泳衣设计

泳装是指在水中或海滩活动时的专用服装，如今的泳装设计在科学技术的发展下，泳装已向着款式、色彩多样化，面料科技化、环保化的方向发展。泳装的设计以"舒适"、"贴身"为原则之一。莱卡，锦纶，涤纶是目前泳装类最常使用的材料。里料大多使用锦纶，与面料弹性一致，才不致影响消费者穿着的舒适度。因此选择使用辅料时，"弹性"是绝对必要的要求。因应潮流趋势，若需采用金属、压克力、贝壳等无弹性辅料时，设计上就需选择不影响衣身弹性的位置。应用得宜时，辅料会有画龙点睛的绝佳效果。

9.3.1 一件式泳衣

一件式泳衣中有肩带式和筒式，还有中国式的企领设计，一般多为三角内裤型。具有立体感的蛋糕款比基尼，能够通过"障眼法"令胸部看起来更丰满，若想效果更加显著，可再选择颜色鲜艳的泳衣，在白皙肤色的衬托下，线条更加突出，其中还有一些是将腰部露出，显得更加性感且线条清晰。图9-93所示为一件式泳衣的CorelDRAW效果图。

图9-93 一件式泳衣的CorelDRAW效果图

下面介绍一件式泳衣的CorelDRAW绘制步骤。

01 执行"文件/导入"命令，导入女性人体模型。

02 使用贝塞尔工具 和形状工具 绘制出泳衣的左前片，如图9-94所示。

03 参考7.3.1小节礼服绘制的第2、3步的方法，得到的效果如图9-95所示。使用选择工具 选中该图形，在属性栏中将其轮廓宽度设置为0.75pt。

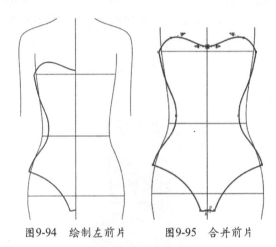

图9-94 绘制左前片　　图9-95 合并前片

04 使用选择工具 选中好上一步绘制出的图形，在调色板中选择颜色"热粉"进行填充，得到的效果如图9-96所示。

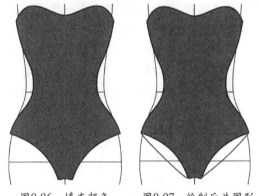

图9-96 填充颜色　　图9-97 绘制后片图形

05 使用贝塞尔工具 和形状工具 绘制出泳衣的后片图形，如图9-97所示。

06 使用选择工具 选中后片，将其轮廓宽度设置为0.75pt，选择颜色"粉"进行填充，再选中前片，单击鼠标右键，执行"顺序/到图层前面"命令，得到的效果如图9-98所示。

图9-98　填充后片颜色

07 使用贝塞尔工具和形状工具绘制图9-99所示的5根曲线。使用选择工具将其轮廓宽度设置为2.0pt。

图9-99　绘制肩带和包边图形

08 使用选择工具分别选中上一步绘制出的曲线，单击鼠标右键，执行"对象/将轮廓转换为对象"命令。将其轮廓宽度设置为"细线"，选择颜色"热粉"进行填充。使用形状工具进行调整，得到的效果如图9-100所示。

图9-100　填充肩带和包边颜色

09 使用贝塞尔工具和形状工具绘制出图9-101所示的4个闭合图形。

图9-101　绘制荷叶边和蝴蝶结图形

10 使用选择工具分别选中上一步绘制的图形，将其轮廓宽度设置为0.5pt，选择颜色"热粉"进行填充，得到的效果如图9-102所示。

图9-102　填充荷叶边和蝴蝶结颜色

11 使用上述步骤绘制出蝴蝶结打结处的图形，得到的效果如图9-103所示。

图9-103　效果

12 使用贝塞尔工具和形状工具绘制出6个图9-104所示的闭合图形。

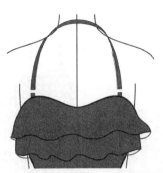

图9-104 绘制反面图形

13 使用选择工具 ⬚ 分别选中上一步绘制出的图形，将其轮廓宽度设置为0.5pt，选择颜色"深玫瑰红"进行填充。单击鼠标右键，执行"顺序/到图层后面"命令，得到的效果如图9-105所示。

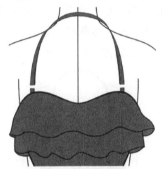

图9-105 填充反面图形颜色

14 使用贝塞尔工具 ✐ 和形状工具 ⬚ 绘制出泳衣上的褶皱线。使用选择工具将其轮廓宽度设置为"细线"，再使用透明度工具 ⬚ 对其进行透明度调节，得到的效果如图9-106所示。

图9-106 绘制褶皱线

15 使用选择工具 ⬚ 框选中蝴蝶结，按小键盘上的"+"键复制，单击"水平镜像"图标 ⬚，按住Shift键，将其平移至右边相应的位置，如图9-107所示。

图9-107 复制并翻转蝴蝶结

16 使用贝塞尔工具 ✐ 和形状工具 ⬚ 绘制出图9-108所示的一个闭合图形。

图9-108 绘制图形

17 使用选择工具 ⬚ 选中上一步绘制出的图形，将其轮廓宽度设置为0.02pt，选择颜色"桃黄"进行填充，再按"+"键复制。单击"水平镜像"图标 ⬚，按住Shift键，将其平移至图9-109所示的位置。

图9-109 复制并翻转图形

18 使用矩形工具 ⬚ 在肩带上绘制出一个矩形。使用选择工具 ⬚，双击该矩形进行旋转，得到的效果如图9-110所示。

19 使用选择工具 ⬚ 选中矩形，将其轮廓宽度设置为0.5pt。再执行"对象/将轮廓转换为对

象"命令，将轮廓宽度设置为0.02pt，选择
颜色"桃黄"进行填充，按"+"键复制。
单击"水平镜像"🔁，按住Shift键，将其平
移至图9-111所示的位置。

图9-110　绘制图形

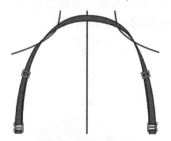

图9-111　填充颜色

20 使用贝塞尔工具➘和形状工具➘绘制出图
9-112所示的一个分割线。使用选择工具➘
将其轮廓宽度设置为0.5pt。

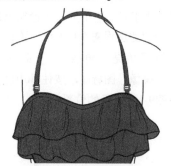

图9-112　绘制曲线图形

21 参考8.1.2小节哈伦裤绘制的第5步（在这里
将圆形对象的大小设置为1.0mm），得到的
效果如图9-113所示。

22 使用选择工具➘框选中所有圆形，单击鼠标
右键，执行"组合对象"命令，按"+"键
复制。

23 使用选择工具➘选中圆形图案，单击鼠标右
键，执行"Power Clip内部"命令，分别将
其填充至泳衣上所有的衣片图形内，得到
的效果如图9-114所示。

图9-113　绘制波点图形　图9-114　填充波点图形

24 使用贝塞尔工具➘和形状工具➘绘制出泳衣
上的辑明线。使用选择工具➘将其轮廓宽度
设置为0.35pt，线条样式设置为"虚线"，
得到的效果如图9-115所示。

图9-115　绘制辑明线

25 使用贝塞尔工具➘和形状工具➘在图9-116所
示的位置绘制一根曲线。

26 参考9.1.1小节文胸绘制的第22、23步的绘制
方法，得到的效果如图9-117所示。

图9-116　绘制曲线　　图9-117　调和辑明线效果

27 使用选择工具 ↘ 选中上一步绘制出的图形，按"+"键复制，单击"水平镜像" 🔲，按住Shift键平移至图9-118所示的位置，再选中人体模型，按Delete键删除，即完成连体泳衣的绘制。

图9-118　最后效果

9.3.2　两件式泳衣

　　两件式泳衣是指上衣和裤分开的套装，有比基尼式和一般两件式，比基尼又称三点式，其特点是用料非常少，此款内衣比较适合身材修长苗条的女性，身材有些丰满的女性穿起来不太适合。图9-119所示为两件式泳衣的CorelDRAW效果图。

图9-119　两件式泳衣的CorelDRAW效果图

　　下面介绍两件式泳衣的CorelDRAW绘制步骤。

01 执行"文件/导入"命令，导入女性人体模型。

02 使用贝塞尔工具 ↘ 和形状工具 ↘ 绘制出图9-120所示的图形。

图9-120　绘制图形

03 参考7.3.1小节礼服绘制的第2、3步的绘制方法，得到的效果如图9-121所示。

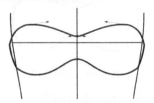

图9-121　合并图形

04 使用选择工具 ↘ 选中上一步绘制出的图形，在属性栏中将轮廓宽度设置为0.75pt，选择颜色"白"进行填充，得到的效果如图9-122所示。

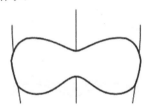

图9-122　填充颜色

05 使用贝塞尔工具 ↘ 和形状工具 ↘ 绘制出图9-123所示的一个闭合图形。

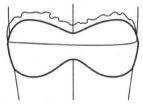

图9-123　绘制荷叶边图形

06 使用选择工具 ↘ 选中上一步绘制出的图形，将其轮廓宽度设置为0.5pt，选择颜色"香蕉黄"填充。再单击鼠标右键，执行"顺序/到图层后面"命令，得到的效果如图9-124所示。

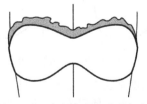

图9-124　填充荷叶边图形颜色

07 使用贝塞尔工具 和形状工具 绘制出泳衣的肩带，如图9-125所示。使用选择工具 将其轮廓宽度设置为2.0pt。

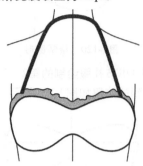

图9-125　绘制肩带

08 使用选择工具 选中肩带，执行"对象/将轮廓转换为对象"命令，将其轮廓宽度设置为0.35pt，选择颜色"香蕉黄"进行填充。再使用形状工具 进行调整，得到的效果如图9-126所示。

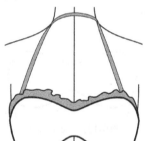

图9-126　填充肩带颜色

09 使用贝塞尔工具 和形状工具 在肩带上绘制出图9-127所示的图形。

10 使用选择工具 选中上一步绘制出的图形，将其轮廓宽度设置为0.35pt，选择颜色"深黄"填充。单击鼠标右键，执行"顺序/到图层后面"命令，得到的效果如图9-128所示。

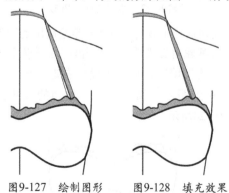

图9-127　绘制图形　　图9-128　填充效果

11 使用椭圆形工具 在肩带上绘制图9-129所示的椭圆形。使用选择工具 将其轮廓宽度设置为0.5pt，得到的效果如图9-129所示。

12 使用选择工具 选中椭圆形，执行"对象/将轮廓转换为对象"命令，将轮廓宽度设置为"细线"，选择颜色"渐粉"填充，得到的效果如图9-130所示。

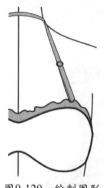　

图9-129　绘制图形　　图9-130　填充效果

13 执行"文件/导入"命令，导入一张花卉图片，如图9-131所示。

14 使用选择工具 选中花卉图片，按小键盘上的"+"键复制，将其随意放置在泳衣上。单击鼠标右键，执行"Power Clip内部"命令，得到的效果如图9-132所示。

　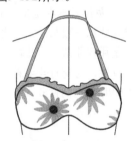

图9-131　导入花朵图形　图9-132　填充花朵图形

15 使用贝塞尔工具 和形状工具 绘制出泳衣上的辑明线。使用选择工具 将其轮廓宽度设置为"细线"，线条样式设置为"虚线"，得到的效果如图9-133所示。

16 使用贝塞尔工具 和形状工具 绘制出泳衣上的褶皱线。使用选择工具 将其轮廓宽度设置为0.35pt，得到的效果如图9-134所示。

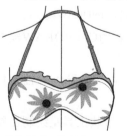　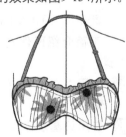

图9-133　绘制辑明线　　图9-134　绘制褶皱线

17 使用透明度工具📍对褶皱线进行透明度调节，得到的效果如图9-135所示。

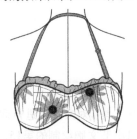

图9-135 对褶皱线进行透明度调节

18 使用贝塞尔工具🖊和形状工具💧绘制出泳裤的左前片，如图9-136所示。

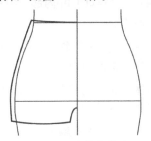

图9-136 绘制左前片

19 参考7.3.1小节礼服绘制的第2、3步的绘制方法，得到的效果如图9-137所示。

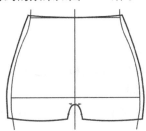

图9-137 合并前片

20 使用贝塞尔工具🖊和形状工具💧绘制出图9-138所示的3个闭合图形。

图9-138 绘制裙摆和蝴蝶结图形

21 使用选择工具📍框选中泳裤，将其轮廓宽度设置为0.75pt，选择颜色"香蕉黄"填充，得到的效果如图9-139所示。

22 使用贝塞尔工具🖊和形状工具💧绘制出泳裤上的褶皱线。使用选择工具📍将其轮廓宽度设置为细线和0.5pt。使用透明度工具📍对泳裤上的褶皱线进行透明度调节，得到的效果如图9-140所示。

图9-139 填充颜色

图9-140 绘制褶皱线并进行透明度调节

23 使用贝塞尔工具🖊和形状工具💧绘制出泳裤上的辑明线。使用选择工具📍将其轮廓宽度设置为0.35pt，线条样式设置为"虚线"，得到的效果如图9-141所示。

图9-141 绘制辑明线

24 使用选择工具📍分别框选中泳衣和泳裤，单击鼠标右键，执行"组合对象"命令，将其按图9-142所示的状态摆放，即完成两件式泳衣的绘制。

图9-142 最后效果

9.4 课后练习

9.4.1 练习一：绘制文胸

该练习为绘制文胸，如图9-143所示。

图9-143 文胸

步骤提示：

01 使用贝塞尔工具 和形状工具 绘制出文胸的基本廓形（文胸边和罩杯分为两个闭合图形）。

02 使用形状工具 对文胸边进行调整。

03 参考9.1.1小节文胸绘制的第15、16步操作，绘制花朵图形。

04 使用选择工具 复制花朵，填充不同的颜色。执行"Power Clip内部"命令，将其填充至文胸内。

05 执行"文件/导入"命令，导入蕾丝图片，将其填充至文胸边内。

06 使用贝塞尔工具 和形状工具 绘制肩带和文胸中的蝴蝶结图形。

07 使用选择工具 填充颜色。

08 使用椭圆形工具 绘制肩带上的金属扣。

9.4.2 练习二：绘制睡裙

该练习为绘制睡裙，如图9-144所示。

图9-144 睡裙

步骤提示：

01 使用贝赛尔工具 和形状工具 绘制出服装的基本廓形。

02 使用贝塞尔工具 和形状工具 绘制出裙身的分割面。

03 使用选择工具 将其填充不同颜色。

04 使用贝塞尔工具 绘制直线。使用调和工具 调和，执行"Power Clip内部"命令，将其填充至上身和底边内。

05 使用贝塞尔工具 在腰节处绘制直线，使用变形工具 绘制出松紧效果。

06 使用贝塞尔工具 和形状工具 绘制褶皱线和辑明线。

第10课
童装款式设计

童装主要是指幼儿和儿童穿的服装，也包括中小学生穿的学生装，因此童装造型的设计定位因每个成长期而变动，要求设计师要掌握不同时期儿童的体态特征和心理特点，让童装在追求舒适、方便、美观的基础上，对其功能性、实用性以及美观性的定位更为明确。

现在的童装已转向追求美观的时尚性，童装的设计无论在什么年龄段，都与款式、色彩、面料密切相关。色彩搭配对性格、性情有一定的互补作用，面料的选择随身体的活动和因素而定，装饰手法灵活多变，造型要简洁、舒适、方便并有一定的宽松度，款式追求潮流化、成人化。亮片、刺绣、荷叶边等流行元素在童装设计中均有所体现。

本课知识要点

● 贝塞尔工具和形状工具的使用（绘制服装的基本廓形）
● 透明度工具的使用（不同服装面料的效果表现）
● 调和工具的使用（女童装花边的表现）
● 服装的细节处理

10.1 男童款式设计

男童服装的设计造型简单大方，结构图案硬朗，体现个性，不宜有过多的装饰。普遍用较正的深颜色，譬如黑、宝蓝、天蓝、红、墨绿等，但也要应用一些明快的色彩来配色。图10-1所示为男童款式的CorelDRAW效果图。

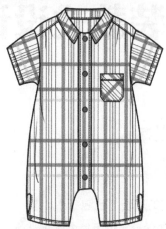

图10-1 男童款式的CorelDRAW效果图

下面介绍男童款式CorelDRAW绘制步骤。

01 执行"文件/导入"命令，导入一张儿童人体模型，如图10-2所示。

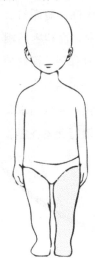

图10-2 导入人体模型

02 使用贝塞尔工具 和形状工具 绘制出图10-3所示的服装左前片。使用选择工具 将其轮廓宽度设置为0.75pt，选择颜色"白"填充。

03 使用选择工具 选中左前片，按小键盘上的"+"键复制，单击"水平镜像"图标 ，按住Shift键平移至右边相应的位置。单击鼠标右键，执行"顺序/到图层后面"命令，得到的效果如图10-4所示。

图10-3 绘制左前片

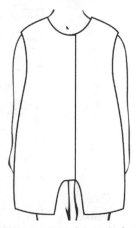

图10-4 复制并翻转左前片

04 使用贝塞尔工具 和形状工具 绘制出袖子，如图10-5所示。使用选择工具 选中袖子，将其轮廓宽度设置为1.0pt，选择颜色"白"填充。

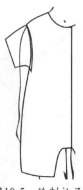

图10-5 绘制袖子

05 使用选择工具 ▶ 选中袖子，按"+"键复制，单击"水平镜像"图标 ▣ ，按住Shift键，将其平移至右边相应的位置。框选中两个袖子，单击鼠标右键，执行"顺序/到图层后面"命令，得到的效果如图10-6所示。

图10-6 复制并翻转袖子

06 使用贝塞尔工具 ✐ 和形状工具 ▶ 绘制出图10-7所示的3个图形，组成衣领。

07 使用选择工具 ▶ 框选中衣领，将其轮廓宽度设置为0.75pt，选择颜色"白"填充。选中后领图形，单击鼠标右键，执行"顺序/到图层后面"命令，得到的效果如图10-8所示。

图10-7 绘制衣领图形　图10-8 衣领填充颜色

08 使用贝塞尔工具 ✐ 绘制出图10-9所示的一个图形。

09 使用选择工具 ▶ 选中上一步绘制的图形，选择颜色"白"填充。单击鼠标右键，执行"顺序/到图层后面"命令，得到的效果如图10-10所示。

图10-9 绘制后片图形　图10-10 后片填充颜色

10 使用手绘工具 ✎ 绘制4根直线，使用选择工具 ▶ 将其轮廓宽度设置为0.35pt，选择颜色"80%黑"，单击鼠标右键，将其按图10-11所示的状态摆放。

11 使用选择工具 ▶ 框选中上一步绘制的直线，单击鼠标右键，执行"组合对象"命令。按"+"键复制，按住Shift键，将其平移至宽于衣宽的位置，使用调和工具 ⬚ 进行调和，设置调和对象为4，得到的效果如图10-12所示。

图10-11 绘制直线　图10-12 复制、组合、摆放图形

12 使用手绘工具 ✎ 绘制一根直线，使用选择工具 ▶ 将其轮廓宽度设置为2.5pt，选择颜色"橘红"，单击鼠标右键。使用透明度工具 ⬚ 选中该直线，单击"均匀透明"图标，单击"透明度挑选器"按钮，选择第2排第1个透明度。

13 按小键盘上的"+"键复制上一步绘制的直线，在属性栏中将旋转角度设置为90°。按"+"键对这两根直线进行复制，如图10-13所示的状态摆放。

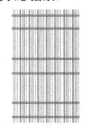

图10-13 绘制直线

14 使用上述步骤绘制出图10-14所示的直线，将轮廓宽度设置为2.0pt，选择颜色"深玫瑰红"，单击鼠标右键，再选择第2排最后一个透明度，得到的效果如图10-14所示。

15 使用选择工具 ▶ 框选中格子图形，单击鼠标右键，执行"组合对象"命令，按"+"键复制放置在画面一旁。选中格子图形，单击鼠标右键，执行"Power Clip内部"命令，单击前片，得到的效果如图10-15所示。

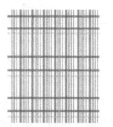

图10-14 绘制直线并进行透明度调节

图10-15 填充图形

16 使用上述步骤将格子图形填充至其他衣片内（在填充衣领和袖子时要进行相应的旋转），得到的效果如图10-16所示。

图10-16 填充图形

17 使用贝塞尔工具 和形状工具 绘制出衣服的分割线，如图10-17所示。使用选择工具 将其轮廓宽度设置为0.5pt。

图10-17 绘制分割线

18 使用手绘工具 依着辅助线绘制图10-18所示的口袋。

19 使用选择工具 选中口袋，将其轮廓宽度设置为0.5pt，选择颜色"白"填充，得到的效果如图10-19所示。

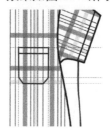 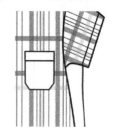

图10-18 绘制口袋　　图10-19 填充口袋

20 使用选择工具 选中格子图形，参考第15步将其填充至口袋，得到的效果如图10-20所示。

21 使用贝塞尔工具 和形状工具 绘制图10-21所示的图形。使用选择工具 将其轮廓宽度设置为0.5pt，按"+"键复制，单击"水平镜像"图标 ，将其平移至右边裤脚。

图10-20 填充图形　　图10-21 绘制图形

22 使用贝塞尔工具 和形状工具 绘制服装的辑明线。使用选择工具 将其轮廓宽度设置为0.35pt，线条样式设置为"虚线"，得到的效果如图10-22所示。

图10-22 绘制辑明线

23 使用椭圆形工具 绘制一个圆形，将对象大小设置为1.5mm，轮廓宽度设置为0.35pt，选择颜色"橘红"填充，得到的效果如图10-23所示。

图10-23 绘制扣子

24 使用选择工具 ￼ 选中扣子，按"+"键复制，再将其按图10-24所示的位置摆放在门襟上。

图10-24 摆放扣子

25 使用贝塞尔工具 ￼ 和形状工具 ￼ 绘制服装的褶皱线，使用选择工具 ￼ 将其轮廓宽度设置为0.35pt，得到的效果如图10-25所示。

图10-25 绘制褶皱线

26 使用透明度工具 ￼ 对褶皱线进行透明度调节。使用选择工具 ￼ 选中人体模型，按Delete键删除，即完成男童装的绘制，得到最后的效果，如图10-26所示。

图10-26 最后效果

10.2 女童款式设计

女童服装多用鲜明的红、黄、橙、玫红、紫、草绿等表达活泼开朗的风格，或用嫩嫩的粉色系表达乖巧可爱的气质。女童大多文静，根据女童的这种心理特征，在设计时可以用花草、卡通图案、立体的毛绒娃娃以及荷叶边和打褶等来做装饰，图10-27所示为女童款式的CorelDRAW效果图。

图10-27 女童款式的CorelDRAW效果图

下面介绍女童款式的CorelDRAW绘制步骤。

01 执行"文件/导入"命令，导入儿童人体模型，如图10-28所示。

02 使用贝塞尔工具 ￼ 和形状工具 ￼ 绘制出衣服的左前片，如图10-29所示。

03 参考7.3.1小节礼服绘制的第2、3步的绘制方法，得到的效果如图10-30所示。

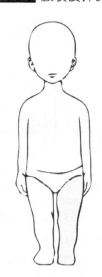

图10-28　导入人体模型

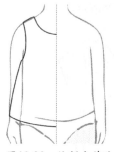

图10-29　绘制左前片　　图10-30　合并前片

04 使用贝塞尔工具　和形状工具　绘制服装的后片，如图10-31所示。

05 使用选择工具　框选中前、后片，在属性栏中将轮廓宽度设置为0.75pt，选择颜色"渐粉"填充。选中前片，单击鼠标右键，执行"顺序/到图层前面"命令，得到的效果如图10-32所示。

图10-31　绘制后片　　图10-32　服装填充颜色

06 使用贝塞尔工具　和形状工具　绘制服装中的分割线，如图10-33所示，使用选择工具将其轮廓宽度设置为0.5pt。

07 使用贝塞尔工具　和形状工具　绘制出图10-34所示的4个闭合图形。

图10-33　绘制分割线　　图10-34　绘制荷叶边

08 使用选择工具　框选中上一步绘制出的图形，将其轮廓宽度设置为0.35pt，选择颜色"渐粉"填充。框选中底摆处的两个荷叶边，单击鼠标右键，执行"顺序/到图层后面"命令，得到的效果如图10-35所示。

图10-35　荷叶边填充颜色

09 使用透明度工具　将第7步绘制的4个图形分别进行透明度调节。在属性栏中单击"均匀透明"图标，单击"透明度挑选器"按钮，选择第二排第一个透明度，得到的效果如图10-36所示。

图10-36　对荷叶边进行透明度调节

10 使用手绘工具　绘制一根直线，使用选择工具　将其轮廓宽度设置为0.35pt，线条样式设置为"虚线"。使用调和工具　进行调和，将调和对象设置为15。在属性栏中单击"路径属性"图标　，选择"新路径"选项，箭头指向领口处分割线，单击，得到的效果如图10-37所示。

图10-37　绘制直线并进行调和

11　使用选择工具🔖从横纵标尺处拉出辅助线。选中直线图形，单击鼠标右键，执行"拆分路径群组上的混合"命令，将直线图像向下移动。再单击鼠标右键，执行"取消组合对象"命令。使用形状工具依着辅助线对直线进行调整，得到的效果如图10-38所示。

图10-38　调整褶上的辑明线

12　使用贝塞尔工具🔖和形状工具🔖绘制出服装的辑明线，如图10-39所示，使用选择工具将其轮廓宽度设置为0.35pt，线条样式设置为"虚线"。

13　参考9.1.1小节文胸绘制的第14步，绘制出图10-40所示的花朵。

图10-39　绘制辑明线　　图10-40　绘制花朵

14　使用选择工具🔖选中花朵，按"+"键复制，将其摆放在图10-41所示的位置。

15　参考第10步的操作调和出图10-42所示的图形，在这里将调和对象设置为17。

16　使用上述步骤在图10-43所示的位置调和出花朵图形。

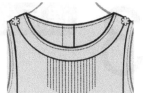

图10-41　摆放花朵　　图10-42　对花朵进行调和

图10-43　调和效果

17　使用贝塞尔工具🔖和形状工具🔖绘制出服装上的褶皱线，如图10-44所示。使用选择工具🔖将其轮廓宽度设置为"细线"。

图10-44　绘制褶皱线

18　使用透明度工具🔖对褶皱线进行透明度调节。使用选择工具选中人体模型，按Delete键删除，即完成女童上装的绘制，得到最后效果，如图10-45所示。

图10-45　最后效果

10.3 课后练习

10.3.1 练习一：绘制男童上装

该练习为绘制男童下装，如图10-46所示。

图10-46 男童上装

步骤提示：

01 使用贝塞尔工具 ✎ 和形状工具 ◣ 绘制服装的基本廓形（服装中的不同颜色面，划分为不同的闭合图形）。

02 使用选择工具 ▹ 填充颜色。

03 使用贝塞尔工具 ✎ 绘制直线。使用调和工具 ◻ 进行调和。

04 执行"Power Clip内部"命令，将直线图形填充至衣身内。

05 使用艺术笔工具 ➻ 在领口绘制罗纹效果。

06 使用贝塞尔工具 ✎ 和形状工具 ◣ 绘制服装上的小装饰物。

07 使用文字工具 字 编辑在右胸口处的文字。

08 使用贝塞尔工具 ✎ 和形状工具 ◣ 绘制辑明线。

10.3.2 练习二：绘制女童裤装

该练习为绘制女童裤装，如图10-47所示。

图10-47 女童裤装

步骤提示：

01 使用贝塞尔工具 ✎ 和形状工具 ◣ 绘制裤子的基本廓形。

02 使用选择工具 ▹ 填充颜色（除裤脚外）。

03 使用贝塞尔工具 ✎ 在裤脚处绘制条纹图形。执行"Power Clip内部"命令，将其填充至裤脚。

04 使用贝塞尔工具 ✎ 绘制直线，使用调和工具 ◻ 调和，在腰头和脚口绘制罗纹效果。

05 使用贝塞尔工具 ✎ 和形状工具 ◣ 绘制裤子的分割线和蝴蝶结图形。

06 参考9.1.1小节文胸绘制的第15～18步操作，在两个口袋间和裤脚处绘制花边图形。

07 使用贝塞尔工具 ✎ 和形状工具 ◣ 绘制辑明线。

第11课
套装款式设计

套装是指有上下衣裤配套或衣裙配套，或有外衣和衬衫配套。有二件套，也有加上背心组成的三件套。套装设计通常要求采用同色同料裁制，如不用同色同料，则造型格调就要保持一致，衣料色彩能上下呼应成一整体，在装饰附件的使用或色彩的配合方面有完整构思，相互协调，构成一体。

本课知识要点

- 贝塞尔工具和形状工具的使用（绘制服装的基本廓形）
- 调和工具的使用（服装面料斜纹的表现）
- 图样填充命令的使用（服装图样的表现）
- 各个服装的细节表现

11.1 职业套装

职业装即经过制定，有一定的样式的服装。按照职业的需求，职业装可以分为三大类：职业制服、职业工装和职业时装。职业装的款式设计要求简洁、端庄、大方、合体，因为良好、规范的职业着装可以树立企业形象、提高企业的凝聚力、规范员工的行为，是规范企业工作的一个重要内容。职业着装印证了我们上班的精神面貌。

▌11.1.1 男款商务套装

在商务场合，男士身着西服套装出现是最得体也是最受欢迎的装束，西服是男士永恒不变的时装。图11-1所示为男款商务套装的CorelDRAW效果图。

图11-1 男款商务套装的CorelDRAW效果图

下面介绍男款商务套装的CorelDRAW绘制步骤。

01 执行"文件/导入"命令，导入男性人体模型，使用贝塞尔工具 和形状工具 在模型上绘制出男西装的左前片、袖子以及翻领，如图11-2所示。

02 使用选择工具 ，添加颜色（RGB：46、52、74）。

03 使用选择工具 框选中上一步绘制出的图形，在属性栏中将轮廓宽度设置为0.75pt，选择颜色（RGB：46、52、74）填充，得到的效果如图11-3所示。

04 使用选择工具 框选中所有衣片，按小键盘上的"+"键复制。单击"水平镜像"图标 ，按住Shift键平移至右边相应的位置，再单击右键，执行"顺序/到图层前面"命令，得到的效果如图11-4所示。

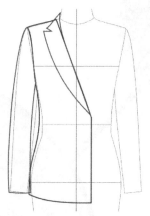

图11-2 绘制左前片和袖子

图11-3 填充效果

图11-4 复制效果

05 使用贝塞尔工具和形状工具绘制出图11-5所示的两个图形。

图11-5 绘制后领和后褂面

06 使用选择工具框选中上一步绘制的图形，填充颜色（RGB：46、52、74）。选中领子，将轮廓宽度设置为0.75pt。选中后褂面，将轮廓宽度设置为0.5pt。选择颜色"20%黑"填充，单击鼠标右键设置轮廓线颜色。框选中两个图形，单击鼠标右键，执行"顺序/到图层后面"命令，得到的效果如图11-6所示。

07 使用贝塞尔工具绘制出图11-7所示的一个图形。

图11-6 填充效果　　图11-7 绘制后片

08 使用选择工具选中上一步绘制的图形，选择颜色"60%黑"填充。单击鼠标右键，执行"顺序/到图层后面"命令，得到的效果如图11-8所示。

09 使用贝塞尔工具和形状工具绘制出西装的分割线，使用选择工具将其轮廓宽度设置为0.5pt，得到的效果如图11-9所示。

图11-8 填充效果　　图11-9 绘制线段

10 使用选择工具从横纵标尺处拉出辅助线，如图11-10所示。

图11-10 拉出辅助线

11 使用贝塞尔工具和形状工具依着辅助线绘制出口袋盖和手巾袋的外轮廓，如图11-11所示。

12 使用选择工具分别选中口袋盖和手巾袋，填充颜色（RGB：46、52、74），将轮廓宽度设置为0.5pt，得到的效果如图11-12所示。

图11-11 绘制口袋　　图11-12 填充口袋

13 使用贝塞尔工具和形状工具在口袋盖上绘制出图11-13所示的图形，将其轮廓宽度设置为0.5pt。

图11-13 绘制并填充图形

14 参考9.1.1小节文胸绘制的第8、9步绘制，得到的效果如图11-14所示。在这里将直线的轮廓宽度设置为0.01pt，调和对象设置为340。

15 参考10.1小节的男童款式绘制的第12步绘制，得到的效果如图11-15所示。在这里将轮廓宽度设置为0.6pt，选择颜色"栗"，单击鼠标右键。

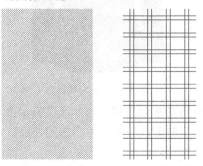

图11-14　绘制并调和直线　　图11-15　绘制格子图形

16 使用选择工具，将上两步绘制出的图形执行"Power Clip内部"命令，填充至所有衣片内，得到的效果如图11-16所示。

图11-16　填充图形效果

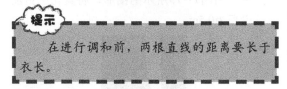

　　提示

　　在进行调和前，两根直线的距离要长于衣长。

17 使用椭圆形工具和贝塞尔工具绘制图11-17所示的扣子。使用选择工具框选中扣子，单击鼠标右键，执行"组合对象"命令。

18 使用选择工具选中扣子，按"+"键复制。将其按图11-18所示的位置放置在西装上，即完成了西装的绘制。

图11-17　绘制扣子　　　　图11-18　摆放扣子

19 使用选择工具框选中整件西装，单击鼠标右键，执行"组合对象"命令，再将其拖离人体模型。

20 使用贝塞尔工具和形状工具绘制出图11-19所示西裤左前片。

21 参考7.3.1小节礼服绘制的第2、3步绘制，得到的效果如图11-20所示。

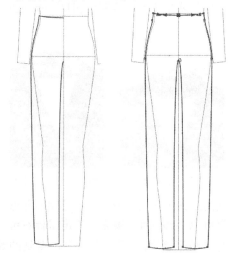

图11-19　绘制左前片　　图11-20　合并效果

22 使用椭圆形工具，绘制出图11-21所示的一个椭圆形。

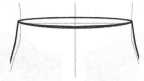

图11-21　绘制后片

23 使用选择工具框选中整个西裤，将其轮廓宽度设置为0.75pt，填充颜色（RGB：46、52、74），得到的效果如图11-22所示。

24 使用选择工具 ⬚ 分别选中第13步绘制出的两个图形，单击鼠标右键，执行"Power Clip 内部"命令。将其填充至西裤内，得到的效果如图11-23所示。

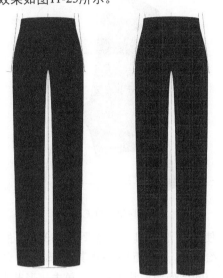

图11-22 填充效果　图11-23 填充格子图形

25 使用贝塞尔工具 ⬚ 和形状工具 ⬚ 绘制西裤上的分割线和马王带，如图11-24所示。使用选择工具将其轮廓宽度设置为0.5pt。

图11-24 绘制分割线和马王带

26 使用贝塞尔工具 ⬚ 和形状工具 ⬚ 绘制出西裤上的辑明线，如图11-25所示。使用选择工具将其轮廓宽度设置为0.35pt，线条样式设置为"虚线"。

图11-25 绘制辑明线

27 使用选择工具 ⬚ 选中第15步绘制出的扣子，按住Shift键进行相应缩小，将其放置在西裤如图11-26所示的位置。

28 使用选择工具 ⬚ 框选中西裤，单击鼠标右键，执行"组合对象"命令，将其与西装放置在一起，得到最后的效果，如图11-27所示。

图11-26 最后效果　　　图11-27 最后效果

▌ 11.1.2 女款职业套装

　　女款职业套装以裙装为佳，套裙更能显露出女性的高雅气质和独特的魅力。套装设计图案不能过于花哨；色彩以冷色调为主，不超过两种，体现出典雅、端庄的气质；上衣不宜过长，下裙不宜过短；其领型、纽扣、门襟、袖口、衣袋、裙子等花样翻新、式样变化多端。图11-28所示为女款职业套装的CorelDRAW效果图。

图11-28 女款职业套装的CorelDRAW效果图

　　下面介绍女款职业套装的CorelDRAW绘制步骤。

01 执行"文件/导入"命令，导入女性人体模型。

02 使用贝塞尔工具 和形状工具 绘制出上装的左前片和袖子，如图11-29所示。

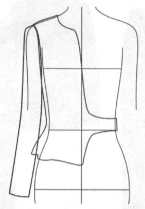

图11-29　绘制左前片和袖子

03 使用选择工具 选中上一步绘制的两个图形，在属性栏中将轮廓宽度设置为0.75pt，选择颜色"紫"填充。选中左前片，单击鼠标右键，执行"顺序/到图层前面"命令，得到的效果如图11-30所示。

图11-30　填充效果

04 使用贝塞尔工具 和形状工具 绘制出服装上的分割线以及荷叶边，如图11-31所示。

图11-31　绘制图形

05 使用选择工具 框选中上一步绘制出的图形，将其轮廓宽度设置为0.75pt，选择颜色"紫"填充，得到的效果如图11-32所示。

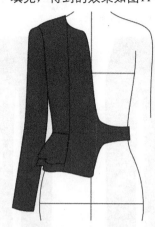

图11-32　填充效果

06 使用矩形工具 ，在图11-33所示的位置绘制出一个矩形，将其轮廓宽度设置为3.0pt。使用形状工具 ，单击矩形节点进行调整。

07 使用选择工具 选中矩形，执行"对象/将轮廓转换为对象"命令，将其轮廓宽度设置为0.35pt，选择颜色"紫"填充，得到的效果如图11-34所示。

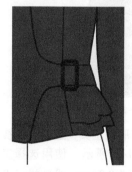

图11-33　绘制图形　　图11-34　填充效果

08 使用矩形工具 绘制出一个矩形。使用选择工具 将其轮廓宽度设置为0.35pt，选择颜色"深河蓝"填充，得到的效果如图11-35所示。

09 使用选择工具 选中上一步绘制的图形，单击鼠标右键，执行"顺序/置于此对象后"命令，单击左前片，得到的效果如图11-36所示。

10 使用贝塞尔工具 和形状工具 绘制出服装的后片以及后裙面，如图11-37所示。

图11-35 绘制并填充图形 图11-36 调整图形

图11-37 绘制图形

11 使用选择工具 ▯框选中上一步绘制的图形，将其轮廓宽度设置为0.75pt。单击鼠标右键，执行"顺序/到图层后面"命令。选中后褂面和后片，分别选择颜色"紫"和"浅紫"填充，得到的效果如图11-38所示。

12 使用贝塞尔工具 ▯和形状工具 ▯依着后褂面的边绘制一条如图11-39所示的线。使用选择工具 ▯，将其轮廓宽度设置为0.75pt，选择颜色"淡紫"，单击鼠标右键。

图11-38 填充并调整图形 图11-39 绘制图形

13 使用贝塞尔工具 ▯和形状工具 ▯绘制出服装上的褶皱线。使用选择工具 ▯将其轮廓宽度设置为0.5pt，使用透明度工具对其进行透明度调节，得到的效果如图11-40所示。

图11-40 绘制褶皱线并进行透明度调节

14 使用贝塞尔工具 ▯和形状工具 ▯绘制服装的辑明线，如图11-41所示。使用选择工具 ▯将其轮廓宽度设置为0.35pt，线条样式设置为"虚线"，即完成了女款职业套装的上装。

图11-41 绘制辑明线

15 使用选择工具 ▯框选中上装，单击鼠标右键，执行"组合对象"命令，将其拖离人体模型。

16 使用贝塞尔工具 ▯和形状工具 ▯绘制出裙子的左前片，如图11-42所示。

17 参考7.3.1小节礼服绘制的第2、3步绘制，得到的效果如图11-43所示。

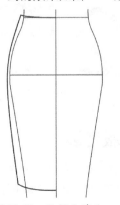 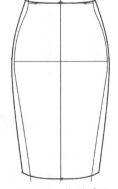

图11-42 绘制左前片 图11-43 合并前片

18 使用椭圆形工具◯，绘制图11-44所示的一个椭圆形。

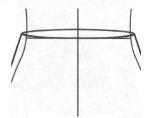

图11-44　绘制椭圆形

19 使用选择工具▶框选中裙子，将其轮廓宽度设置为0.75pt。分别框选前片和后片，选择颜色"紫"和"深河蓝"填充，得到的效果如图11-45所示。

20 使用贝塞尔工具✎和形状工具▶绘制出裙子上的分割线，如图11-46所示。使用选择工具将其轮廓宽度设置为0.5pt。

图11-45　填充效果　　图11-46　绘制分割线

21 使用贝塞尔工具✎和形状工具▶绘制出底边上的辑明线，如图11-47所示。使用选择工具将其轮廓宽度设置为0.35pt，线条样式设置为"虚线"，即完成裙子的绘制。

图11-47　绘制辑明线

22 使用选择工具▶框选中裙子，单击鼠标右键，执行"组合对象"命令，将其放置在上装下方，如图11-48所示，即完成女款职业套装的绘制。

图11-48　最后效果

11.2　休闲套装

套装之间造型风格要求基本一致，配色协调，给人的印象是整齐、和谐、统一。通常由同色同料或造型格调一致的衣、裤、裙等相配而成。休闲套装讲究宽松、舒适，且带有年轻时尚感。

11.2.1　家居服套装

家居服套装指在家中休息或操持家务会客等，穿着的一种服装。其面料舒适，款式繁多，行动方便。现在的家居服早已摆脱了纯粹睡衣的概念，涵盖的范围更广。图11-49所示为家居服套装的CorelDRAW效果图。

图11-49 家居服套装的CorelDRAW效果图

下面介绍家居服套装的CorelDRAW绘制步骤。

01 执行"文件/导入"命令，导入女性人体模型。

02 使用贝塞尔工具 和形状工具 绘制服装的左前片，如图11-50所示。

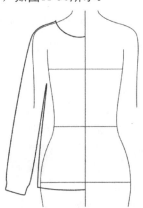

图11-50 绘制左前片

03 参考7.3.1小节礼服绘制的2、3步绘制，得到的效果如图11-51所示。使用选择工具 选中前片，将轮廓宽度设置为0.75pt。

图11-51 合并前片

04 执行"文件/导入"命令，导入一张毛绒面料图片，如图11-52所示。

图11-52 导入图形

05 使用选择工具 选中毛绒面料，按小键盘上的"+"键复制。选中面料图片并单击鼠标右键，执行"Power Clip内部"命令，单击前片，得到的效果如图11-53所示。

图11-53 填充图形

06 使用贝塞尔工具 和形状工具 绘制图11-54所示的图形。

07 使用选择工具 选中上一步绘制的图形，在属性栏中将其轮廓宽度设置为0.75pt，选择毛绒面料，执行"Power Clip内部"命令，将其填充至该图形内，得到的效果如图11-55所示。

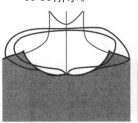
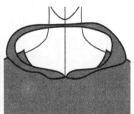

图11-54 绘制图形　　图11-55 填充效果

08 使用贝塞尔工具 和形状工具 绘制如图11-56所示的图形。

09 使用选择工具 选中毛绒面料，在菜单栏中执行"效果/调整/调和曲线"命令，在弹出的窗口中将X与Y值设置为110、26。

10 使用选择工具 选中上一步调和后的图片，单击鼠标右键，执行"Power Clip内部"命令，将其填充至第7步绘制的图形内。选中该图形，单击鼠标右键，执行"顺序/置于此对象后"命令，单击第5步绘制的图形，得到的效果如图11-57所示。

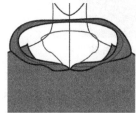 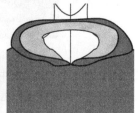

图11-56　绘制图形　　　图11-57　填充效果

11 使用椭圆形工具 绘制出图11-58所示的一个椭圆形。

12 使用选择工具 选中毛绒面料，单击鼠标右键，执行"Power Clip内部"命令，将其填充至上一步绘制的图形内。再选中该图形，单击鼠标右键，执行"顺序/到图层后面"命令，得到的效果如图11-59所示。

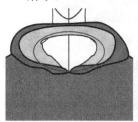 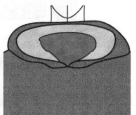

图11-58　绘制图形　　　图11-59　填充效果

13 使用矩形工具 和形状工具 在底边绘制出图11-60所示的一个图形。

14 执行"文件/导入"命令，导入一张波点毛绒面料图片，如图11-61所示。

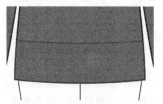 

图11-60　绘制图形　　　图11-61　导入图形

15 使用选择工具 选中波点面料，按"+"键复制，再选中该图形，执行"Power Clip内部"命令，将其填充至底边处的闭合图形内，得到的效果如图11-62所示。

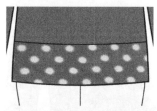

图11-62　填充图形

16 使用贝塞尔工具 和形状工具 绘制出服装的褶皱线，将其轮廓宽度设置为0.35pt，使用透明度工具，得到的效果如图11-63所示。

图11-63　绘制褶皱线并进行透明度调节

17 使用椭圆形工具 绘制出图11-64所示的3个图形。

18 使用选择工具 将眼睛选择颜色"黑"进行填充，将嘴巴选择颜色"香蕉黄"进行填充，得到的效果如图11-65所示。

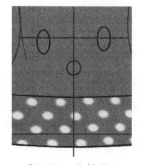 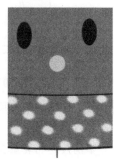

图11-64　绘制图形　　　图11-65　填充效果

19 使用贝塞尔工具 和形状工具 绘制图11-66所示的3个图形。使用选择工具 框选中这3个图形，选择颜色"黑"填充。

20 使用选择工具 框选中上一步绘制的图形，按"+"键复制，单击"水平镜像"图标，按住Shift键将其平移至右边相应的位置。

21 使用椭圆形工具 和形状工具 绘制出图11-67所示的3个闭合图形。

图11-66 绘制并填充　　图11-67 绘制图形

22 参考8.1.2小节哈伦裤绘制的第5步,在这里将圆形对象大小设置为0.6mm,得到的效果如图11-68所示。

23 使用选择工具 框选中上一步绘制的图形,按"+"键复制,执行"Power Clip内部"命令,将其分别填充至第20步绘制的图形内,得到的效果如图11-69所示。

图11-68 绘制图形　　图11-69 填充效果

24 使用贝塞尔工具 和形状工具 绘制出图11-70所示的图形。

25 使用选择工具 选中上一步绘制的图形,将其轮廓宽度设置为"细线",选择颜色"白"填充,得到的效果如图11-71所示。

图11-70 绘制图形　　图11-71 填充效果

26 使用选择工具 选中上一步绘制完的图形,按"+"键复制,单击"水平镜像"图标 ,将其放置在图11-72所示的位置,即完成居服套装的上装绘制。

图11-72 最后效果

27 框选中上装,单击鼠标右键,执行"组合对象"命令,将其拖离人体模型。

28 使用贝塞尔工具 和形状工具 绘制出裤子的左前片,如图11-73所示。

29 参考7.3.1小节礼服绘制的第2、3步绘制,得到的效果如图11-74所示。

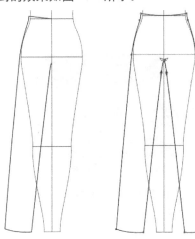

图11-73 绘制左前片　　图11-74 合并前片

30 使用椭圆形工具 ,在腰头上绘制出图11-75所示的一个图形。

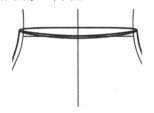

图11-75 绘制后片

31 使用选择工具 选中波点图形,单击鼠标右键,执行"Power Clip内部"命令,将其填充至裤前片。使用贝塞尔工具 和形状工具 绘制出裤子的分割线,得到的效果如图11-76所示。

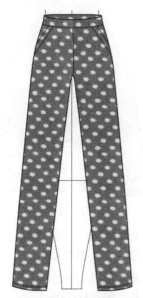

图11-76 填充波点图形效果

32 参考8.1.2小节哈伦裤绘制的第12～14步绘制，得到的效果如图11-77所示，即完成裤子的绘制。

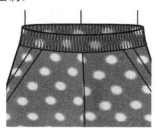

图11-77 绘制褶皱效果

33 使用选择工具 ▨ 框选裤子，单击鼠标右键，执行"组合对象"命令，将其按图11-78所示的位置放置，即完成了家居服套装的绘制。

图11-78 最后效果

11.2.2 休闲服套装

休闲服是人们在闲暇生活中从事各种活动所穿的服装，它的款式宽松、结构简洁、色彩明快、活泼，穿着舒适富有青春和生命力。图11-79所示为休闲服套装的CorelDRAW效果图。

图11-79 休闲服套装的CorelDRAW效果图

下面介绍休闲服套装的CorelDRAW绘制步骤。

01 使用贝塞尔工具 ▨ 和形状工具 ▨ 绘制出家居服上装的左前片和袖子，如图11-80所示。

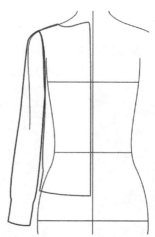

图11-80 绘制左前片和袖子

02 使用选择工具 ▨ 框选中左前片和袖子，在属性栏中将轮廓宽度设置为0.75pt，选择颜色"荒原蓝"填充。选中左前片，单击鼠标右键，执行"顺序/到图层前面"命令，得到的效果如图11-81所示。

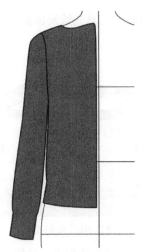

图11-81 填充效果

03 使用贝塞尔工具和形状工具在服装上绘制图11-82所示的4个闭合图形。使用选择工具将其轮廓宽度设置为0.5pt。

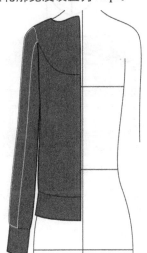

图11-82 绘制图形

04 执行"文件/导入"命令，导入一张格子图片，如图11-83所示。

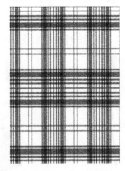

图11-83 导入图形

05 使用选择工具选中格子图片，按小键盘上的"+"键复制，再单击鼠标右键，执行

"Power Clip内部"命令，分别将格子图片填充至图11-84所示的两个图形内。

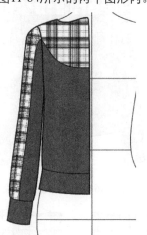

图11-84 填充图形

06 使用矩形工具，在图11-85所示的位置绘制出一个矩形。在属性栏中将对象大小设置为1.5mm×11mm，将轮廓宽度设置为0.5pt，旋转角度设置为−10°。

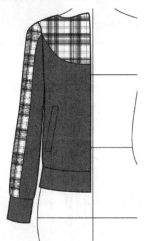

图11-85 绘制口袋

07 使用选择工具框选中左前片和袖子，按"+"键复制，单击"水平镜像"图标，按住Shift键将其平移至右边相应的位置，得到的效果如图11-86所示。

08 使用矩形工具，在门襟处绘制出图11-87所示的一个矩形。

09 使用选择工具选中上一步绘制的矩形，选择颜色"荒原蓝"填充，右击调色板上方的图标，取消轮廓线。选中矩形，单击鼠标右键，执行"顺序/到图层后面"命令，得到的效果如图11-88所示。

图11-86 填充并复制口袋

图11-87 绘制图形

图11-88 填充效果

10 使用贝塞尔工具 和形状工具 绘制出服装上的帽子，如图11-89所示。

图11-89 绘制图形

11 使用选择工具 选中帽子，将其轮廓宽度设置为0.75pt，选择颜色"荒原蓝"填充，得到效果如图11-90所示。

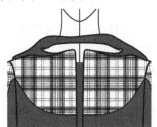

图11-90 填充效果

12 使用椭圆形工具 绘制出图11-91所示的一个图形。

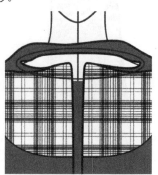

图11-91 绘制图形

13 使用选择工具 选中上一步绘制出的图形，选择颜色"海军蓝"填充。单击鼠标右键，执行"顺序/到图层后面"命令，得到的效果如图11-92所示。

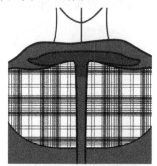

图11-92 填充效果

14 使用贝塞尔工具 ，在图11-93所示的位置绘制出两根直线。使用选择工具 将其轮廓宽度设置为"细线"。

15 使用调和工具 ，对上一步绘制的直线进行调和，将调和对象设置为25。使用选择工具 选中直线图形，单击鼠标右键，执行"组合对象"命令。再单击鼠标右键，执行"Power Clip内部"命令。单击袖口处的闭合图形，得到的效果如图11-94所示。

图11-93 绘制直线图形　图11-94 调和并填充直线图形

16 使用上述步骤在底边绘制相同罗纹效果，得到的效果如图11-95所示。

图11-95　复制图形效果

17 使用贝塞尔工具 ✎ 和形状工具 ✎ 绘制出服装上的褶皱线和分割线。使用选择工具 ▍ 将褶皱线的轮廓宽度设置为0.4pt，将分割线的轮廓宽度设置为0.5pt。使用透明度工具 ✎ 对褶皱线进行透明度调节，得到的效果如图11-96所示。

图11-96　绘制褶皱线并进行透明度调节

18 使用贝塞尔工具 ✎ 和形状工具 ✎ 绘制出服装上的辑明线。使用选择工具 ▍ 将其轮廓宽度设置为0.35pt，线条样式设置为"虚线"，得到的效果如图11-97所示。

图11-97　绘制辑明线

19 使用椭圆形工具 ○ 在领口处绘制出一个椭圆形。使用选择工具 ▍ 将其轮廓宽度设置为0.35pt。执行"对象/将轮廓转换为对象"命令，将轮廓宽度设置为0.1pt，选择颜色"渐粉"填充，得到的效果如图11-98所示。选中椭圆形，按"+"键复制，将其放置至右边相应的位置。

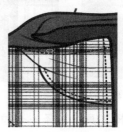

图11-98　绘制并填充图形

20 使用贝塞尔工具 ✎ 和形状工具 ✎ 在前片上绘制一个闭合图形，如图11-99所示。使用选择工具 ▍ 将其轮廓宽度设置为0.1pt，选择颜色"荒原蓝"填充。

21 参考6.1.2小节拉链卫衣的第21至24步绘制，这里将调和对象设置为125，轮廓宽度设置为0.1pt，选择颜色"荒原蓝"填充，得到的效果如图11-100所示。

图11-99　绘制并填充图形　图11-100　绘制拉链

22 使用选择工具 ▍ 选中拉链，将其放置在门襟中间，单击鼠标右键，执行"Power Clip内部"命令，将拉链填充至门襟处的矩形内，得到的效果如图11-101所示。

23 使用贝塞尔工具 ✎ 和形状工具 ✎ 绘制出图11-102所示的两个图形。

24 使用选择工具 ▍ 将上一步绘制的图像选择颜色"荒原蓝"填充，右击调色板上方的图标 ⊠，得到的效果如图11-103所示。

图11-101　填充拉链　　图11-102　绘制图形

25 使用选择工具 ，选择一个拉链齿轮，按"+"键复制，将其按图11-104所示的状态放置。

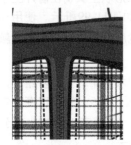

图11-103　填充效果　　图11-104　摆放拉链齿轮

26 使用贝塞尔工具 和形状工具 绘制出图11-105所示的拉链头。使用选择工具 将其轮廓宽度设置为0.1pt，选择颜色"渐粉"填充。

27 使用选择工具 框选中拉链头，单击鼠标右键，执行"组合对象"命令，将其放置在图11-106所示的位置。

图11-105　绘制拉链头　　图11-106　摆放拉链头

28 使用矩形工具 在拉链底端绘制出图11-107所示的一个矩形。使用选择工具 将其轮廓宽度设置为0.1pt，选择颜色"渐粉"填充，即完成了休闲服套装中上装的绘制。

图11-107　绘制并填充图形

29 使用选择工具 框选中整件上装，单击右键，执行"组合对象"命令，将其拖离人体模型。

30 使用贝塞尔工具 和形状工具 绘制出裤子的左前片，如图11-108所示。

31 参考7.3.1小节礼服绘制的第2、3步绘制，得到的效果如图11-109所示。

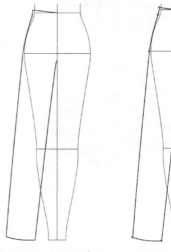

图11-108　绘制左前片　　图11-109　合并前片

32 使用椭圆形工具 在腰头上绘制出图11-110所示的一个图形。

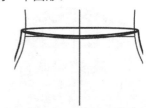

图11-110　绘制后片

33 使用选择工具 框选中裤子，将其轮廓宽度设置为0.75pt，选择颜色"荒原蓝"填充。选中前片，单击鼠标右键，执行"顺序/到图层前面"命令，得到的效果如图11-111所示。

图11-111　填充效果

34 使用贝塞尔工具┗和形状工具┗绘制出裤子上的分割线，如图11-112所示。使用选择工具，将其轮廓宽度设置为0.5pt。

35 参考第15、16步绘制，在这里将调和对象设置为65，得到的效果如图11-113所示。

图11-112　绘制分割线

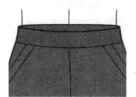

图11-113　绘制罗纹

36 使用贝塞尔工具┗和形状工具┗绘制出裤子上的辑明线，如图11-114所示。使用选择工具┗将其轮廓宽度设置为0.35pt，线条样式设置为"虚线"，即完成裤子的绘制。

图11-114　绘制辑明线

37 使用选择工具┗框选中裤子，单击鼠标右键，执行"组合对象"命令，将其放置在上装下方，如图11-115所示，即完成了休闲服套装的绘制。

图11-115　最后效果

11.3 课后练习

11.3.1　练习一：绘制女款职业套装

该练习为绘制女款职业套装，如图11-116所示。

图11-116　女款职业套装

步骤提示：

01 使用贝塞尔工具 和形状工具 绘制上装的

基本廓形。

02 使用选择工具 填充颜色。

03 使用贝塞尔工具 和形状工具 绘制出蝴蝶结的基本廓形和分割线。

04 使用贝塞尔工具 和形状工具 绘制蝴蝶结上的辑明线。

05 使用贝塞尔工具 和形状工具 绘制裙子的基本廓形。

06 使用选择工具 填充颜色。

07 使用贝塞尔工具 和形状工具 绘制裙子的分割线和马王带。

08 使用贝塞尔工具 和形状工具 绘制辑明线。

▌11.3.2　练习二：绘制运动服套装

该练习为绘制运动服套装，如图11-117所示。

图11-117　运动服套装

步骤提示：

01 使用贝塞尔工具 和形状工具 绘制上装的

基本廓形（袖子、前片、袖克夫以及衣领和底边分别为单独的闭合图形）。

02 使用选择工具 填充颜色。

03 执行"文件/导入"命令，导入一张花卉图片，将其填充至前片。

04 使用艺术笔工具 在袖克夫、衣领和底边绘制罗纹效果。

05 绘制拉链。

06 使用贝塞尔工具 和形状工具 绘制裤子的基本廓形。

07 使用选择工具 填充颜色。

08 使用贝塞尔工具 和形状工具 绘制裤子的分割线和辑明线。

第12课
服装配饰款式设计

服装配饰，从表面上理解，是除主体时装（上衣，裤子，裙子，鞋）外，为烘托出更好的表现效果而增加的配饰，其材质多样，种类繁杂。通过适当合理的装饰能使人的外观视觉形象更为整体，时装配饰的造型、色彩以及装饰形式可以弥补某些服装的不足，配饰独特的艺术语言，能够满足人们不同的心理需求。

服装配饰在服装中的易塑性使其容易依附于人体，可用在人体的各个不同的位置，比如头、颈、肩、臂、腰、臂、手、腕、腿、脚等部位，其样式、大小、疏密等都按照不同风格、不同格调的服装不受限制。放在不同的位置都能使原本简单的款式顿时丰富而有味道，设计时要从款式、色调、装饰上与服装主题形成一个完整的服饰系列，与着装者形成完美的统一。

本课知识要点

- 贝塞尔工具和形状工具的使用(绘制配饰的基本廓形)
- 调和工具的使用(领带上图样的表现)
- 透明度工具的使用(领结上的图样与腰带上的金属扣的表现)
- 各个配饰的细节表现

12.1 男士服装配饰

男士着装讲究简洁、干练、庄重等，因此用于男士服装的配饰较少，常见的有领带、领结等，本节将介绍这两种配饰的绘制。

12.1.1 领带

领带是上装领部的服饰件，系在衬衫领子上并在胸前打结，通常与西服搭配使用，是男士们日常生活中最基本的服饰品。领带长度则以到皮带扣处为宜。如穿马甲或毛衣时，领带应放在它们后面。领带夹一般夹在衬衫的第四、五个钮扣之间。

领带的主要分类。

行政系列：专为白领一族而设，图案以永恒的圆点、斜纹、格子为主。质料讲究，以优雅大方见长。

晚装系列：注重领带上的荧光效果。

休闲系列：轻松、随意，领带的装饰盖过礼仪上的需要。

新潮系列：夸张的色彩，怪诞的图案，处处显露出该系列的离经叛道，成为前卫人士追逐的宠物。专为奇装异服、佩带饰物的男士而备。图12-1所示为领带的CorelDRAW效果图。

图12-1　领带的CorelDRAW效果图

下面介绍领带的CorelDRAW绘制步骤。

01 使用贝塞尔工具和形状工具绘制出领带的外廓型，如图12-2所示。

02 使用贝塞尔工具和形状工具在领带上绘制出图12-3所示的两个闭合图形。

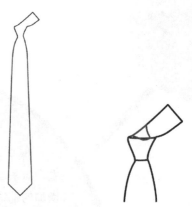

图12-2　绘制领带的外廓型　图12-3　绘制两个闭合图形

03 使用选择工具，双击文档调色板中的任意颜色，在弹出的窗口中添加颜色，添加的两个颜色分别为（RGB：58、75、107）和（RGB：49、59、79）。

04 使用选择工具框选中领带，在属性栏中将轮廓宽度设置为1.5pt，选择颜色（RGB：58、75、107）填充，再选中红色图形，单击鼠标右键，执行"顺序/到图层前面"命令，得到的效果如图12-4所示。

图12-4　领结填充颜色

05 使用手绘工具绘制出图12-5所示的两根直线，使用选择工具将其轮廓宽度设置为1.0pt，选择颜色"浅蓝绿"，单击鼠标右键。

图12-5　绘制直线

06 使用选择工具，选中上一步绘制的直线图形，按小键盘上的"+"键复制，将这两个图形放置在图12-6所示的A、B两点处。

07 使用调和工具，对A、B两点的图形进行调和，设置调和对象为47，得到的效果如图12-7所示。

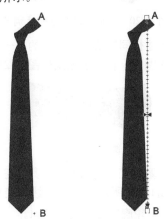

图12-6　放置十字图形　图12-7　调和十字图形

08 使用选择工具，选中上一步绘制的图形，按"+"键复制，将其按图12-8所示的位置摆放。

09 使用选择工具，框选中上一步绘制出的图形，单击鼠标右键，执行"组合对象"命令。按"+"键复制，单击鼠标右键，执行"Power Clip内部"命令，单击领带外廓形，得到的效果如图12-9所示。

图12-8　复制并摆放十字图形　图12-9　填充十字图形

10 使用上述步骤对领带上的其他图形进行填

充，填充时进行相应的旋转，得到的效果如图12-10所示。

11 使用贝塞尔工具和形状工具，绘制出领带上的阴影图形，如图12-11所示。使用选择工具选择颜色（RGB：49、59、79）填充。

图12-10　填充十字图形　图12-11　绘制阴影图形

12 调节透明度，得到的效果如图12-12所示。

13 使用贝塞尔工具和形状工具，依着阴影图形，绘制出图12-13所示的几根曲线，使用选择工具将其轮廓宽度设置为0.35pt。

图12-12　对阴影进行透明度调节　图12-13　绘制褶皱线

14 使用透明度工具对上一步绘制的曲线进行透明度调节，即完成了领带的绘制，得到最后的效果，如图12-14所示。

图12-14　最后效果

12.1.2　领结

领结是一种衣着配饰，通常与较隆重的衣着，如西装或礼服一起穿着。领结是由一条布料制造的丝带，对称地结在恤衫的衣领上，使两面的结各形成环状。随着时尚潮流的发展，领结的形式款式变得多种多样，也不再单单使用搭配与西装礼服等之上，不同潮流的领结可以搭配不同的衣服。领结的一般打法包括：平结、温莎结、双交叉结、亚伯特王子结、单结、浪漫结以及简式结和十字结。图12-15所示为领结的CorelDRAW效果图。

图12-15　领结的CorelDRAW效果图

下面介绍领结的CorelDRAW绘制步骤。

01 使用贝塞尔工具 ⌖ 和形状工具 ⌖ 绘制出图12-16所示的领结外廓型。

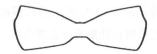

图12-16　绘制领结外轮廓

02 使用贝塞尔工具 ⌖ 和形状工具 ⌖ 在领结上绘制出图12-17所示的两个图形，

图12-17　绘制两个闭合图形

03 使用选择工具 ⌖ 框选中领结，在属性栏中将轮廓宽度设置为0.75pt，选择颜色（RGB：32、37、56）填充。选中领结廓形，单击鼠标右键，执行"顺序/到图层前面"命令，得到的效果如图12-18所示。

图12-18　领结填充颜色

04 使用贝塞尔工具 ⌖ 和形状工具 ⌖ 在领结上绘制出图12-19所示的曲线。

图12-19　绘制曲线图形

05 使用选择工具 ⌖ 将其轮廓宽度设置为2.0，选择颜色"白"填充，用鼠标右键单击调色板上方的图标。

06 使用选择工具 ⌖ 框选中上一步绘制的图形，执行"对象/将轮廓转换为对象"命令。使用形状工具 ⌖ 进行调整。使用透明度工具 ⌖ 分别选中曲线图形，在属性栏中单击"均匀透明"图标，单击"透明度挑选器"按钮，选择第2排第1个透明度，得到的效果如图12-20所示。

图12-20　对曲线进行透明度调节

07 使用上述相同方法，在领结的另一边绘制相同曲线图形，得到的效果如图12-21所示。

图12-21　效果

08 使用贝塞尔工具 ⌖ 和形状工具 ⌖ 在领结上绘制出图12-22所示的两根曲线。使用选择工具 ⌖ 将其轮廓宽度设置为0.5pt。

图12-22　绘制曲线图形

09 参考第5步绘制，将轮廓转换为对象，并调整透明度，得到的效果如图12-23所示。

图12-23　透明度调节后效果

10 使用上述相同的方法，在领结右边绘制，得到的效果如图12-24所示。

11 使用贝塞尔工具 ⌖ 和形状工具 ⌖ 绘制出领结上的褶皱线。使用透明度工具 ⌖ 进行透明度调节，即完成领结的绘制，得到的效果如图12-25所示。

图12-24　最后效果　　图12-25　最后效果

12.2 女士服饰配饰

女士服装配饰种类繁多，其中包括丝巾、帽子、腰带、包包等，搭配正确的配饰可以起到画龙点睛的效果，下面以丝巾和腰带为例，进行绘制讲解。

12.2.1 丝巾

丝巾是由真丝做成的，围在脖子上用于搭配服装，起到修饰作用的物品。其形状各异，色彩丰富，款式繁多，适合不同年龄层次的人群。丝巾的搭配亦大有学问，如毛衫选套头高领者为宜，大衣则以V型领、翻领者为佳。

常见的丝巾款式包括有手帕型丝巾、小长方形丝巾、大方巾、三角形的丝巾、披肩式长方巾和个性造型围巾。常见的丝巾材质有丝、雪纺纱、缎丝、棉、亚麻、羊毛、人造皮草等。图12-26所示为丝巾的CorelDRAW效果图。

图12-26 丝巾的CorelDRAW效果图

下面介绍丝巾的CorelDRAW绘制步骤。

01 使用贝塞尔工具和形状工具绘制出丝巾的轮廓形，如图12-27所示。

02 使用选择工具选中轮廓图形，在属性栏中将轮廓宽度设置为1.5pt，选择颜色"深碧蓝"填充，得到的效果如图12-28所示。

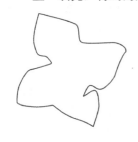 

图12-27 绘制丝巾外轮廓　　图12-28 填充颜色

03 使用选择工具选中丝巾外廓型，按小键盘上的"+"键复制，按住Shift键将其缩小。使用形状工具进行调整，使用选择工具

将其轮廓宽度设置为"细线"，得到的效果如图12-29所示。

04 执行"文件/导入"命令，导入一张图片，如图12-30所示。

图12-29 绘制内轮廓图形　图12-30 导入花卉图形

05 使用选择工具选中上一步导入的图片，单击鼠标右键，执行"Power Clip内部"命令，单击第3步绘制出的图形轮廓线，得到的效果如图12-31所示。

06 使用贝塞尔工具和形状工具绘制出图12-32所示的两个闭合图形。

图12-31 填充花卉图形　　图12-32 绘制反面图形

07 使用选择工具框选中绘制的两个图形，将其轮廓宽度设置为1.5pt，选择颜色"昏暗蓝"填充。单击鼠标右键，执行"顺序/到图层后面"命令，得到的效果如图12-33所示。

08 使用贝塞尔工具和形状工具绘制丝巾褶皱的基本走势线。使用选择工具将其轮廓宽度设置为1.0pt，得到的效果如图12-34所示。

图12-33 效果　　　图12-34 绘制褶皱线

09 使用贝塞尔工具和形状工具绘制出丝巾的褶皱线。使用选择工具将其轮廓宽度设置为0.5pt，使用透明度工具对褶皱线进行透明度调节，即完成丝巾的绘制，得到的效果如图12-35所示。

图12-35 最后效果

12.2.2 腰带

　　腰带是用来束腰的带子、裤带。对于女性来说，腰带已经不仅仅是一个跟裤装搭配的饰品，最重要的是它有很好的塑身作用。细看国际上大大小小时装展，设计师设计的服装都离不开腰带的装饰，可见，腰带已经成为一种时尚。

　　腰带根据扣头不同分为：针扣腰带，扳扣腰带和自动扣腰带。针扣腰带偏休闲，深受年轻人喜欢，而自动扣腰带则因为使用方便而且扣头造型比较板正，适合搭配各种正装，使用的人群相对更多。图12-36所示为腰带的CorelDRAW效果图。

图12-36 腰带的CorelDRAW效果图

下面介绍腰带的CorelDRAW绘制步骤。

01 使用矩形工具绘制出一个矩形，在属性栏中将对象大小设置为125mm×20mm。使用形状工具选中矩形，单击鼠标右键，执行

"转换为曲线"命令，再进行调整，得到的效果如图12-37所示。

图12-37 绘制前片图形

02 使用椭圆形工具绘制一个图12-38所示的椭圆形。

图12-38 绘制后片图形

03 使用选择工具选中第1步绘制的图形，按小键盘上的"+"键复制。使用形状工具对复制图形及原图形进行调整，得到的效果如图12-39所示。

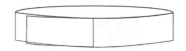

图12-39 调节腰带

04 使用选择工具框选中皮带，在属性栏中将轮廓宽度设置为1.5pt，选择颜色"红"填充。使用选择工具框选中上一步调整后的两个图形，使用透明度工具单击"均匀透明"图标，单击"透明度挑选器"按钮，选择第1排的最后一个，得到的效果如图12-40所示。

图12-40 填充并进行透明度调节

05 使用选择工具添加两个颜色，分别为（RGB：95、65、41）和（RGB：184、163、134）。

06 使用椭圆形工具绘制出一个圆形，将其对象大小设置为3.0mm，轮廓宽度设置为2.0pt。使用选择工具选中该圆形，执行"对象/将轮廓转换为对象"命令，将轮廓宽度设置为0.2pt，填充颜色（RGB：95、65、41），得到的效果如图12-41所示。

07 使用椭圆形工具在上一步绘制的图形上绘制出图12-42所示的一个圆形，选择颜色（（RGB：

184、163、134)),单击鼠标右键。

图12-41 绘制图形　　图12-42 绘制图形

08 使用透明度工具✎选中上一步绘制的圆形,在属性栏中单击"渐变透明度"图标,单击"椭圆形渐变透明度"按钮进行调整,得到的效果如图12-43所示。

09 使用选择工具➚框选中上一步绘制完的整个图形,单击右键,执行"组合对象"命令。按"+"键复制,再将其依着辅助线按图12-44所示的状态放置。

图12-43 透明度调节　　图12-44 摆放图形

10 使用矩形工具▢在图12-45所示的位置绘制出一个矩形。使用选择工具➚将其轮廓宽度设置为3.0pt,再使用形状工具✎单击矩形节点进行调整。

11 使用形状工具✎,分别双击A、B两点处添加节点,使用选择工具➚选中矩形。在属性栏中单击"拆分"图标⬚,得到的效果如图12-46所示。

图12-45 绘制图形　　图12-46 拆分出AB线段

12 使用选择工具➚选中AB线段,选择颜色"宝石红",单击鼠标右键设置轮廓线颜色。在图形上单击右键,执行"顺序/到图层后面"命令。使用选择工具➚选中矩形的剩下部分,执行"对象/将轮廓转换为对象"命令,将轮廓宽度设置为"细线",

填充颜色(RGB:95、65、41),得到的效果如图12-47所示。

13 使用矩形工具▢,在矩形上绘制一个小矩形,颜色为(RGB:184、163、134),单击鼠标左右键,设置轮廓色与填充色。再参考第8步绘制,调整透明度,得到的效果如图12-48所示。

图12-47 调整图形　　图12-48 透明度调节

14 使用上述相同的方法,绘制出图12-49所示的图形。

15 使用上述相同的方法,绘制出图12-50所示的图形。

图12-49 效果　　　图12-50 效果

16 使用贝塞尔工具✎和形状工具✎绘制图形,使用选择工具➚选中该图形,将其轮廓宽度设置为0.3pt,选择颜色(RGB:95、65、41)填充,得到的效果如图12-51所示。

17 使用选择工具➚添加一个颜色(RGB:109、84、54)。

18 使用椭圆形工具○绘制出一个椭圆形。使用选择工具➚将其轮廓宽度设置为0.1pt,填充颜色(RGB:109、84、54),得到的效果如图12-52所示。

图12-51 绘制并填充图形　　图12-52 绘制并填充图形

19 使用选择工具➚框选中上一步绘制完的图形,单击鼠标右键,执行"组合对象"命

令，按"+"键复制，将其按图12-53所示的
状态摆放。

图12-53　摆放铆钉

20 使用选择工具 ▸ 框选中上一步绘制图形，按
"+"键复制。单击"水平镜像"图标 ⬚，
按住Shift键平移至右边相应的位置，即完成
腰带的绘制，得到的效果如图12-54所示。

图12-54　最后效果

12.3　课后练习

12.3.1　练习一：绘制条纹领结

该练习为绘制条纹领结，如图12-55所示。

图12-55　条纹领结

步骤提示：

01 使用贝塞尔工具 ▸ 和形状工具 ▸ 绘制领结的

基本廓形。

02 使用选择工具 ▸ 填充颜色。

03 使用贝塞尔工具 ▸ 和形状工具 ▸ 绘制领结上
的条纹图样。

04 使用选择工具 ▸ ，执行"对象/将轮廓转换
为对象"命令，对条纹进行调整，再填充
颜色。

05 使用贝塞尔工具 ▸ 和形状工具 ▸ 绘制领结上
的褶皱线。

12.3.2　练习二：绘制女士单肩包

该练习为绘制女士单肩包，如图12-56所示。

图12-56　女士单肩包

步骤提示：

01 使用贝塞尔工具 ▸ 和形状工具 ▸ 绘制出包包

的基本廓形.

02 使用选择工具 ▸ 填充颜色.

03 使用贝塞尔工具 ▸ 和形状工具 ▸ 绘制包包的
金属边和吊饰。

04 使用椭圆形工具 ○ 绘制包包上的圆形亮片。

05 使用选择工具 ▸ 将圆形亮片填充两种颜色。

06 执行"文件/导入"命令，导入钻石图片。

07 使用文字工具 字 编辑包包上的文字。

08 使用多边形工具 ✿ 绘制包包上的亮光。